21 世纪高等职业教育计算机系列规划教材

计算机应用基础

郝建春　主　编

颜忠胜　刘永胜　副主编

电子工业出版社

Publishing House of Electronics Industry

北京·BEIJING

内 容 简 介

本书按照全国计算机等级考试的要求进行编写。在基于工作过程的思想指导下，根据计算机在我们学习、生活中的工作场景及操作流程设计了各种操作案例，强调实践操作，突出应用技能的训练及基础知识的掌握，符合高职高专的教学需要。

本书突破了传统教程编写模式，围绕教学内容，第 1 章介绍计算机的发展与信息技术，第 2 章介绍计算机硬件，第 3 章介绍计算机软件，第 4 章介绍计算网络与因特网，第 5 章介绍数字媒体及应用，第 6 章介绍 Windows XP 操作系统基础，第 7 章介绍文字处理软件 Word 2003，第 8 章介绍电子表格 Excel 2003，第 9 章介绍 PowerPoint 2003 演示文稿的制作，第 10 章介绍 FrontPage 2003 网页制作，第 11 章介绍中文 IE 6.0 及电子邮件的收发与管理。为了满足部分参加全国计算机等级考试学生的学习，每章都配有相应的练习题，以便巩固所学知识。

本书既可作为高等职业院校计算机应用课程的教材，也可作为各类人员自学的参考书，同时还可供参加全国计算机等级考试的人员使用。

图书在版编目（CIP）数据

计算机应用基础 / 郝建春主编. —北京：电子工业出版社，2009.10
（21 世纪高等职业教育计算机系列规划教材）
ISBN 978-7-121-09624-2

I. 计… II. 郝… III. 电子计算机－高等学校：技术学校－教材 IV.TP3

中国版本图书馆 CIP 数据核字（2009）第 176985 号

策划编辑：徐建军
责任编辑：裴 杰
印　　刷：北京市顺义兴华印刷厂
装　　订：三河市双峰印刷装订有限公司
出版发行：电子工业出版社
　　　　　北京市海淀区万寿路 173 信箱　邮编 100036
开　　本：787×1 092　1/16　印张：16.5　字数：423 千字
印　　次：2009 年 10 月第 1 次印刷
印　　数：4 000 册　　定价：28.00 元

前　言

　　"计算机应用基础"是高校各专业的必修课。因各学校的起点和培养目标存在差异，对教材选用的要求自然各有千秋。目前高等职业教育已占整个高等教育半壁江山，高职高专毕业生的最大特点是动手能力强，能熟练使用计算机在网络平台上处理文字、表格、图形、图像、声音、动画等数据是他们综合素质和动手能力的一个重要体现。本书是根据教育部制定的《高职高专教育计算机公共基础课程教学基本要求》和考试中心制定的《全国计算机等级考试一级 MS Office 大纲》的要求编写的。因本书主要用作高职高专"计算机应用基础"课程教学，故符合高职高专计算机应用基础课程总体要求。

　　（1）掌握必要的计算机基础知识。计算机和网络已普及到社会的各个领域，成为很多人获得信息的重要途径之一，也是很多人工作中不可或缺的工具。从使用角度来看，掌握计算机基本知识，正确理解信息技术领域基本名词术语，初步了解计算机的典型应用领域及其对现代社会的巨大作用和影响，了解社会信息化所带来的一些社会问题（如计算机病毒、计算机犯罪等），正确理解微型计算机组成原理、软件和网络的相关知识等，都是极其必要的。

　　（2）熟练掌握 Windows XP 的常规操作。Windows 系列操作系统是当今微机的主流操作系统，因此，熟练掌握 Windows XP 操作系统的常规操作是我们使用计算机的基础。

　　（3）熟练掌握 Word 2003 的文字编辑、格式编排、打印设置等功能。

　　（4）熟练掌握 Excel 2003 的常规操作。

　　（5）熟练掌握 PowerPoint 2003 的使用，会制作和设置演示文稿。

　　（6）掌握 IE 6.0 的使用，能够熟练掌握 Internet 信息检索和信息的下载或保存技能，会申请和使用电子信箱。

　　（7）掌握 Outlook 的常规操作，会使用其收发和管理电子邮件。

　　Office 软件的最大特点是易学易用，但大多数人只使用了它不足 20%的功能，加之操作不规范，必然造成工作效率大打折扣。本课程建议 48 学时，其中理论 24 学时，实践 24 学时。

　　本书既可作为高职高专学校各专业计算机基础教材，也可作为全国计算机等级考试（一级 MS Office）的培训教材。

　　本书由郝建春担任主编，主要负责全书的总体规划和统稿工作，颜忠胜和刘永胜担任副主编，参加本书编写工作的还有张春勤、王霞和乐颖等，在编写过程中得到许多同行和专家的关心和支持，在此一并表示感谢。

　　由于作者水平有限，加上时间仓促，书中难免有不当之处，敬请各位同行批评指正，以便在今后的修订中不断改进。

　　为了方便教学，本书配有素材和电子课件，相关教学资源请登录 www.hxedu.com.cn 免费下载。

编　者

目　　录

第 1 章　计算机的发展与信息技术

1.1　计算机的发展简介

1.1.1　计算机的发展概况

1. 计算机的发展阶段

计算机也称电脑或电子计算机（Computer），是一种能存储程序和数据、能执行程序，快速而高效地完成各种信息处理的电子设备。

计算机从诞生至今，按其所使用的器件来看，已经历了四代。

第一代计算机（1946—1957 年）即电子管计算机。第一台电子管计算机于 1946 年在美国宾夕法尼亚大学摩尔学院研制成功，取名 ENIAC。它用了 18800 多个电子管、占地面积 170 平方米，重量有 30 多吨，功率 140 千瓦，计算速度为加法运算每秒 5000 次。第一代计算机的主要特征是：采用电子管组成基本逻辑电路，用延迟线或磁鼓作为主存储器；结构上以中央处理机（CPU）为中心；运算速度为每秒几千次；内存储器仅几 KB；使用机器语言或者汇编语言编程。这种计算机主要用于科学计算。第一代计算机体积大，耗电多，造价高，故障率也高，平均稳定运行时间只有几个小时。其代表机型有 IBM650 等。第一台具有内部存储程序功能的计算机 EDVAC（Electronic Discrete Variable Automatic Computer），是根据冯·诺依曼的构想制造的，并于 1952 年正式投入运行。冯·诺依曼（John Von Neuman，1903—1957）提出的存储程序控制的思想和规定的计算机硬件的基本结构沿袭至今。

第二代计算机（1958—1964 年）即晶体管计算机。它的主要特征是采用晶体管作为基本逻辑电路，用磁芯作为内存储器，结构上以存储器为中心，有了外存储器，用磁鼓、磁带作为存储媒体，运算速度每秒几十万次，内存储器容量扩大到几十 KB，使用了如 ALGOL、FORTRAN、COBOL 等高级语言。这一代计算机除用于科学计算外，还将使用范围扩大到了数据处理及工业过程控制。第二代计算机与第一代计算机相比，体积小、功耗小、成本低、功能强、故障率小。其代表机型有 IBM7090 等。

第三代计算机（1964—1970 年）即中、小规模集成电路计算机。它的主要特征是采用集成电路作为基本逻辑电路，在几平方毫米的芯片上可集中成百上千个电子逻辑电路。与第二代计算机相比，它的体积小、价格低、功能强、可靠性高，运算速度每秒几十万次到几百万次。计算机外部设备种类逐步增多，开始与通信线路相结合。计算机操作系统形成并普及，高级语言种类更多，人机交互式语言如 BASIC 语言出现，计算机广泛用于科学计算、数据处理、工业控制等领域。其代表机型有 IBM360 等。

第四代计算机（1971 年至今）即大规模集成电路（LSI）或超大规模集成电路（VLSI）计算机。由于 LSI 和 VLSI 在计算中使用，计算机体积更小，内存储器广泛采用半导体集成电路，存储容量更大，运算速度每秒几百万次、几千万次、亿次、上百亿次。计算机软件更趋完善，计算机网络形成并不断普及，计算机应用已遍及到社会生活中的各个领域。

在计算机的发展史上，最杰出的代表人物是英国的图灵（Alan Mathison Turing，1912—1954

年）和美籍匈牙利人冯·诺依曼。图灵的主要贡献是提出了利用某种机器实现逻辑代码的执行，从而模拟人类的各种计算和逻辑思维过程。这一点，成为后人设计计算机的思路来源，成为当今各种计算机设备的理论基石。现在，计算机科学中使用的程序语言、代码存储和编译等基本概念，就是来自图灵的原始构思。为了纪念他的杰出贡献，美国计算机学会设立了"图灵奖"，自从 1966 年设立以来，一直是世界计算机科学领域的最高荣誉，相当于计算机科学界的诺贝尔奖。冯·诺依曼的主要贡献有：一是根据电子元件双稳工作的特点，建议在电子计算机中采用二进制；二是提出了程序内存的思想。

2．微型计算机的发展

微型计算机的发展是随着 CPU 芯片技术的发展而发展的。自 Intel 公司的 4004 芯片，尤其是 8080 芯片研制成功以来，微型计算机得到了突飞猛进的发展。微型计算机大致有如下几个发展阶段：

第一代微型机是在 1981 年 IBM 公司推出个人计算机 IBM-PC 的基础上，于 1983 年研制的以 IBM-PC/XT 为代表的微机及其兼容机。它采用了 Intel 8088 芯片作为 CPU，时钟频率为 4.77MHz，内部总线为 16 位，外部总线为 8 位。由于有 PC 单总线的开放式结构，有大小写字母和光标控制的键盘，有文字处理等配套软件这些特征，这在当时令人耳目一新。

第二代微机是以 IBM-PC/AT 及其兼容机为代表的微机。IBM-PC/AT 是 IBM 公司于 1984 年推出的，它使用了 Intel 80286 芯片作为 CPU，时钟频率从 8MHz 到 16MHz，它是完全的 16 位微处理机，内存达 1MB，并配有高密度软磁盘和 20MB 以上的硬盘，采用了 AT 总线即工业标准体系结构 ISA 总线。它处理指令的速度为 0.5～1MIps（MIPS 代表处理指令的速度为每秒百万个指令）。

第三代微机是 1986 年 IBM-PC 兼容机厂家 COMPAQ 公司推出的 386AT，开辟了 386 微机的新时代。其后 IBM 推出的 PS/2-50 型，使用了 Intel 80386 作为 CPU 芯片，采用了微通道体系结构的 MCA 总线，其总线不与 ISA 总线兼容。1988 年 COMPAQ 又推出了与 ISA 总线兼容的扩展工业标准体系结构 EISA 总线。第三代微机 386 微机有 MCA 与 EISA 总线两大分支。

第四代微机是 1989 年 Intel 80486 芯片问世后用它作为 CPU 芯片的微型机，一般称为 486 微机。它的总线除有 EISA 与 MCA 两个分支外又有了 VESA 与 PCI 总线分支。

第五代微机是用 1993 年 Intel 推出的 Pentium 芯片作为 CPU 的微机，以及其后多家公司推出 PowerPC 芯片、AIpha 芯片作为 CPU 的微机。第五代微机处理速度可达 112MIps 以上。目前已推出 Pentium 4 芯片，部分 Pentium 4 芯片运行速度已突破 3.0GHz。

1.1.2　计算机的应用领域

计算机的应用领域十分广泛，一般可分为以下几个方面。

1．科学计算

科学计算也称为数值计算，是把计算机用于科学研究和工程技术中的数学问题的求解方面。例如物理、化学、数学、生物、天文等的研究，以及飞行器设计、桥梁设计、大坝建设、能源开发、气象预报等，都有赖于大量的、复杂的计算问题的解决。正是由于计算机的高速、连续运算能力，计算机一经出现就首先运用到了人工难以实现的科学计算的各个方面。

2．数据处理

数据处理是信息管理的核心，所以有人也把数据处理称为信息处理或信息管理。它是指把科研、生产和经济生活中大量的各类型数据，如数值、文字、图像、声音等数据进行收集、存储、传输、加工、输出、解释等一系列处理过程。与科学计算相比，数据处理的数据量大、要求时间性强，但计算的复杂程度不如科学计算。由于计算机具有高速运算能力、巨大的存储能力以及逻辑判断功能，使它成为数据处理的强有力的工具。数据处理已成为计算机应用中所占比例最大的领域，如工业、农业、商业、卫生、教育、军事、科学研究等方面的管理、办公自动化及信息检索等。数据处理从简单到复杂，它已经历了电子数据处理（EDP）、管理信息系统（MIS）和决策支持系统（DSS）三个不同的发展阶段。

3．自动控制

自动控制也称过程控制，主要指用计算机及时采集、检测工业生产过程中的数据（压力、流量、温度和机械位置等），按最佳值迅速对控制对象进行自动控制或自动调节的应用。例如，电力、化工、钢铁、导弹发射等。生产自动化、控制自动化等都是自动控制的应用领域。

4．计算机辅助工作

计算机辅助教学（CAI）、辅助设计（CAD）和辅助制造（CAM）是指利用计算机的各种CAI、CAD 和 CAM 软件，使计算机成为教学、科研人员的好帮手，可大大提高教学、科研、设计和制造的水平，减轻教学、科研、设计人员的劳动强度，节省人力、物力。例如，目前在飞机、船舶、光学仪器、超大规模集成电路等的设计制造过程中，CAD/CAM 均占据着越来越重要的地位。

5．人工智能

人工智能（Artificial Intelligence，AI）是指用计算机来模拟人类的智能活动，使计算机具有听、看、说和逻辑推理的能力。例如，具有一定"思维能力"的智能机器人、专家系统等，都是计算机人工智能的部分应用领域。

1.1.3 计算机的发展方向

计算机的发展是以超大规模集成电路为基础。随着芯片技术、计算机技术和通信技术的不断发展，计算机正向巨型化、微型化、网络化、智能化的方向发展。

1．巨型化

所谓巨型化，并非指计算机体积巨大，而是指运算速度更快、存储容量更大、功能更强的超大型、巨型计算机。它们的运算速度每秒可达千万亿次以上，内存容量达数千兆字节以上，能模拟人脑学习、有推理功能。

2．微型化

自大规模、超大规模集成电路出现后，计算机的体积大大缩小。大量体积小巧，重量轻便，价廉物美的个人计算机的问世为计算机的普及作出了巨大贡献。可以预见，随着微电子技术的不断进步，体积更小、性能价格比更优的微型计算机将会有新的突破，袖珍型、笔记本型、掌中宝型的微型计算机将会受到人们的欢迎。

3．网络化

计算机的网络化是现代通信技术与计算机技术相结合的产物。计算机网络是指把分布在不同地理区域的计算机与专门的外部设备用通信线路，如数字化光缆、无线电信道、卫星通信线路等互联成一个规模大、功能强的网络系统，从而使众多的计算机用户可以方便地在网络上相互传递信息，共享计算机硬件、软件以及数据信息等资源。计算机网络始于 20 世纪 60 年代末，时至今日，计算机网络技术由于信息高速传输通道如 Internet 及计算机技术的飞速发展，计算机网络化的应用如电子商务、网上银行、网上教育、网上办公等的出现，将会大大改变人类的生活方式，将会推动人类社会向信息社会迈进。

4．智能化

计算机智能化是指计算机能模拟人的感觉行为和思维过程的机理，使计算机不仅能够根据人的指挥进行工件，还能"看"、"说"、"听"、"做"，具有逻辑推理、学习与证明能力，可替代人进行一般工作，代替人的部分脑力劳动。所以，智能型计算机是当代科技水平发展的必然结果，它势必促进人类社会生产力的大发展。

1.1.4　计算机网络及信息高速公路

1．计算机网络

计算机网络是以共享资源和信息传递为目的而连接起来的，是计算机技术和通信技术相结合的产物。

计算机网络按地域范围划分，可分为局域网和广域网。按用途划分，可分为专用网和公用网。

2．信息高速公路

信息高速公路是当今社会的热门话题，于 1992 年 2 月由前美国总统克林顿发表的国情咨文中提出的。所谓信息高速公路，就是以光缆铺设而成的，高速传输一串"0"和"1"的信息网络。当然，要达到每秒传输 1 千兆比特（1Gb/s）以上的传输速度，实时、交互传输，才能称得上信息"高速公路"。国际互联网——因特网，已经从学院走向商业化，成为全球信息高速公路的雏形。该网分布在 200 个国家和地区，用户可以互通信息，共享数据。

信息高速公路由五个基本要素组成：

（1）信息资源，就是各种各样的信息库。

（2）信息设施，主要指导通信网络上的高性能计算机和服务器、包括用来获取、传输、处理，利用信息的各种物理设备。

（3）信息系统，主要指各种各样的应用信息系统和大量的应用软件系统。

（4）信息网络，主要指各种信息系统所构成的信息网络体系，以及为了支持这个网络体系有效运转所需要的网络标准、通信协议、操作规程，传输编码等。

（5）信息主体，主要指各种各样的信息资源的开放者、提供者、管理者、利用者，以及对他们所进行的必要的教育，如文化、技术、道德、法律教育等。

1.2　信息与信息技术

1.2.1　信息与信息化

信息是客观事物状态和运动特征的一种表征，客观世界中大量存在、产生和传递以这些方式表示出来的各种各样的信息。信息处理指的是信息的收集、加工、存储、传递、施用等。信息技术（Information Technology，IT），是主要用于管理和处理信息所采用的各种技术的总称。它主要是应用计算机科学和通信技术来设计、开发、安装和实施信息系统及应用软件。它也常被称为信息和通信技术（Information and Communications Technology， ICT）。主要包括传感技术、计算机技术和通信技术。

所谓信息化，是指社会经济从以物质与能源为重心，向以信息与知识为重心转变的过程，这是一个长期发展的过程，在这一过程中要不断地采用现代信息技术，装备国民经济各部门和社会各领域，从而极大地提高社会劳动生产力。信息化使人们充分利用网络资源和信息资源，从事各种社会和经济活动，包括电子商务、电子政务、远程医疗、远程教育等，从而极大地改善人们的物质和文化活动。

信息化是当今世界经济和社会发展的大趋势。这种趋势突出表现在以下方面：

- 信息技术突飞猛进，成为新技术革命的领头羊；
- 信息产业高速发展，成为经济发展的强大推动力；
- 信息网络迅速崛起，成为社会和经济活动的重要依托；
- 世界各国正在积极应对信息化的挑战和机遇。

在这种趋势中，信息技术和信息产业正成为世界经济的主要驱动力，以信息技术的创新能力、信息基础设施的建设和信息技术应用程度为代表的信息化能力，正在成为 21 世纪经济和社会发展的制高点。

未来学家托夫勒把人类社会的发展过程划分为三个阶段，或称"三次浪潮"，其中第一阶段是以农业经济为基础的农业社会，第二阶段是以工业经济为基础的工业社会，第三个阶段则是以知识经济为基础的信息社会。近代中国一直处在从农业社会到工业社会的过渡之中。就工业社会所需的经济制度结构而言，中国经 30 多年的改革和努力，但市场制度的建设还远远没有完成。然而就在这样的条件下，信息化的问题又摆在了我们的面前。信息化意味着更大的社会变迁。信息化不仅是一次技术革命，更是一次深刻的社会革命。我国能不能成功地应对这一挑战，是一个相当严峻的问题。

信息化是当今世界发展的大趋势，也是我国产业结构优化与升级、实现工业化和现代化、增强国际竞争力与提高综合国力的关键。我国政府适时提出信息化发展战略，明确指出："信息化是我国加快实现工业化和现代化的必然选择。坚持以信息化带动工业化，以工业化促进信息化，走了一条科技含量高、经济效益好、资源消耗低、环境污染少、人力资源优势得到充分发挥的新型工业化路子。"

1.2.2　世界信息化发展的历史与现状

自 1993 年 9 月，美国正式宣布实施"信息高速公路"计划以来，世界上各个发达国家争先恐后地抢占时代的制高点，建设信息基础设施，推进国民经济信息化，以求在 21 世纪的综合国力较量中占据战略优势。

1. 美国

美国是最早提出信息高速公路的国家。其信息产业是美国最大的产业，也是近年来增长最快的产业，产值已占美国经济的 8% 以上。1994 年 1 月 25 日，前美国总统克林顿在其《国情咨文》中重申，争取在 2000 年之前，建成全国范围内的信息高速公路。这个计划由以下几个部分组成：建成覆盖全国的宽带高速信息通信网；信息资源的开发和利用；以微电子技术为基础的信息设备的开发和制造；通信和通信系统软件、应用软件和各种技术标准的研究开发；培养大量信息技术人才。

可以说，在信息化的竞争中，美国已远远走在了世界其他国家的前面。

（1）Internet/Intranet 广泛应用

美国的 Internet 用户数约为全球用户数的 60%，如此庞大的网络用户，加快了经济活动的节奏，扩大了经济活动的领域，对其经济发展产生了深刻的影响。

　　Intranet 已成为继 Internet 后又一个热点。美国大约有 3/4 的企业制定或实施了 Intranet 战略，对 Intranet 产品和设备的投资更为倾斜。据统计，每小时有一万个左右的交易在 Sun 公司和福特汽车公司构建的 Intranet 上完成。对于全球性的大公司，构建 Intranet 的意义和作用更为重大。通常，这些公司联络世界范围内分支机构的 Internet 和 Intranet 已浑然一体，难以分清。

　　（2）信息服务业发展很快

　　可以说美国企业的日常经营和个人的社会生活都已经离不开信息的快速获取。由此对信息服务的适时性也提出了更高的要求。

　　美国信息服务企业追求对用户服务的最高满意度。其中一个衡量标志是响应的"零"Time 和服务的 Anytime、Anywhere。如果没有网络支持，这几乎是不可能的。

　　（3）十分重视对信息资源的开发、管理和利用

　　美国成功的信息服务业大都注重对信息资源的集中开发、科学管理，确保信息资源在公司内部的充分共享。

　　（4）注重高素质人才和科学的人才管理

　　美国的很多公司很注重对人才的爱护和培养。除了在薪金等物质方面给予员工以优厚的待遇外，还十分重视员工的个人发展和兴趣爱好。人力资源管理部门发挥着十分重要的作用，从员工的招聘、培训、上岗、升职、离职甚至寻找新的工作岗位，人事部门都给予充分的关心和具体的指导。

　　（5）信息技术及信息产业对社会和经济产生了巨大的影响

　　信息化浪潮对人们日常的工作、学习和生活方式产生了深刻的影响。美国加利福尼亚州政府在公共场所，购物中心、图书馆、超级市场等建立了电子信息服务亭，公民可通过设在这些亭中的感应式电子屏幕了解州政府的重要信息，可以通过这些服务亭向政府机关申请工作，更换驾驶执照，开出生证明，了解再就业培训等各种信息。

　　2．中国

　　"九五"以来，信息技术应用不断加快，信息化水平显著提高，信息化对国民经济和社会发展的贡献日益显著；电信市场正由垄断经营向多家经营转变，信息网络基础设施规模跃居世界前列；电子信息产品制造业不断壮大，在一些关键领域取得了突破性进展，信息技术产品生产和出口的增长速度大大高于传统产业，正在成为引人注目的新的经济增长点。

　　邮电部建设 20 个大型国内卫星地区站，"九五"期间完成贯穿全国、八横八纵的更为先进的光缆网；中国公用分组交换数据网由国家骨干网和各省、市、区的地方网组成，国家骨干网已与世界 23 个国家和地区 44 个公用分组交换网相联，满足国际通信需要，各地网大部分与骨干网相联；中国数字数据骨干网主要提供专用线业务、传真业务、电子邮件、电子数据交换等；"三金"工程是金桥、金关、金卡工程的简称。"金桥工程"是以卫星通信、通信电缆、光缆、微波等传输手段实现全国和跨国计算机联网，建立起国家公用信息平台；"金关工程"是国家经济模拟信息网络工程；"金卡工程"从电子货币起步，将逐步发展成为个人消费的主要兑付手段。

1.2.3　信息化发展的趋势

1．发达国家致力于全球性扩张

　　在发达国家，信息产业的发展速度已远远超过其他行业，成了经济持续增长的主要推动力。

为了加速信息产业发展和拓展国际市场，发达国家极力主张各国扩大市场开放度，这种要求主要通过全球性的国际会议来获得。

2．发展中国家竭力赶上世界信息化潮流

许多新兴国家和发展中国家在全球信息化进程中，都试图借助本地区信息化建设来实现国民经济的"跳跃"式发展。

3．全球信息产业继续快速发展

各国政府继续大力推动信息产业发展，全球信息产品的需求市场将加速扩大。已有 39 个国家加入了 1996 年年底通过的信息技术产品零关税协议，代表着全球 92% 以上的信息技术贸易总额，2000 年这些国家已取消所有关税，实现自由贸易。这些信息技术产品包括：计算机、半导体、半导体制造设备、电信设备、办公自动化设备、软件和科学仪器等。

4．中国信息化发展的趋势

面对全球信息化浪潮，我国政府制定了中国信息化进程的基本框架：

第一步：2000 年，实现我国企业信息化的重点突破和初步发展。一是使与国计民生密切相关的重点大型工业企业和各行各业中在管理、产品质量、效益方面领先的龙头企业首先进入信息化行列。二是使直接关系社会环境、影响企业信息化外部条件的行业和企业初步实现信息化。

第二步：2005 年，使我国企业的主体实现信息化。使我国大中型企业和商业、建筑业、交通运输、农业等类型的大中型企业基本实现信息化。

第三步：到 2010 年，使我国企业基本上实现信息化。

第四步：到 2020 年，使我国企业信息化达到世界发达国家的水平，进入全新的高度信息化阶段，以使我国企业在国际竞争中能够站稳脚跟和占据有利地位，为我国经济走向世界前列打下基础。

1.3　集成电路的基本知识

微电子技术是指应用大规模集成电路和超大规模集成电路，结合现代计算机技术和通信技术，生产现代高速计算机通信产品并在各个领域中应用的一种技术，它是以集成电路为核心的电子技术。

1.3.1　集成电路概述

在没有集成电路之前，电子工程师要制作一个电子线路，使用当时最基本的电子元件，如晶体管、电阻、电容器等，将这些元器件安装在一个电路板上，然后再用导线加以连接。有人后来发现，可以预先设计、妥善规划，把所有需要的元器件制作在同一块半导体单晶硅片上，再用铝质的导体层取代导线加以连接，就可以把一整块线路板缩小，变成一块小小的芯片，这就是所谓的集成电路（Integrated Circuit，IC）。

集成电路根据它所包含的晶体管数目可以分为小规模、中规模、大规模、超大规模和极大规模集成电路。集成度小于 100 个电子元件（如晶体管、电阻等）的集成电路称为小规模集成电路（SSI）；集成度在 100～3000 个电子元件的集成电路称为中规模集成电路（MSI）；集成度在 3000～10 万个电子元件的集成电路称为大规模集成电路（LSI）；集成度超过 10～100 万个电子元件的集成电路称为超大规模集成电路（发 VLSI）；集成度在 100 万个电子元件以上的集成电路称为极大规模集成电路（ULSI），通常并不严格区分 VLSI 和 ULSI，而是统称为 VLSI。中、小规模集成电路一般以简单的门电路或单极放大器为集成对象，大规模集成电路则以功能部件、子系统为集成对象。现在 PC 中使用的微处理器、芯片组、图形加速芯片等都是超大规模和极大规模集成电路。

集成电路按照所用晶体管结构、电路和工艺的不同，主要分为双极型（Bipolar）集成电路、金属—氧化物—半导体（MOS）集成电路、双极—金属—氧化物—半导体（bi—MOS）集成电路等几类。按集成电路的功能来分，可分为数字集成电路（如逻辑电路、存储器、微处理器、微控制器、数字信号处理器等）和模拟集成电路（又称为线性电路，如信号放大器、功率放大器）。按它们的用途可分为通用集成电路与专用集成电路，微处理器和存储器芯片等都属于通用集成电路，而专用集成电路是按照某种应用的特定要求而专门设计、定制的集成电路。

集成电路是以电子信息为代表的高科技产业的核心，也是信息社会经济发展的基石，它具有规模大、增长快、投资多、关联强、回报高等显著特点。全球半导体市场产值 2000 年已超过 2000 亿美元，其中九成是集成电路，在制造业它是规模最大的产业之一。集成电路主流技术规模生产的毛利率可达 40%，集成电路作为领导信息时代的核心技术产品，1 元集成电路产值可带动 10 元电子产品，并进而带动 100 元国民经济产值，显而易见，抓住集成电路产业，发展微电子技术，是促进 GDP 增长的最有力手段。

1.3.2　集成电路的制造工艺

集成电路的制造工艺又称硅平面工艺，它是在厚度不足 1mm 的单晶硅片上通过氧化、光刻、掺杂和互连等多项工序，最终在硅片上制成包含多层电路及电子元件（如晶体管、电容、逻辑开关等）的集成电路。

1.3.3　集成电路的前景

1. 国外发展现状与趋势

世界集成电路产业的发展十分迅速。2000 年全世界以集成电路为基础的电子信息产品的世界市场总额超过 1 万亿美元，成为世界第一大产业。据国外权威机构预测，未来十年内，世界半导体的年平均增长率将达 15%以上，到 2010 年全世界半导体的年销售额可达到 6000～8000 亿美元，它将支持 4～5 万亿美元的电子装备市场。集成电路的技术进步日新月异。集成电路的工作速度主要取决于组成逻辑门电路的晶体管的尺寸，晶体管的尺寸越小，其极限工作频率越高，门电路的开关速度就越快。Intel 公司 Pentium 2 系列 CPU 芯片组采用主流技术为 8 英寸 0.25 微米，Intel 公司 Pentium 3 系列 CPU 芯片组采用主流技术为 12 英寸 0.18 微米，Intel 公司 Pentium 4 系列 CPU 芯片组采用主流技术为 12 英寸 0.13 微米，根据美国半导体协会（SIA）预测，到 2010 年将能达到 18 英寸 0.07～0.05 微米。集成电路的技术进步还将继续遵循摩尔定律，即每 18 个月集成度提高一倍，成本降低一半。系统集成芯片（SOC）技术；微电子机械（ME MS）技术；真空微电子技术；神经网络芯片和生物芯片；砷化镓（GaAs）集成电路、锗硅（GeSi）集成电路；基于量子效应的单电子器件和量子集成电路等，正在成为人们研究的热点，21 世纪将有可能成为新的技术发展领域。

2. 我国集成电路产业发展现况

我国集成电路产业诞生于 20 世纪 60 年代。经过 30 多年的发展，目前已形成一定的发展规模，由七个芯片生产骨干企业，十几个重点封装厂，几十家设计公司，若干个关键材料及专用设备仪器制造厂组成的产业群体。初步形成电路设计、芯片制造和电路封装三业并举，在地域上呈现相对集中的布局（苏浙沪、京津、粤闽地区）。2000 年我国集成电路产量为 58.8 亿块，与 1999 年相比增长了 41.7%，销售额近 200 亿元，增长 75%。

我国集成电路芯片制造业现已相对集中，主要分布在上海、北京、江苏、浙江等省市，企业建设也初具规模。据对 7 家芯片骨干企业统计，2000 年销售额近 60 亿元，利润近 8 亿元。目前主要采用 5～6 英寸硅片、0.8～1 微米技术。上海华虹 NEC 电子有限公司 8 英寸芯片生产线的投产使我国集成电路生产技术已达到 0.25 微米的技术水平。7 个骨干企业生产线的月投片量已超过 17 万片，其中 6～8 英寸硅片的产量占了 33% 以上。

我国主要集成电路封装企业约 30 家，中外合资企业已成为集成电路封装业的主体，产品面向海内外两个市场，随着跨国公司来华投资设厂，PGA、BGA、MCM 等新型封装形式已开始形成生产能力。2000 年，我国集成电路封装业封装电路近 45 亿块，销售收入超过 130 亿元，其中销售收入超过 1 亿元的有 14 家，年封装量超过 5 亿块的有 5 家。

"九五"期间，我国集成电路产业发展状况喜人，主要表现在：一是市场需求旺盛，消费类电路持续增长、通信电路高速发展，IC 卡电路和存储器电路成为新的增长点，电话卡、交通 IC 卡和 64MB SDRAM 已实现大批量供货。二是企业开工充足，经济效益不断改善，2000 年全行业平均利润率超过 10%。

1.4　通　信　技　术

1.4.1　通信技术简介

现代社会中，克服距离上的障碍，迅速而准确地传递信息是通信的任务。通信至少由三个要素组成，即信息的发送者（称为信源）、信息的接收者（称为信宿），以及信息的载体与传播媒介（称为信道）。通信系统的模型如图 1-1 所示。

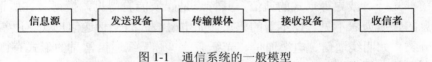

图 1-1　通信系统的一般模型

通信是推动人类社会文明、进步与发展的巨大动力。按照人类通信交流方式与技术的不同，可以把历史划分为五个阶段：第一阶段的通信方式是语言；第二阶段从发明文字及邮政通信开始；第三阶段以发明印刷术为标志；第四阶段从电报、电话和广播的发明开始；第五阶段为信息时代。随着现代科学技术和现代经济的发展，社会对信息的传递、储存及处理的要求越来越高，信源的种类越来越多，不仅有语言，还包括数据、图像和文本等。在第五阶段，通信与计算机必将更加有机地结合起来。

1.4.2　通信系统的分类

通信系统的分类方法很多，这里仅讨论由通信系统模型所引出的分类。

1．按消息的物理特征分类

根据消息的物理特征的不同，可分为电报通信系统、电话通信系统、数据通信系统、图像通信系统等。由于电话通信最为发达，因而其他通信常常借助于公共的电话通信系统进行。电报通信常常借助于电话网，计算机网络也常常借助电话网。未来的综合数字通信网中，各种类型的消息都能在一个统一的通信网中传输、交换和处理。

2．按调制方式分类

根据是否采用调制，可将通信系统分为基带传输和频带（调制）传输。基带传输是将未经调制的信号直接传送，如音频市内电话、数字信号基带传输等。频带传输是对各种信号调制后再传送到信道中传输的总称。

3．按传输信号的特征分类

按信道中所传输的是模拟信号还是数字信号，可以相应的把通信系统分成两类，即模拟通信系统和数字通信系统。

数字通信系统在近 20 年来得到迅速的发展，其原因如下：

（1）抗干扰能力强。

（2）便于进行各种数字信号处理。

（3）易于实现集成化。

（4）经济效益正赶上或超过模拟（载波）通信。

（5）传输与变换可结合起来，有利于实现综合业务通信网。

（6）便于多路复用。

4．按传送信号的使用方式分类

传送信号有三种使用方式，即频分复用、时分复用、码分复用。频分复用是利用频谱搬移的方法使不同信号占据不同的频率范围；时分复用是用脉冲调制的方法使不同信号占据不同的时间区间；码分复用是用一组正交的脉冲序列分别携带不同的信号。

传统的模拟通信采用频分复用。随数字通信的发展，时分复用通信系统的应用愈来愈广泛。码分复用主要用于空间通信的扩频通信系统中。

5．按传输媒质分类

按传输媒质的不同，通信系统可分为有线和无线两类。所谓有线通信，是指传输媒质为架空明线、电缆、光纤、波导等形式的通信，其特点是媒质能看得见，摸得着。所谓无线通信，是指传输消息的媒质为看不见、摸不着的媒质（如电磁波）的一种通信形式。通常，有线通信可进一步再分类，如明线通信、电缆通信、光纤通信等。无线通信常见的形式有微波通信、短波通信、移动通信、卫星通信、散射通信和激光通信等，其形式较多。

1.4.3　通信技术的发展趋势

通信行业的发展进入了新的发展阶段，呈现出融合、调整、变革的新趋势。3G、NGN 和宽带技术的发展和应用，成为全球热点。

通信技术经历了从模拟到数字的过程。电报是一种最简单的数字通信。随真空管、晶体管的出现，模拟通信得到了发展。此后由于信息论的提出，以及集成电路的发明，数字通信进入全盛时期。虽然目前各国通信网仍以模拟为主，但无疑数字通信是目前和今后通信技术的发展方向。

电信业由以电话为主的通信服务向以数据为主的信息通信服务转移，提供服务的信息形式由单一媒体向多媒体转移。

网络发展的趋势是：无线接入技术朝着高数据速率、高性能、低成本、高移动性、大区域覆盖的方向发展。随着第三代移动通信的发展，WiMAX 技术也将成为宽带接入技术的一个热点。固定接入网的发展趋势是通过宽带接入 xDSL 技术，实现高带宽、多业务接入平台。分组网的发展趋势是通过 IPv6 等技术实现 IP 承载网的可扩展性、可管理性和安全性。

1.5　数字信息与数值计算

1.5.1　进位计数制

在计算机中任何信息均采用二进制数表示，数值信息也不例外。在进位计数制的数字系统中，与微型计算机相关的有四种常用的进位计数制，即十进制，十六进制，二进制，八进制。

1．十进制

十进制是人们日常生活中使用最广泛的计数方式。正确理解十进制数的计数规则有利于对其他进制的理解。

（1）基数 N。进位制数数符的个数称为基数。十进制数有 10 个数符：0、1、2、3、4、5、6、7、8、9。十进制数的基数 N＝10。

（2）权。位的单位称为权。数码在不同的位置上代表不同的权值。

例如，$(423.25)_{10}=4\times10^2+2\times10^1+3\times10^0+2\times10^{-1}+5\times10^{-2}$

其中，4 的权值是 10^2，即处于此处的 4 相当于 400；2 的权值是 10^1，即处于此处的 2 相当于 20；依此类推。其规律是整数部分：小数点左边第一位数的权值为“10^0”，第二位数的权为“10^1”，依此类推。小数部分：小数据点右边第一位数的权值为 10^{-1}，第二位数的权值为“10^{-2}”，依此类推。

数值加上括号和下标“10”，例如 $(423.25)_{10}$ 表示该数为十进制数。也可表示为 $(423.25)_D$ 或 423.25D。

（3）计数规则。十进制数的计数规则是逢十进一。

2．十六进制

（1）十六进制有 16 个数符：0、1、2、3、4、5、6、7、8、9、A、B、C、D、E、F，基数 N＝16。

（2）权。数值在不同位置代表不同的权值，它的基数是 16，十六进制数的权值可表示为 16^n。

例如：$(423.25)_H=4\times16^2+2\times16^1+3\times16^0+2\times16^{-1}+5\times16^{-2}$

与十进制计数规律相似，上式表示：4 的权值是“16^2”，即处于此处的 4 相当于 1024；2 的权值是 16^1，即处于此处的 2 相当于 32；依此类推。其规律是整数部分：小数点左边第一位数的权值为 16^0，第二位数的权值为 16^1，依此类推。小数部分：小数据点右边第一位数的权值为 16^{-1}，第二位数的权值为 16^{-2}，依此类推。

数值加上括号和下标 16，例如 $(423.25)_{16}$ 表示该数为十六进制数。也可表示为 $(423.25)_H$，423.25H。

（3）计数规则。十六进制的计数规则是逢十六进一。

例如：$(87)_{16}+(39)_{16}=(C0)_{16}$　　　　　　　　$(A9)_{16}+(84)_{16}=(12D)_{16}$

$$
\begin{array}{r}
8\ 7 \\
+\ \ 3\ 9 \\
\hline
C\ 0
\end{array}
\qquad\qquad
\begin{array}{r}
A\ 9 \\
+\ .8\ 4 \\
\hline
1\ 2\ D
\end{array}
$$

根据逢十六进一的计数规则，满 16 向前进一位。根据这一计数规则，应不难理解十六进制权值的概念。

3．八进制

（1）数符。八进制有 8 个数符，即 0、1、2、3、4、5、6、7。

（2）权。数值在不同位置代表不同的权值，它的基数是 8，八进制数的权值可表示为 8^n。

例如：$(423.25)_8 = 4 \times 8^2 + 2 \times 8^1 + 3 \times 8^0 + 2 \times 8^{-1} + 5 \times 8^{-2}$

与十进制计数规律相似，上式表示：4 的权值是 8^2，即处于此处的 4 相当于 256；2 的权值是 8^1，即处于此处的 2 相当于 16；以此类推。其规律是整数部分：小数点左边第一位数的权值为 8^0，第二位数的权值为 8^1，以此类推。小数部分：小数据点右边第一位数的权值为 8^{-1}，第二位数的权值为 8^{-2}，以此类推。

数值加上括号和下标 8，例如 $(423.25)_8$ 表示该数为十六进制数。也可表示为 $(423.25)_0$，423.250。

（3）计数规则。八进制的计数规则是逢八进一。

例如：$(56)_8 + (36)_8 = (114)_8$

$$
\begin{array}{r}
5\,6 \\
+\ .3\,6 \\
\hline
1\,1\,4
\end{array}
$$

根据逢八进一的计数规则，满 8 向前进一位。根据这一计数规则，同样应理解八进制的权值的概念。

注意：在八进制中的最大数符为 7，不能出现大于 7 的数符。例如 $(39)_8$，这个八进制数是不存在的。

1.5.2　二进制

1．数符

二进制只有两个数符，即 0、1。

2．权

数值在不同位置代表不同的权值，它的基数是 2，二进制数的权值可表示为 2^n。

例如：$(1001.01)_2 = 1 \times 2^3 + 0 \times 2^2 + 0 \times 2^1 + 2 \times 2^0 + 0 \times 2^{-1} + 1 \times 2^{-2}$

与十进制计数规律相似，上式表示：从左往右，第一个 1 的权值是 2^3，即处于此处的 1 相当于 8；第二个 1 的权值是 2^1，即处于此处的 2 相当于 2；以此类推。其规律是整数部分：小数点左边第一位数的权值为 2^0，第二位数的权值为 2^1，以此类推。小数部分：小数据点右边第一位数的权值为 2^{-1}，第二位数的权值为 2^{-2}，以此类推。

数值加上括号和下标 2，例如 $(1001.01)_2$ 表示该数为二进制数。也可表示为 $(1001.01)_2$，1001.01B。

3．计数规则

二进制的计数规则是逢二进一。

例如：$(1010)_2 + (0110)_2 = (10000)_2$

$$
\begin{array}{r}
1010 \\
+\ \ 0110 \\
\hline
10000
\end{array}
$$

根据逢二进一的计数规则，满 2 向前进一位。根据这一计数规则，应不难理解二进制权值的概念。

不同进制数根据基数 N（数符的个数）的不同称为 N 进制。综上所述 N 进制数可按下式按权展开：

$$S = \sum_{i=m}^{k} D_i \times N^i$$

其中：D_i 表示数符，N 表示基数，m 表示小数位的个数，k 表示整数位数加 1。

4．二进制的运算

（1）二进制加法，按计数规则逢二进一。

例如：$(10001010)_2 + (00101101)_2 = (10110111)_2$

```
    10001010
 +  00101101
    10110111
```

（2）二进制减法，按借当 2 规则进行。

例如：$(10001010)_2 - (00101101)_2 = (01011101)_2$

```
    10001010
 -  00101101
    01011101
```

（3）二进制乘法，按逐位相乘的原则进行。

例如：$(10)_2 \times (11)_2 = (110)_2$

```
       10
 ×     11
       10
      10
      110
```

5．二进制信息的计量单位

字节是计算机中进行数据处理的基本单位，每字节由 8 位二进制数组成。字节的单位为 Byte。字节中的每一位为 1bit。两个字节可组成一个字，字的单位为 Word。

字节换算关系如下：

1KB＝1024B　　　　　KB：千字节

1MB＝1024KB　　　　MB：兆字节

1GB＝1024MB　　　　GB：吉字节

1TB＝1024GB　　　　TB：太字节

1.5.3　不同进制之间的转换

1．整数部分

（1）二、八、十六进制转换为十进制。二进制、八进制、十六进制数据转换为十进制数据，只要将数据根据相应的计数规则按权展开即可。

例如：$(10010.11)_2$ 转换为十进制数为 $1\times2^4 + 1\times2^1 + 1\times2^{-1} + 1\times2^{-2} = (18.75)_{10}$

$(24)_8$ 转换为十进制数为 $2\times8^1 + 4\times8^0 = (20)_{10}$

$(1A)_{16}$ 转换为十进制数为 $1×16^1＋A×16^0＝(26)_{10}$

以上计算表示，二进制数 10010 相当于十进制数的 18，八进制数 24 相当于十进制数的 20，十六进制数 1A 相当于十进制数的 26。

（2）十进制转换为二进制。将十进制数转换为二进制数，可采用长除的方法。

例如：$(18)_{10}$ 转换为二进制数为 $(10010)_2$

2 |18
　2 |9　………0
　　2|4　………1
　　2|2　………0
　　2|1　………0
　　　0　………1

长除的除数为 2，除到商为 0 结束，求得每次除后的余数。将余数按从下往上的顺序排列可得到相应的二进制数。

（3）十进制转换为八进制。将十进制数转换为八进制数，同样采用长除的方法。

例如：$(20)_{10}$ 转换为八进制数为 $(24)_8$

8 |20
　8 |2　………4
　　0　………2

长除的除数为 8，除到商为 0 结束，求得每次除后的余数。将余数按从下往上的顺序排列可得到相应的八进制数。

（4）十进制转换为十六进制。将十进制数转换为十六进制数，同样采用长除的方法。

例如：$(26)_{10}$ 转换为十六进制数为 $(1A)_{16}$

16 |26
　16 |1　………A
　　0　………1

长除的除数为 16，除到商为 0 结束，求得每次除后的余数。将余数按从下往上的顺序排列可得到相应的十六进制数。

（5）十六进制、八进制、二进制之间的相互转换。十六进制转换为二进制，只需将十六进制数按位展开写出相应的二进制。每位对应 4 位二进制数。

例如：$(34)_{16}$ 转换为二进制数为 $(0011\ 0100)_2$

八进制转换为二进制，只需将八进制数按位展开写出相应的二进制。每位对应 3 位二进制数。

例如：$(34)_8$ 转换为二进制数为 $(011\ 100)_2$

读者可自己验证。

二进制转换为十六进制，应从右往左每 4 位一组，不足部分补 0，按组写成相应十六进制数。

例如：$(\underline{100\ 1010})_2$ 转换为十六进制数为 $(\underline{4\ \ \ A})_{16}$

二进制转换为八进制，应从右往左每 3 位一组，不足部分补 0，按组写成相应十六进制数。

例如：$(\underline{1\ 001\ 010})_2$ 转换为八进制数为 $(\underline{1\ 1\ 2})_8$

读者可自己验证。

2．小数部分

（1）二进制、八进制、十六进制转换为十进制。二进制、八进制、十六进制小数转换为十进制小数，根据相应的计数规则将数据按权展开即可。

例如：$(0.11)_2$ 转换为十进制数为 $1 \times 2^{-1} + 1 \times 2^{-2} = (0.75)_{10}$

$(0.24)_8$ 转换为十进制数为 $2 \times 8^{-1} + 4 \times 8^{-2} = (0.3125)_{10}$

$(0.48)_{16}$ 转换为十进制数为 $4 \times 16^{-1} + 8 \times 16^{-2} = (0.28125)_{10}$

（2）十进制转换为二进制。将十进制小数转换为二进制小数，可采用连乘的方法。

例如：$(0.75)_{10}$ 转换为二进制数为：$(0.11)_2$

$$
\begin{array}{r}
0.75 \\
\times \quad 2 \\
\hline
1.5 \quad \text{……..1} \\
\times \quad 2 \\
\hline
1.0 \text{……….1}
\end{array}
$$

连乘时的乘数为 2。每次相乘后截取整数部分，下一次乘 2 时只乘小数部分。将截取的整数按从上往下的顺序排列可得到相应的二进制小数。

（3）十进制转换为八进制。将十进制小数转换为八进制小数，同样采用连乘的方法。

例如：$(0.3125)_{10}$ 转换为八进制数为：$(0.24)_8$

$$
\begin{array}{r}
0.3125 \\
\times \quad 8 \\
\hline
2.5000 \text{……....2} \\
\times \quad 8 \\
\hline
4.0000 \text{………4}
\end{array}
$$

连乘时的乘数为 8。每次相乘后截取整数部分，下一次乘 8 时只乘小数部分。将截取的整数按从上往下的顺序排列可得到相应的八进制小数。

（4）十进制转换为十六进制。将十进制小数转换为十六进制小数，同样采用连乘的方法。

例如：$(0.28125)_{10}$ 转换为十六进制数为：$(0.48)_{16}$

$$
\begin{array}{r}
0.28125 \\
\times \quad 16 \\
\hline
4.50000 \text{……..4} \\
\times \quad 16 \\
\hline
8.00000 \text{……..8}
\end{array}
$$

连乘时的乘数为 16。每次相乘后截取整数部分，下一次乘 16 时只乘小数部分。将截取的整数按从上往下的顺序排列可得到相应的十六进制小数。

注意：有时连乘一直可以进行下去，无法到零结束。这时只要两数的精度相同就可结束乘法。

（5）十六进制、八进制、二进制之间的相互转换。十六进制转换为二进制，只需将十六进制数按位展开写出相应的二进制。每位对应 4 位二进制数。

例如：$(0.34)_{16}$ 转换为二进制数为：$(0.0011\ 0100)_2$

八进制转换为二进制，只需将八进制数按位展开写出相应的二进制。每位对应 3 位二进制数。

例如：$(0.34)_8$ 转换为二进制数为：$(0.011\ 100)_2$

读者可自己验证。

二进制转换为十六进制，应从左往右每 4 位一组，不足部分补 0，按组写成相应十六进制数。

例如：$(0.\underline{1001}\ \underline{010})_2$ 转换为十六进制数为：$(0.\underline{9}\ \underline{4})_{16}$

二进制转换为八进制，应从右往左每 3 位一组，不足部分补 0，按组写成相应十六进制数。

例如：$(0.\underline{100}\ \underline{101})_2$ 转换为八进制数为：$(\underline{4}\ \underline{5})_8$

读者可自己验证。

1.5.4　数值信息在计算机内的表示

1．整数的表示

在计算机中，带符号整数可以用不同方法表示。常用的有原码、反码和补码。

（1）原码。真值 X 的原码记为 $[X]_原$，假设机器字长为 n，则整数的原码定义如下：

$$[X]_原 = \begin{cases} X & 0 \leqslant X \leqslant 2^{n-1}-1 \\ 2^{n-1}+|X| & -(2^{n-1}-1) \leqslant X \leqslant 0 \end{cases}$$

例如：假设机器字长为 $n=8$：

若真值　　$X=+1=+0000001$　　　　　$[+1]_原 = 00000001$

　　　　　$X=-1= -0000001$　　　　　$[-1]_原 = 10000001$

　　　　　$X=+127=+1111111$　　　　$[+127]_原 = 01111111$

　　　　　$X=-127=-1111111$　　　　$[-127]_原 = 11111111$

原码的表示方法是：原码的最高位是符号位，"0"表示正数，"1"表示负数。

正数的原码与真值相同。负数的原码符号位为"1"，其余 7 位与真值相同。

原码中"0"有两种表示方法：$[+0]_原 = 00000000$，$[-0]_原 = 10000000$。

（2）反码。真值 X 的反码记为 $[X]_反$，假设机器字长为 n，则整数的反码定义如下：

$$[X]_反 = \begin{cases} X & 0 \leqslant X \leqslant 2^{n-1}-1 \\ (2^{n-1}-1)-|X| & -(2^{n-1}-1) \leqslant X \leqslant 0 \end{cases}$$

例如：假设机器字长为 $n=8$：

若真值　　$X=+1=+0000001$　　　　　$[+1]_反 = 00000001$

　　　　　$X=-1=-0000001$　　　　　$[-1]_反 = 11111110$

　　　　　$X=+127=+1111111$　　　　$[+127]_反 = 01111111$

　　　　　$X=-127=-1111111$　　　　$[-127]_反 = 10000000$

反码的表示方法是：反码的最高位是符号位，"0"表示正数，"1"表示负数。

正数的反码与原码相同。负数的反码是原码按位求反。

反码中"0"有两种表示方法：$[+0]_反 = 00000000$，$[-0]_反 = 11111111$。

（3）补码。真值 X 的补码记为 $[X]_补$，假设机器字长为 n，则整数的补码定义如下：

$$[X]_反 = \begin{cases} X & 0 \leqslant X \leqslant 2^{n-1}-1 \\ 2^{n-1}-|X| & -2^{n-1} \leqslant X \leqslant 0 \end{cases}$$

例如：假设机器字长为 $n=8$：

若真值　　$X=+1=+0000001$　　　　　$[+1]_补 = 00000001$

　　　　　$X=-1=-0000001$　　　　　$[-1]_补 = 11111111$

　　　　　$X=+127=+1111111$　　　　$[+127]_补 = 01111111$

　　　　　$X=-127=-1111111$　　　　$[-127]_补 = 10000001$

补码的表示方法是：补码的最高位是符号位，"0"表示正数，"1"表示负数。

正数的补码与原码相同。负数的补码为反码加 1。

补码中"0"只有一种表示方法：$[+0]_反 = [-0]_反 = 00000000$。

在计算机中，常用补码进行运算。

2．实数的表示

计算机中实数可以用定点表示法与浮点表示法。

（1）定点表示法

定点表示法就是小数点在数中的位置是固定不变的，它总是隐含在预定的位置上。对于整数则固定在数值部分的右端，对于纯小数则固定在数值部分的左端。

对于整数（定点整数、纯整数）小数点的隐含位置如图 1-2 所示，对于小数型（定点小数、纯小数）小数点的隐含位置如图 1-3 所示。

假设机器字长为 16 位，符号位占 1 位，数值部分占 15 位，于是定点整数可表示的最大和最小机器数分别为 0111111111111111 及 1111111111111111，表示的二进制数分别为 +1111111111111111 和 –1111111111111111，等效于十进制数分别为 +32767 和 –32767。

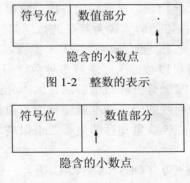

隐含的小数点

图 1-2　整数的表示

隐含的小数点

图 1-3　小数的表示

在定点小数型表示中，如假设机器字长为 16 位，符号占 1 位，数值占 15 位，于是，机器数 1000000000000001 表示二进制数 –.000000000000001，等效于十进制数 -2^{-15}。

（2）浮点表示法

浮点表示法就是小数点在数中的位置是浮动的。在机器中表示为一个浮点数，可由阶码部分和尾数部分分别表示，如图 1-4 所示。由尾数部分隐含小数点位置可知，尾数总是小于 1 的数值，它给出该浮点数的有效数字，尾数部分的符号位确定浮点数的正负。阶码给出的总是整数，它确定小数点移动的位数，阶符为正则小数点向右移，阶符为负则小数点向左移。

隐含的小数点

图 1-4　浮点数表示法

设机器字长为 16 位，阶码部分占 6 位（第一位为符号位），尾数部分占 10 位（第一位为符号位）。如机器数为 0000111111100000，其尾数部分为 –0.1111，阶码的等效十进制数 +3，确定小数点向右移 3 位，则该浮点数表示二进制数 –111.1，相当于十进制数 –7.5。又如机器数 1000011010000000 中，尾数为 +0.1，阶码的等效十进制数 –3，确定小数点向左移 3 位，则该浮点数表示的二进制数为＋0.0001，相当于十进制数＋0.0625。

在 16 位机器数浮点表示中，如都用原码表示，它能表示的最大数和最小数分别为：0111110111111111 即 2^{25-1}（$1-2^{-9}$）≈2.14329×10^9 和 0111111111111111 即

-2^{25-1}（$1-2^9$）≈-2.14329×10^9

可见它表示数的范围等效十进制数约为 2.14329×10^9～-2.14329×10^9，比相同位数的定点数表示的等效十进制数-32767～32767 的范围大得多。

在数的浮点表示法和运算中，当一个数的阶码大于机器所能表示的最大阶码时，将会产生上溢出。当一个数的阶码小于机器所能表示的最小阶码时，会产生下溢出。当产生上溢出时，计算机不再继续运算，转入出错处理。产生下溢出时，机器自动把该数作 0 处理。

用浮点表示法表示的数与定点表示法表示的数，在相同机器字长下，前者比后者范围大，但浮点运算的运算速度相对较慢。在某些计算机中，采用协处理器来进行浮点运算，可大大提高处理速度。

1.5.5 数值计算

在航空航天、化学化工、天体物理、材料科学、核反应模拟、石油勘探、天气预报、基因分析等许多科学与工程领域，往往需要解算极为复杂的数学问题。利用计算机解决这些问题时，一般包括数学建模、算法设计、程序编制与运行等多个步骤，其中数值计算是关键技术之一。

数值计算的任务是使用计算机以数值形式求解各种数学问题，包括数值逼近、数值微分与积分、数值代数、最优化方法、常微分方程数值解法、偏微分方程数值解法、计算几何、计算概率统计等。用来解算特定数学问题的一些标准程序称为数值计算软件，数值计算软件对计算方法的适用性、准确性、稳定性、计算量和存储量等要求很高，应经过全面严格的测试，以确保其正确性和可靠性。

数值计算使用的程序设计语言是 FORTRAN 和 C 语言。近十多年来，一种高性能的数值计算语言 MATLAB 得到了广泛的应用。

练 习 题

1. 计算机的发展经历了哪几个阶段？划分这些阶段的主要依据是什么？
2. 简述计算机的主要应用。
3. 什么是信息？信息处理包含哪些内容？
4. 什么是信息技术？
5. 什么是集成电路？什么是超大规模集成电路？请举出微机系统中使用的主要集成芯片？
6. 集成电路的发展趋势如何？半导体集成电路技术会达到极限吗？
7. 什么是信息化？我国信息化发展的趋势？
8. 将下列十进制数转换为十六进制、八进制、二进制数。

    234   78   16.5   9.25

9. 求下列二进制数的原码、反码和补码。

    ＋0110100   －0001101   ＋0101001   －100100

第2章 计算机硬件

2.1 计算机系统的组成

一个完整的计算机系统是由硬件和软件两大部分组成的。硬件（Hard Ware）是指计算机的各种看得见、摸得着的装置，是构成微机的各种实体的总称，硬件系统是计算机系统的物质基础。计算机系统的硬件一般是由运算器、控制器、存储器、输入设备、输出设备五大部分组成（如图2-1所示）。软件（Soft Ware）是指所有应用计算机的技术，它的范围非常广泛，普遍认为是指程序、数据和相关文档，是发挥计算机功能的关键。硬件是软件的基础，软件是计算机系统的灵魂。没有软件的支持，再好的硬件配置也是毫无价值的。所以把计算机系统当作一个整体来看，它既含有硬件，也包括软件，两者不可分割，硬件和软件相结合才能充分发挥计算机系统的功能。

在微机系统中加入一些用于运行多媒体数据的硬件和软件，如音箱、声卡、图形图像处理软件等，就构成了多媒体微型计算机。

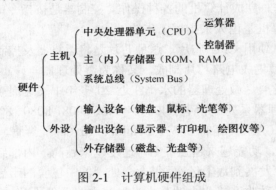

图 2-1 计算机硬件组成

2.2 微型计算机硬件系统

本书以国内外常见的 PC 为例来介绍微型计算机系统的硬件。PC 是 Personal Computer 的缩写，其意是个人计算机。

微型计算机目前多采用总线结构，其结构图如图2-2所示。由图2-2看出，中央处理器是微型计算机系统的重要组成部分，目前微型计算机普遍使用的外存储器有硬盘、光盘和U盘。基本输入设备是键盘和鼠标，基本输出设备是显示器、音箱和打印机。此外，用户可以根据需要，通过外设接口与各种外设连接，还可以通过通信接口连接通信线路，进行信息的传输。

由图2-2可以看出，在机器内部，各部件通过总线连接，对于外部设备，通过总线连接相应的接口电路，然后再与该设备相连。

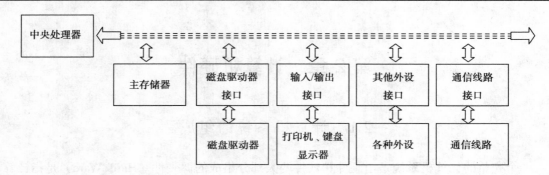

图 2-2　微型计算机体系结构示意图

2.2.1　中央处理器（CPU）

中央处理器又称为中央处理单元，是计算机的核心，主要由运算器（Arithmetic Unit）和控制器（Control Unit）组成。或者说由算术逻辑部件（ALU）、累加器和通用寄存器组，程序计数器（PC）、指令寄存器（IR）和译码器、时序和控制部件等组成。运算器的功能是执行算术运算与逻辑运算，如取数、送数、相加、移位等，运算器按控制器发出的命令来完成各种操作。控制器是规定计算机执行指令的顺序，并根据指令的信息控制计算机各部分协同动作。控制器指挥机器各部分工作，完成计算机的各种操作。控制器是按指令的要求来指挥的，但指令是由人输入的，可见计算机是由人来指挥工作的。

现在许多微型计算机使用 CPU 芯片，这种芯片是将运算器及控制器等集成在一个半导体片内，CPU 采用超大规模集成电路芯片制成，又称为微处理器。

随着计算机技术的发展。微处理器的水平在近 20 多年中飞速提高，最具有代表性的产品是美国 Intel 公司的微处理器系列，先后有 4004、4040、8008、8080、8085、8088、8086、80286、80386、80486、Pentium（奔腾，俗称 586）、Pentium Pro（高能奔腾，俗称 686）、Pentium 2、Pentium 3、Pentium 4 等，功能越来越强　工作速度越来越高，内部结构也越来越复杂。从每秒完成几十万次基本运算发展到数十亿次，每个微处理器中包含的半导体电路从 2 千多个发展到上亿个（一架袖珍半导体收音机包含的基本半导体电路元件不超过几十个）。

目前世界上生产 CPU 的厂商主要有 Intel、AMD、Cyrix/IBM、TI、SGS-Thomson、IDT。Intel 公司是最大的 CPU 制造商，它拥有强大的技术实力，CPU 产品从 8088、8086、直到 Pentium 3、Pentium 4，该公司还生产主板芯片组以及网卡等产品。目前市场上流行的主要是 Pentium 4 级芯片。

由于微机的核心部件是 CPU，人们习惯用 CPU 档次来概略表示微机的规格。微机的性能与 CPU 的档次确实有密切的关系。

CPU 的性能主要由以下因素决定：内部运算结构、字长、工作时钟频率。微机系统的性能还与主板及外围设备的兼容性等很多因素有关。

CPU 主要性能指标介绍如下：

1. 工作时钟频率

CPU 的工作频率也称 CPU 的主频，它决定 CPU 内部数据传输和指令执行的每一步的频率，单位 MIps。

时钟频率分为内部时钟频率和外部时钟频率（总线时钟频率）两种。内部时钟频率表示

CPU 内部的数据传输速度，外部时钟频率则表示 CPU 与外部数据的传输速度。早期 CPU 的内部时钟频率与外部时钟频率一致，后来出现了倍频技术，使得 CPU 的内部时钟频率和外部时钟频率可以不一致。例如，如果外部时钟频率为 200MHz，采用 14 倍频技术，则内部时钟频率将达到 2.8GHz。

2．数据总线宽度

数据总线宽度是 CPU 可以同时传输的数据位数。位数越多，速度越快，CPU 性能越好，总线宽度已从最初的 8 位发展到现在的 64 位和 128 位。

3．地址总线宽度

地址总线宽度决定了 CPU 可以直接寻址的内存空间的大小，位数越大，可直接寻址空间越大。例如，32 位地址总线，可以直接寻址 4GB。地址总线宽度已从最初的 8 位发展到现在128 位。

4．核心数量

传统的 CPU 采用单核，随着技术的发展，目前 CPU 主流配置已逐步从双核向四核过渡。

5．供电电压

CPU 的供电电压通常分为 5V、4V、3V（3.6V、3.45V 和 3.3V）、2V（2.9V、2.8V、2.7V 和 2.5V）等，随时间推移，新技术的采用，电压逐步降低。286、386 使用 5V 的电压；486 既有 5V，也有 3.6V 和 3.3V；Pentium 芯片的电压都是 3.3V；目前流行的 Intel Core 2 Quad Q8200 核心电压为 1.25V。

6．Cache 容量

Cache 也称高速缓存，简称快存。Cache 容量越大，访问 Cache 的命中率越高，CPU 的速度就越快。

2.2.2　存储器的功能和分类

存储器分为主存储器和辅助存储器两种。主存储器也称为内存储器（或内存），在计算机中，相当于人类大脑记忆区。辅助存储器也称为外存储器，相当于笔记本。

1．主存储器（Main Memory）

微型机的存储器是用来存放处理程序和待处理数据的，也可以存放运算完的结果。目前，内存储器是指计算机系统中存放数据与指令的半导体存储单元，包括 RAM（Random Access Memory，随机存取存储器）、ROM（Read Only Memory，只读存储器）。由于 RAM 是其中最主要的存储器，整个计算机系统的内存容量主要由它的容量决定，所以人们习惯将 RAM 称为内存。内存是主机的组成部分，为了加快系统的速度，提高系统的整体性能，计算机中配置的内存数量越来越大。RAM 在工作时用来存放用户的程序和数据，也可以存放临时调用的系统程序，在关机后 RAM 中的内容自动消失。ROM 是一种只能读出不能写入的存储器，其信息通常是在脱机情况或者非正常情况下写入的。ROM 的最大特点是在关掉电源时 ROM 的内容也不会消失，因此常用 ROM 来存放固定的程序和数据，如自检程序等，只要一接通电源，程序就可运行。

（1）随机存取存储器（RAM）

随机存取存储器 RAM 与 ROM 不同，可以读取存储在其中的内容，也可以改变其中的内容。根据其制造原理的不同，分双极型（TTL）和单极型（MOS）两种。微机使用的主要是单极型的 MOS 存储器，它又分静态 RAM（SRAM）、动态 RAM（DRAM）和视频 RAM（VRAM）

三种。

① 静态 RAM（SRAM）。SRAM（Static RAM）的一个存储单元的基本结构是一个双稳态电路。由于读、写的转换由写电路控制，所以只要写电路不动作，电路有电，开关就保持现状，不需要刷新，所以称为静态 RAM。由于这里的开关实际上是由晶体管代替，而强烈的交叉正反馈使晶体管的转换时间一般都小于 20ns，所以 SRAM 的读写速度很快，一般比 DRAM 快出 2～3 倍；计算机的外部高速缓存（External Cache）就是 SRAM。但是，这种开关电路需要的元件较多，在实际生产时一个存储单元需要由 4 个晶体管和 2 个电阻组成，这样就增加了生产成本。

② 动态 RAM（DRAM）。DRAM（Dynamic RAM）就是通常所说的内存，它是针对静态 SRAM 来说的。

SRAM 中存储的数据，只要不断电就不会丢失，也不需要进行刷新；而 DRAM 中的数据是需要不断地进行刷新的。因为一个 DRAM 单元由一个晶体管和一个小电容组成，晶体管通过小电容的电压来保持断开、接通的状态，当小电容有电时，晶体管接通（表示"1"）；当小电容没电时，晶体管断开（表示"0"）。但是充电后的小电容上的电荷很快就会丢失，所以需要不断地进行"刷新"。所谓刷新，就是给 DRAM 的存储单元充电。在存储单元刷新的过程中，程序不能访问它们，在本次访问后，下次访问前，存储单元又必须进行刷新；由于电容的充、放电需要时间，所以 DRAM 的读写时间远远慢于 SRAM，其平均读写时间在 60～120ns，但是由于它结构简单，所用的晶体管数仅是 SRAM 的 1/4，实际生产时集成度很高，成本也大大低于 SRAM，所以 DRAM 的价格低于 SRAM。

（2）只读存储器（ROM）

只读存储器（ROM）是只能读取，正常情况下不能改写的一种存储器，计算机主板厂商预先把系统程序，如 BIOS（基本输入/输出系统）、键盘适配程序烧制在芯片中。BIOS 的基本功能主要有四个：自检（自检程序 POST）和初始化、程序服务、CMOS 设置（POST 执行过程中按【Delete】键调用 BIOS 中的 CMOS 设置程序）、设定中断。BIOS 和 CMOS 并不是同一概念，CMOS 是计算机主板上的一块 RAM 芯片，用来保存当前系统的硬件配置及设置信息。CMOS 芯片由系统电源和主板上的可充电纽扣电池供电，故断电后其信息仍能保存数年。

ROM 大多使用 EPROM 芯片，通常有 128KB、256KB、512KB、1MB 等容量，如 486 计算机的 BIOS 芯片容量为 512KB，586 计算机的 BIOS 芯片容量为 1MB。

① EPROM。EPROM 芯片上有一个窗口，烧制程序就是通过它来进行的。烧制完毕，用不透明的标签粘住。如果揭掉标签，用紫外线照射 EPROM 的窗口，EPROM 中的内容就会丢失。

② 闪速存储器（Flash Memory）。以前计算机的 BIOS 都是烧制在 ROM 中，当要升级或修改 BIOS 时，便要重新购买芯片，既花钱又麻烦。Intel 开发的闪速存储器，可以将 BIOS 存储在其中，需要时可以利用软件来升级和修改 BIOS，非常方便。

闪速存储器（Flash Memory）的主要特点是：在不加电的情况下能长期保持存储的信息。就其本质而言，Flash Memory 属于 EEPROM（电擦除可编程只读存储器）类型。它既有 ROM 的特点，又有很高的存取速度，而且易于擦除和重写，功耗很小。目前其集成度已达 4MB，同时价格也有所下降。由于 Flash Memory 的独特优点，586 计算机的主板采用 Flash ROM BIOS，使得 BIOS 升级非常方便。

Flash Memory 可用作固态大容量存储器。目前普遍使用的大容量存储器仍为硬盘。硬盘虽有容量大和价格低的优点，但它是机电设备，有机械磨损，可靠性及耐用性相对较差，抗冲击、抗振动能力弱，功耗大，因此，人们一直希望能找到取代硬盘的存储器。由于 Flash Memory集成度不断提高，价格降低，使其在便携机上取代小容量硬盘已成为可能。

目前研制的 Flash Memory 都符合 PCMCIA 标准，可以十分方便地用于各种便携式计算机中以取代磁盘。当前有两种类型的 PCMCIA 卡，一种称为 Flash 存储器卡，此卡中只有 FlashMemory 芯片组成的存储体，在使用时还需要专门的软件进行管理。另一种称为 Flash 驱动卡，此卡中除 Flash 芯片外还有由微处理器和其他逻辑电路组成的控制电路。它们与 IDE 标准兼容，可在 DOS 下像硬盘一样直接操作，因此也常把它们称为 Flash 固态盘。Flash Memory 不足之处是容量不够大，价格不够便宜。因此主要用于要求可靠性高，重量轻，但容量不大的便携式系统中。

2．外存储器

外存储器有磁盘、光盘和 U 盘等，是计算机可重复存储信息的媒介，可记录各种信息，存储系统软件和用户的程序及数据。外存储器是外设的一部分，CPU 不能直接对它实施操作，必须通过内存才能与它交换信息。

（1）软盘驱动器

软盘驱动器（Floppy Disk Driver）的主要作用是将软盘中的信息输入计算机内存或将计算机内存中的信息存入软盘中的一种驱动设备。由于软盘物美价廉且便于携带、便于交流，因而得到广泛应用。软盘驱动器是和录音机类似的设备，只有软盘插入软盘驱动器中才能工作。软盘驱动器是微机存取软盘上的数据必须的设备。软盘驱动器与主机的连接，是通过数据线将软盘驱动器连接在主板的 IDE 接口上。

1）软盘驱动器的分类。通常软盘驱动器是按其所使用的软盘的外形尺寸进行分类的。一般可分为 5．25 英寸和 3．5 英寸两种。常用的是 3.5 英寸 1.44MB 的软盘驱动器。

2）软盘驱动器的主要技术指标：

① 存储容量。存储容量是指存储信息量的大小。对于存储容量可分成两类，一类是格式化存储容量，另一类是无格式化存储容量。

② 平均存取时间。是指读写磁头从起始位置到指定的位置运动并完成读或写所需要的时间的平均值。

③ 寻道时间。是指读写磁头移动到数据所在磁道所需要的时间。

④ 传输速率。是指软盘驱动器与主机在单位时间内交换二进制信息的位数（bit/s）。

3）软盘驱动器的正确使用。这里首先介绍普通 1.44MB 的软盘驱动器的正确用法。

① 手持软盘贴标签的一端，使软盘的轴芯方向与软盘驱动器退盘按钮同侧，并使读写窗口向里插入驱动器中，插到位后软盘驱动器表面上的退盘按钮会自动弹出。需要注意的是，在插盘时动作要轻，若发现有阻力时，不要用力硬插，否则，可能碰到磁头，使磁头偏离位置或脱落。

② 在退出时只要将磁盘按钮按到底，磁盘会自动弹出。若驱动器中的软盘无法退出时，不能强行往外拉，否则易将磁头拉偏或偏离位置或拉断磁头弹簧片，也可能造成驱动器盘片中心定位孔损坏。

③ 当软盘驱动器指示灯亮时，不能向软盘驱动器内插入磁盘，也不能取盘，以防损坏磁头和磁盘。若指示灯一直是亮的，则宁可采用重新启动或关机的办法，也不要硬取磁盘，特别是磁盘内存有重要信息时则更要注意磁盘的安全。

在磁盘上有一个写保护缺口，写保护的意思是要防止抹去磁盘上有用的信息。对 3.5 英寸软盘，拨动磁盘外壳上黑色塑料片，让光线从小方框里透过时，为写保护状态；需要可写入状态时，应重拨动黑色塑料片挡住透光小方口处。

磁盘由外向里划分成磁道（同心圆），定位孔是磁道的起始标志。每个磁道又分成扇区，也称为区段，每个区段存储的信息量有 256Byte，512Byte 和 1024Byte 等，依不同型号的软盘而定。

目前，因优盘的广泛使用，多数微机已不再配置软盘驱动器了。

（2）硬盘驱动器

硬盘驱动器与软盘驱动器均属于微机中主要外部存储设备，硬盘驱动器简称硬盘。软盘虽然具有携带方便等优点，但其存储容量小，读写速度慢，对于大量数据的存储往往不能胜任，而硬盘具有解决上述问题的特点。硬盘的读写速度是软盘的 20 倍以上，在相同尺寸上存储容量是软盘的几百倍到几千倍。所以硬盘容量的大小也是衡量计算机性能技术指标之一。

与软盘驱动器相比，硬盘驱动器的特点为：速度快、容量大；盘片在驱动器内部，不可拿出，整个硬盘固定在机箱内（目前也有活动式硬盘）。

硬盘可按安装位置、接口标准、盘径尺寸、驱动器的厚度，以及容量等几个主要方面对硬盘进行分类。

1）按安装位置分类。硬盘按安装形式分为内置式、外置式两种。内置式的硬盘一般固定在机箱内，外置式的硬盘也称移动硬盘，可以带电插拔。目前，市面上主流移动硬盘容量一般在 60GB 左右，接口多采用 USB2.0，常用于备份数据。

2）按接口标准（类型）分类。硬盘的接口是硬盘与主机连接的关键性部件，它的性能如何直接关系到硬盘的容量、速度等指标，所以不同的硬盘所采用的接口标准是不一致的。目前硬盘接口主要有三大类：ATA、IDE 接口和 SCSI 接口。PC 硬盘主流接口已从 IDE 过渡到 ATA。当前流行的硬盘大多采用 SATA II 接口，传输速率达 3Gb/S 及以上。SCSI 中文意思是 "小型计算机系统接口"，SCSI 接口传输速率快，CPU 占用率低，能支持多设备在多任务下工作，广泛应用于各类服务器。

3）按盘径尺寸分类。常见的硬盘按其盘径尺寸分类可分为 5.25 英寸、3.5 英寸及 2.5 英寸三种。5.25 英寸的硬盘如最早的 20MB 的老式硬盘已很少见了；3.5 英寸的硬盘是最常见的，目前的微机基本采用 3.5 英寸的硬盘；而 2.5 英寸的硬盘主要用于笔记本计算机中和移动硬盘中。

3.5 英寸的硬盘具备很多优点，在微机中显得体积很小，重量很轻，噪声和耗电都不大，但容量都不小（目前达几百 GB，甚至 1TB 以上），性能优于 5.25 英寸旧式硬盘。

目前除以上三种外，硬盘还继续向大容量、高速度、小体积方向发展，近期 1.8 英寸的硬盘已经上市，更为可观的是只有 1.8 英寸一半大小的硬盘也开始出现。

（3）光盘驱动器（CD-ROM）

CD-ROM 驱动器是目前微机不可缺少的设备之一。通常所使用的只读型驱动器称之为 CD-ROM 驱动器，它是多媒体系统不可缺少的组件之一，也是计算机安装软件时广泛使用的间接传输设备。

CD-ROM 驱动器是利用激光的基本原理，在写信息时，将计算机的数字信号调制到激光的光束里，再将这种信号记录在多碳塑料的光盘盘片上（其直径为 120mm）。读盘时，同样利用激光的光束去扫描光盘盘片，将盘片上的光电信息再转换成计算机的数字信息，最后经转换电路转变成模拟信号，如声音及视频信号等。

1）CD-ROM 驱动器的外观。CD-ROM 驱动器从外形上看，好似一个长方形的金属盒子。大多数 CD-ROM 驱动器的前面板（简称"面板"）设有光盘托盘弹出路停按钮、指示灯、托盘口、音量旋钮、耳机插孔和紧急弹出托盘孔等。两侧面有固定用的螺丝孔，后表面（简称"背板"）设有电源插座、数据电缆插座、设置跳线和音频输出插座等。

2）CD-ROM 驱动器面板。虽然各种厂家的 CD-ROM 驱动器的功能基本一致，但其面板的结构、各插孔、各种按钮的位置及数量并不完全相同。

① 托盘的弹出/暂停按钮（EJECT）：当需要将托盘弹出或放入光盘后使盘托收回时需按此按钮，如果 CD-ROM 驱动器中有正在播放的 CD，按此按钮可控制停止播放。

② 耳机插孔（PHONES）：耳机可直接插在此插孔内欣赏 CD 音乐。

③ 耳机音量旋钮（VOLUME）：用来调节耳机音量。

④ 指示灯：当指示灯亮时表示 CD-ROM 驱动器正在读取盘中数据，否则未读盘。

⑤ 播放按钮（PLAY）：用来在 CD-ROM 驱动器上直接控制开始播放 CD。

⑥ 搜索按钮（PREVIOUS 或 NExT）：搜索按钮是用来搜索 CD 中前一个节目和下一个节目的。

⑦ 紧急弹出孔：在 CD-ROM 驱动器的面板上有一个很小的孔，是用来在停电状态将其中的光盘退出，当需要紧急退盘时，用一根拉直的曲别针直接插入孔内，托盘即可弹出。取出光盘后，用手将托盘推回。

3）CD-ROM 驱动器背板。CD-ROM 驱动器背板主要提供与主机的 IDE 接口相连接、与电源相连接、与声卡相连接的插座，以及设置 CD-ROM 驱动器模式的跳线等。

① 电源插座：与主机电源提供的一组 4 芯电源插头相接，为 CD-ROM 驱动器提供所需要的＋5V 和＋12V 直流电源。插接时注意电源线的红线对着 CD-ROM 驱动器电源插座的"＋5V"标记。

② 数据电缆插座：与主机的 IDE 接口相接，一般采用 40 芯的数据电缆，一端插接在主板的 IDE 接口，另一端插入光驱的数据电缆插座，用来与主机传输信号和数据。插接时注意数据电缆的红线一边对着光驱插座的"1"标记。

③ 模式跳线：用来设置 CD-ROM 驱动器为主盘、从盘、CSEL 盘 3 种模式之一。如果不加设置随意连接，有可能与主机的硬盘发生冲突，使主机无法启动。

④ 模拟音频输出插座：可与声卡的音频输入插座相接，连接时要注意其音频线的排列顺序。各种品牌声卡的音频线排列顺序不一定完全一致，如发现 CD-ROM 驱动器与声卡插座音频线的顺序不一致，则需调换其音频线的顺序，否则可能造成无声或单声道。

⑤ 数字音频输出插座：用来与数字音频系统或 VCD 卡相接，一般微机用得较少。

4）CD-ROM 驱动器的分类。

① 按传输速率分类。按传输速率分，CD-ROM 驱动器有单倍速、双倍速、4 倍速、6 倍速、8 倍速、10 倍速、16 倍速、24 倍速、32 倍速、40 倍速、50 倍数。

单倍速的 CD-ROM 驱动器传输速率为 150KBps，双倍速的为 $2 \times 150 = 300$KBps，以此类推，40 倍速的 CD-ROM 驱动器的数据传输速率为 6000KBps，50 倍速的为 7200KBps。

② CD-ROM 驱动器按安装方式来分，有内置式与外置式两种。内置 CD-ROM 驱动器与5.25 英寸的软驱一样，安装在计算机机箱内，用主机电源不需要额外的电源，但占用一个驱动器固定座。外置式 CD-ROM 驱动器单独放在机器外面，需要单独供电，但可节省一个驱动器固定插座。外置式 CD-ROM 驱动器比内置式略贵一些（因为它多了一个外壳和电源转换器，

称外置盒）。除此之外，两者在性能上并无太大差别。

③ 按接口种类分类。按接口种类划分，CD-ROM 驱动器一般分为老式 IDE 型、SCSI 型、E-IDE 和并口 4 种。

老式 IDE 型 CD-ROM 驱动器需要有一个专用的 IDE 卡来控制它，或者，如果已经购买了一个有 IDE 接口的声卡，CD-ROM 驱动器可以直接连到声卡上。需要注意的是，并不是任何 CD-ROM 驱动器连到任一声卡上都能正常工作，如果不能正常工作，就需要专配一块 CD-ROM 控制卡。这种接口的 CD-ROM 驱动器现在已经不多见了。老式的 SONY、Panasonic、Mitsumi 品牌的 CD-ROM 驱动器采用的是这种接口。

SCSI 接口的 CD-ROM 驱动器需要有一块 SCSI 卡来控制。如果你已选购了一块 SCSI 卡，可把 CD-ROM 驱动器连接在上面。但要注意，并不是一连就通，有些可能互不支持，因此，在选购之前，应确保它们连接后能正常工作。

E-IDE 是 1994 年新推出的标准，符合这种标准的 IDE 型 CD-ROM 驱动器可以直接插入系统主板上的 IDE 插座中。这种接口的驱动器性能与 SCSI 型 CD-ROM 驱动器并无差别，现在中档和低档驱动器许多已采用该标准。

外置型 CD-ROM 驱动器一般通过并口与主机相连。这种连接方法使 CD-ROM 驱动器的传输速率受到并行总线低传输速率的限制。

从数据传输率看，IDE 接口的数据传输率为 0.9375Mbps，而 SCSI 接口的数据传输率为 4.0Mbps，最快的接口为 SCSI-2，其数据传输率可达 40Mbps。

5）CD-ROM 驱动器的性能指标。较为重要的几个指标为平均数据传输率、数据缓冲区和突发性数据传输率、平均存取时间、平均无故障时间、读取速度和纠错能力。除此之外，还有接口类型等。

（4）光盘刻录机

随着计算机技术的发展及多媒体时代的到来，人们已经不满足于把计算机单纯地当作一台文字处理机或游戏机了。大多都在计算机上运行各种各样的软件，辅助我们完成自己的工作，在休息时刻，可以播放 CD、VCD 甚至 DVD 音乐或影碟。但这还不够，我们想把自己摄制的影像也制成光盘，或把自己喜欢的歌曲制作成 MP3，或将照片制作成光盘相册或光盘贺卡送给朋友等等，这些都需要一个必备的设备——光盘刻录机。

光盘刻录机 CD-R（CD-Recorder），又称为"光盘写录器"，CD-R 除了具备一般 CD-ROM 只读的所有功能外，还具备可录制 CD 光盘的功能。

比 CD-R 更高的产品为 CD-RW（Writable），其意为"可重复刻录光盘机"，即可反复录制或删除录制到光盘上的数据。简单地讲，可反复记录。

采用 CD-RW 反复刻录数据时，必须使用特殊的 CD-RW 光盘片，这种光盘可写 1000 次以上，但成本很高。由于竞争和产品技术的日趋成熟，目前 CD-RW 刻录机及 CD-RW 光盘的价格都在下降，尤其是 IDE 接口的 CD-RW 刻录机的价格正在逐步下降。

有了一台 CD-R 或 CD-RW 到底有什么用途呢？归纳起来有如下几个方面：

① 用于制作影像光盘；

② 用于制作音乐光盘（如 MP3）；

③ 用于制作应用程序光盘；

④ CD-RW 可以作为大容量的磁盘使用；

⑤ 可以复制其他 CD-ROM 类光盘；

⑥ 长期保存资料。

当拥有一台配置较高的微机时，如果想利用这台微机去刻录光盘，就必须选购一台 CD-ROM 或 CD-RW 刻录机。选择 CD-R 还是选择 CD-RW，主要根据工作需要而定。就目前工作而言，虽然 CD-RW 比 CD-R 价格高一些，但不能仅以价格来决断，因为 CD-RW 具备 CD-ROM 和 CD-R 的全部功能，CD-RW 比 CD-R 多了一个非常可观的"重复读写"功能。

2.2.3　常用输入设备——键盘

计算机进行数据处理时，需要将程序和数据送给计算机。将程序和数据等原始信息转换成计算机能识别和接收的电信号的装置就是输入设备，输入设备将这些电信号传送给计算机的"头脑"——中央处理器，中央处理器接受到这些电信号，就能知道输入的内容。曾经使用过的输入设备有若干种，如卡片阅读机、纸带阅读机、磁墨水字符阅读机等。由于多媒体计算机和模式识别的进展，语音输入设备、手写输入装置等新型输入装置投入应用。不过，目前广泛使用的输入设备主要还是键盘，其次是鼠标器等设备。

微机所配键盘大致可分成基本键盘（83 键）、通用扩展键盘（101/102 键）、专用键盘等几种，已标准化为 83 键和 101 键两种。各种微机配备的键盘也不统一，目前微机基本上都配备了 101 键的键盘。键盘是通过键盘连线插入主板上的键盘接口与主机相连接的。按键大体分为机械式按键与电子式按键两类，电子式按键又分电容式和霍尔效应两种，电子式按键没有机械式按键的触点磨损和击键后的弹簧颤动现象。

使用键盘时应该注意：

（1）不同机型的键盘不要随意更换，相互之间不一定匹配。

（2）每键功能与键帽表示不一定相符，使用时应根据所用软件的规定，明白各键的作用。

（3）击键时用力不宜过大，轻轻点击即可。手指在键帽上不能停留，若停留超过 0.7 秒钟，即被认为再次击键。

（4）保持键盘清洁。需要拆卸清洗时，均应在断电状态下进行，用柔软的湿布沾上少量洗衣粉清洗，再用干净柔软的湿布擦净，但不能使用酒精作为清洗剂。

键盘盘面可分为 4 个区：功能键区、打字键盘区（又称英文主键盘区）、方向键区和数字键区（又称副键盘区）。

2.2.4　常用输出设备——显示器和打印机

输出设备的主要作用是把计算机处理的数据、计算结果等内部信息转换成人们习惯接受的信息形式（如字符、图像、表格、声音等）输出或以其他机器所能接受的形式输出，常见的有显示器、打印机、绘图仪等，下面介绍前两种。

1. 显示器

显示器也称监视器，是微机必不可少的外部设备之一，用于显示输出各种数据，它的内部原理和电视机基本相同。显示器通过连线与显卡连接，显卡插入主机板的一个扩展槽内。显示器的种类很多，目前计算机广泛使用以阴极射线管（CRT—Cathod Ray Tube）为核心的显示器，笔记本式计算机上采用液晶显示器。本书对以 CRT 为核心的显示器进行介绍。

显示器按 CRT 的分辨率（指像素点的大小）可分为高、中、低三种分辨率显示器，其分辨率的大致范围是：

低分辨率：300 像素×200 像素左右。

中分辨率：600 像素×350 像素左右。

高分辨率：640 像素×480 像素，1024 像素×768 像素，1280 像素×1024 像素等。

分辨率由适配器（显卡）和显示器的功能确定，适配器有如下几种：

1）彩色图形适配器（Color Graphic Adapter，CGA），适用于低分辨率的图形显示器。它支持 4 种彩色图形和 8 种彩色文本，图形分辨率在 320 像素×200 像素到 640 像素×200 像素之间，一个字符由 8×8 个光点（称为像素）组成。

2）增强图形适配器（Enhanced Graphic Adapter，EGA），适用于中分辨率的图形显示器，其分辨率为 640 像素×350 像素，它能提供 16 种彩色，1 个字符由 8×14 个光点组成。

3）视频图形矩阵（Video Graphic Array，VGA），它适用于高分辨率的彩色显示器，图形分辨率在 640 像素×480 像素以上，能显示 256 种以上彩色。目前图形制作多数用的是 VGA 适配器。

微机配置的显示器按颜色来分，有单色显示器和彩色显示器两种。

1）单色显示器。单色显示器一般使用黑白两色，分辨率比普通的电视机高得多。单色显示器通常用作字符显示，每屏可显示西文字符 25 行 80 列。每个字符由 7×8 个光点组成。

2）彩色显示器。彩色显示器既可以显示字符，又可以显示图形。显示在屏幕上的每个光点，均可以用程序控制其亮度及颜色。根据计算机配制的调色板，确定像素的大小和颜色的种类。像素点越小，分辨率越高。

2．打印机

打印机是计算机最常用的输出设备。打印机的种类和型号很多，按印字传输方式可分为串行式、行式和页式三种。按构成字符的方式来分有全字符式（字模式）和点阵式两种。按成字的方式又分为击打式和非击打式两种。

目前广泛使用的针式打印机属于击打式打印机，打印速度慢，大约每秒能输出 80 个字符。非击打式打印机没有机械动作，分辨率高，打印速度快。非击打式打印机有喷墨、激光、光纤、热敏、静电以及发光二极管等方式的打印机。激光打印机因打印速度快、字迹清楚、噪声小，很有发展前途。此外，串行点阵式打印机（击打式）、喷墨打印机（非击打式）使用的前景也看好。

点阵打印机的性能/价格比最高，所以目前最为普及。点阵打印机的字符是以点阵的形式构成的。字符是由数根钢针打印出来的，钢针越细，点阵越大，点数越多，像素越多，分辨率越高，打印字符就越清晰、越美观。打印英文、数字用 7～9 针即可，打印汉字通常需用 16～24 针。最小点阵为 5×7，最大为 96×96，后者打印结果相当精美，常用于汉字排版系统。

点阵打印机的使用与维护时应注意：

（1）在打印机或计算机通电的情况下，绝不可拆卸或连接它们之间的连接线，否则可能造成打印机连接电路的损坏。

（2）打印机电源线插头的地线接地应该良好。

（3）应按要求规格配置色带。有问题的色带应及时更换，更换应在打印机头冷却后进行。

（4）应保证打印范围不超过纸宽。不管纸宽如何，装纸应以打印机的左边为基准，因为打印机的纸张传感器都在打印机的左边。在打印机通电情况下，旋纸手柄是很紧的，此时绝不能用旋纸手柄进纸或退纸，以免损坏走纸机构。

（5）打印非正式文本时应尽量用高速打印。以延长打印头的使用寿命。慢速打印质量好，作为草稿打印，不必用慢速打印。

（6）保持打印机清洁，定期清洁打印头。做维护操作时，必须先断开电源。

归结起来，硬件结构是计算机系统看得见摸得着的功能部件的组合，而软件是计算机系统的各种程序的集合。在软件的组成中，系统软件是人与计算机进行信息交换、通信对话、按人的思想对计算机进行控制和管理的工具。

当然，在计算机系统中并没有一条明确的硬件与软件的分界线。软、硬件之间的界线是经常变化的。今天的软件可能就是明天的硬件，反之亦然。这是因为任何一个由软件所完成的操作也可以直接由硬件来实现，而任何一条由硬件所执行的命令也能够用软件来完成，所以硬件与软件可以说是逻辑等价的。

2.3　计算机工作原理

计算机之所以能脱离人的直接干预，自动地进行数据计算或信息处理，是由于人们把实现这个计算的一步步操作用命令的形式（即一条条指令（Instruction））预先输入到存储器中，在执行时，机器把这些指令一条条地取出来，加以翻译和执行。计算机工作流程图如图 2-3 所示。

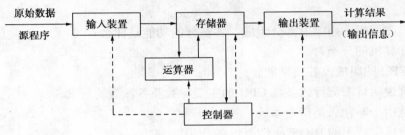

图 2-3　计算机工作流程图

以最简单的两个数相加的运算来说，就需要以下几步（假定要参加运算的数也存入存储器中）：

第一步：把第一个数从它所在的存储单元中取出来，送至运算器；

第二步：把第二个数从它所在的存储单元中取出来，送至运算器；

第三步：相加；

第四步：把相加的结果送至存储器中指定的单元。

所有这些取数、送数、相加、移位等都是一种操作，把要求计算机执行的各种操作用命令的形式写下来，这就是指令。通常一条指令对应着一种基本操作，但是计算机怎么能辨别和执行这些操作呢？这是由设计人员设计的指令系统决定的。计算机所能执行的全部指令就是计算机的指令系统，不同型号的计算机有不同的指令系统，这是人为规定好的。

在使用计算机时，必须把要解决的问题编成一条条指令，使用什么型号的计算机，就必须使用这种型号的计算机的指令，这样计算机才能识别与执行它们。由此看出，指令必须依据机器的指令系统编写，不能随心所欲。指令通常分为操作码（Operation Code）和操作数地址码两大部分。操作码表示计算机执行什么操作；操作数表示参加操作的数本身或操作数所在的地址码。一台计算机所能完成的所有指令的集合就称为指令系统或指令集。用户为解决自己的问题编制的程序，称为源程序（Source Program）。

因为计算机只能识别二进制数码，所以计算机指令系统中的所有指令，都必须以二进制编码的形式来表示，也就是由一串 "0" 或 "1" 排列组合而成。例如，8086 微型计算机系统中加法指令的编码为 05H（此处 H 表示十六进制数），向存储器存数的指令的编码为 A1H 等，它们相应的二进制编码为：

  加法 05H 00000101

  存数 A1H 10100001

  这就是指令的机器码（Machine Code），这种指令的功能与二进制编码的关系是人为的，计算按照规定进行识别。

  计算机发展的初期，采用指令的机器码来编制用户的程序，这就是机器语言阶段。也就是说用"0"和"1"组成的二进制的代码形式写出机器的指令，把这些代码按用户的要求顺序排列起来，这就是机器语言的程序。如果要求机器能自动执行这些程序，必须把这些程序预先存放到存储器的某个区域。程序通常是顺序执行的，所以程序中的指令也是一条条顺序存放的。计算机在执行时把这些指令一条条取出来加以执行，这由 CPU 中的专门电路计数器 PC（Program Counter）来自动完成。

练 习 题

1. 计算机在逻辑上由哪五部分组成？各部分的功能是什么？
2. 简述计算机的分类？
3. 简述 CPU 的组成及各自功能？
4. 请举例说明目前流行的某款 CPU 的主要参数及各参数的意义。
5. 什么是指令？什么是指令系统？
6. 简述微机主板上的 BIOS 及 CMOS 的作用。
7. 什么是 I/O 总线？目前台式 PC 采用的 I/O 总线标准是什么？
8. CD 光盘是怎样记录数据的？它的存储容量是多少？
9. 简述打印机的主要参数及意义？

第3章 计算机软件

3.1 软件的功能及分类

计算机软件是计算机系统的重要组成部分。软件包括了使计算机运行所需的各种程序、数据及相关的文档资料，通常承担着为计算机有效运行和进行特定信息处理任务的全过程服务，其配置情况直接影响计算机系统的功能。如果没有软件的支持，计算机就无法工作。

1. 软件的主要作用

软件是用户与计算机硬件之间的桥梁，其主要作用是：

（1）计算机硬件资源的控制与管理，提高计算机资源的使用效率，协调计算机各组成部分的工作；

（2）在硬件提供的基本功能的基础上，扩大计算机的功能，增强计算机去实现和运行各类应用任务的能力；

（3）向用户提供尽可能方便、灵活的计算机操作使用界面；

（4）为专业人员提供计算机软件的开发工具和环境，提供对计算机本身进行调试、维护和诊断等所需要的工具；

（5）为用户完成特定应用的信息处理任务。

2. 软件的分类

软件的分类有多种，我们可将之粗略地分为系统软件、支撑软件和应用软件。

系统软件泛指那些为整个计算机系统所配置的、不依赖于特定应用的通用软件，也是可供所有用户使用的软件。系统软件是给其他软件提供服务的程序集合，它用于管理、控制和维护计算机各种（硬件和软件）资源的协调工作，使其充分发挥作用、提高效率、方便用户和开发者使用。

支撑软件是用于支持软件开发与维护的软件。随着计算机科学技术的发展和应用的普及，软件开发和维护的代价在整个计算机系统中的比重越来越大，并远远超过硬件。软件开发环境作为支撑软件的代表，它主要包括数据库管理系统、各种接口软件、网络软件和工具软件，这些软件组成一个整体，协同支持各种软件的开发与维护。

应用软件是为某个具体应用而开发的软件。社会信息化进程的加快，为应用软件的开发带来了广阔的市场空间。按照应用软件适用的范围，我们将应用软件分为两类：定制应用软件和通用应用软件。

（1）定制应用软件是针对具体应用而定制的，这类软件是完全按照用户自己的特定需求而专门进行开发的，应用面较窄，运行效率高，开发代价与成本相对很高。与我们生活相关的银行储蓄系统、各类（电信、水厂、电厂等）收费系统、小区管理系统等都属定制应用软件。

（2）通用应用软件是在许多行业和部门中可以广泛使用的应用软件。例如文字处理软件、电子表格软件、绘图软件、通信软件、数学软件、统计软件等。在计算机普及的进程中，这些软件广为流行，新版本不断推出，功能、效率和易用性有了很大的改进。

值得注意的是，许多软件在运行时，往往需要依托于一些更基础的软件。因此，在计算机系统中各种软件通常组织成为层次结构，逐层扩展其功能，构成一个能有效运行和开发各种软件（应用）的环境（平台）。图 3-1 描绘了计算机硬件与系统软件、应用软件的关系。人们在硬件基础上逐层安装各类软件，构成一个功能丰富、界面友善的计算机应用系统。

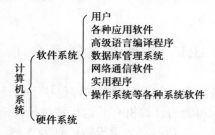

图 3-1　计算机软件、硬件系统的层次关系

3.2　系 统 软 件

　　系统软件可以看做是用户与硬件系统的接口，它为应用软件和用户提供了控制访问硬件的手段，这些功能主要由操作系统来完成。系统软件包括操作系统、语言处理程序、数据库管理系统、实用程序与工具软件等，下面分别进行简单介绍。

3.2.1　操作系统

　　操作系统（Operating System，OS）是直接运行在裸机上的最基本的系统软件，任何其他的软件都必须在操作系统的支持下才能运行。它是计算机系统中必不可少的基本组成部分。操作系统负责对计算机系统的各类软、硬件资源进行统一控制、管理、调度和监督，合理地组织计算机的工作流程，其目标是提高各类资源的利用率，为上层的应用程序提供功能上的支持，为用户提供友好的界面，为其他软件的开发提供必要的服务和相应的接口。

1．操作系统的功能

　　操作系统的主要功能包括处理器管理、存储管理、文件管理、设备管理和作业管理等。

　　（1）处理器管理。负责为进程（指程序的一次执行过程）分配处理器，即通过对进程的管理和调度来提高处理器的效率，实现程序的并发执行或资源的共享。处理器管理也就是根据特定的规则从就绪的进程队列中选择合适的进程，让该进程使用处理器。处理器管理中采用的调度策略有多种，如抢占算法、轮转算法、最短停留时间优先算法等。当一个进程运行完毕时，则由调度程序选择下一个进程来使用处理器。当发生诸如 I/O 中断请求等程序性中断时，保存现场并将现行进程放入等待队列，转而执行中断服务例程等。

　　（2）存储管理。存储管理的职责是合理、有效地分配和使用系统的存储资源，在内存、快存和外存三者之间合理地组织程序和数据，实现由逻辑地址空间到物理地址空间的映射，使系统的运行效率达到满意的程度，并提供一定的保护措施。存储管理主要有：界地址管理、段式管理、页式管理、段页式管理等。在多任务系统中，为使用户尽可能方便、尽可能多地使用有限的内存资源，出现了虚拟存储管理技术，其中包括覆盖和交换技术，这是操作系统的关键技术之一。

　　（3）文件管理。文件管理程序采用统一、标准的方法管理辅助存储器上的用户文件和系统文件，实现数据的存储、检索、更新、共享和保护，并为用户提供一整套操作的使用方法。

　　计算机中的文件是指以文件名标注的存储在存储媒体上的一组相关信息的集合。早期，用户按物理地址存取存储媒体上的信息，使用不便、效率很低。引入文件概念后，用户不再需要了解文件物理结构，可以实现"按名存取"，由文件管理程序根据用户给出的文件名自动地完成数据传输操作，使用方便，安全可靠，便于共享。

　　文件目录是文件系统实现"按名存取"的主要手段和工具，文件目录的建立、检索和维护是文件系统的一个基本功能。文件目录应包含有关文件的说明信息、存取控制信息、逻辑和物理结构信息、管理信息。目录结构一般采用层次型，也称树状结构。

　　（4）设备管理。操作系统一般把 I/O 设备看做是"文件"，称为设备文件，有效地处理用户对这些设备的使用请求，完成实际的输入/输出操作。它通过建立设备状态或控制表来管理设备，通过中断和设备队列来处理用户的输入/输出请求，通过 I/O 设备驱动程序来完成实际的设备操作。设备管理和存储管理技术的结合可实现虚拟设备、假脱机输入/输出等功能，从而大大地提高了系统的功能。

　　（5）作业管理。作业是指用户请求计算机系统完成的一个计算机任务，由用户程序、数据及其所需的控制命令组成。作业管理负责作业从提交到完成期间的组织、管理和调度工作。一个作业被提交到系统后，将按某种规则放入作业队列中，并被赋予某一优先级，作业调度程序则根据作业的状态及其优先级按某种算法从作业队列中选择一个作业运行。

2．微机常用的操作系统

DOS

　　MS-DOS 是美国微软公司开发的在微机上使用的操作系统，它以使用与管理磁盘存储器为其核心任务而得名。DOS 操作系统采用的是字符式用户界面，用户必须记住许多操作命令（称为 DOS 命令）才能使用计算机。因为 DOS 有一定难度，加上 DOS 系统本身的不足，微软公司在推出 DOS 6.22 版本后决定不再发展新的版本，现在 DOS 操作系统已悄然退出历史舞台。

Windows

　　Windows 98、Windows 2000、Windows XP、Vista 系列是目前微机上最流行的操作系统，它们的主要特点与功能如下：

　　（1）采用图形用户界面，供用户方便地使用计算机，减轻用户记忆与理解操作命令的负担。目前 Windows 的图形用户界面已成为 PC 应用程序用户界面事实上的标准。

　　（2）在内存管理上实现了虚拟内存，应用程序和它所处理的数据，几乎不受内存容量的限制。

　　（3）提供了可同时运行多个任务的能力（称为多任务处理），在各个任务之间可以进行切换和交换信息。

　　（4）提供各种系统管理的工具（如：程序管理器、文件管理器等）；提供各类实用程序（如：记事本、计算器、画图等）。

　　（5）配置了个有多媒体处理能力的若干实用程序，允许图形、文字、声音同时进行播放。

　　（6）提供了与局域网或远程网的接口和基本的应用程序。

　　（7）提供对各类 I/O 设备的接口与管理，提供大量设备的驱动程序与管理程序。

　　（8）提供联机帮助，用户可以及时地从计算机中获得有关操作说明。

UNIX

　　UNIX 可以安装在范围非常广泛的不同类型的计算机系统上，从 PC 到工作站，从小型机到超级计算机，也可以用于不同的生产厂商的各种不同型号的计算机。UNIX 取得成功的主要原因是其系统的开放性，用户可以十分方便地向系统中逐步添加功能，使系统越来越完善。

　　UNIX 具有强大的网络通信与服务功能，因此，它是目前互联网服务器中使用最多的操作系统。

　　从 UNIX 系统结构来看，大体分为以下两大部分：

　　（1）UNIX 系统的核心部分，负责利用最低层硬件所提供的各种基本功能，向外层提供全部应用程序所需要的服务。

　　（2）应用子系统由许多程序与若干服务组成，这些是用户可见到的部分，包括 Shell 程序（UNIX 系统中的命令解释程序）、文本处理程序（如 vi，ed 等）、邮件通信程序及源代码控制系统等。这些外层程序需要通过一组已明确定义过的系统调用去利用 UNIX 系统核心部分所提供的服务。

Linux

　　1991 年，芬兰赫尔辛基大学学生 Linus Torvalds 创造了 32 位操作系统 Linux。现在 Linux 也支持 64 位。它的主要特点是自由式和开放性。业界已经为其开发了大量的配套硬件和软件产品，从而成为一个有效的程序开发环境和运行支撑平台。

　　Linux 包含许多系统工具软件：支持 C、C++、FORTRAN、Java 等多种编程语言；除支持标准的 TCP/IP 协议外，还支持 NFS 网络文件系统和 NetWare 网络操作系统；许多网络软件和主流数据库已有 Linux 平台产品。Linux 在一体化内核结构的基础上引入了层次和模块的概念，具有良好的可扩展性、可用性、互操作性。作为桌面系统和小型服务器的操作系统，Linux 具有相当强劲的竞争力。

OS/2

　　OS/2 操作系统是 IBM 公司于 1985 年推出的用于 PC 的操作系统。它是一个多任务、图形界面的操作系统。

3.2.2　程序设计语言及其处理程序

1．指令、指令系统、指令类型

　　指令是计算机用以控制各部件协调动作的命令。

　　指令是一组二进制代码，它包括两个基本部分：操作码和操作数地址。

　　操作码提供的是操作控制信息，指明计算机应执行什么性质的操作，如＋、－、×、÷等。

　　操作数地址一般分：单操作数指令、双操作数指令、三操作数指令、零操作数指令。其指令格式如图 3-2 所示。

操作码	操作数地址

（a）单操作数指令

操作码	第一操作数地址	第二操作数地址

（b）双操作数指令

操作码	第一操作数地址	第二操作数地址	第三操作数地址

（c）三操作数指令

操作码

（d）零操作数指令

图 3-2　指令格式

一个 CPU 所能执行的全部指令称为该 CPU 的指令系统。指令系统中有数以百计的不同指令，通常指令系统包括下列各类指令：

（1）数据传送类指令。数据传送指令可实现：存储器到存储器、存储器到寄存器、寄存器到存储器和寄存器到寄存器的数据传送。

（2）算术运算指令。用于完成两个操作数的加、减、乘、除等各种算术运算。

（3）逻辑运算指令。用于完成两个操作数的逻辑加、逻辑乘、按位加等各种逻辑运算。

（4）移位运算指令。用于完成指定操作数的各种类型的移位操作。

（5）位与位串操作指令。计算机中越来越重视非数值数据的操作，包括位与位串的装入、存储、传送比较、重复执行等。

（6）控制转移指令。通常程序中的指令多数是一条条地按顺序执行，但根据指令执行的结果，也可以跳到其他的指令或程序段去执行。具有这种功能的就是各种类型的转移指令。

（7）输入/输出指令。在微机中，往往把输入/输出设备中与主机可交换数据的寄存器称为 I/O 端口。同时，把各个 I/O 端口统一编址。使用输入/输出指令，就可以去存取各种外部设备的 I/O 端口，实现数据的输入、输出。

（8）其他指令。包括各种处理器控制指令，往往由操作系统专用。

随着技术的发展，微处理器不断更新换代。新处理器所包含的指令数目种类越来越多，指令中的寻址方式也越来越灵活，这就带来以下两个问题。

（1）兼容性问题。由于每种 CPU 都有自己独特的指令系统，因此，用某一类计算机的机器语言编写的程序难以在其他类型计算机上运行，这个问题称之为指令不兼容。通常，每个处理器制造商均采用"向下兼容方式"来开发新品种的处理器。所谓"向下兼容"是指新处理器可以运行旧处理器中的所有指令，但不保证旧处理器能运行新处理器中的指令。

（2）指令精简问题。为满足"向下兼容"问题，新处理器指令不得不逐步增多，寻址方式也日益复杂。不少计算机科学家早就发现：通常各种程序频繁地执行的仅仅是指令系统中相对很少的一部分指令。因此，有人提出了精简指令系统计算机（RISC）的概念。RISC 结构的计算机具有相对十分简单的指令系统，指令长度固定，指令格式与种类简单，寻址的方式也很少，在处理器中增设大量的通用寄存器，采用硬接线控制，从而使指令执行速度提高，同时依靠编译软件的支持去调度指令的流水线执行，这样 RISC 系统获得了较高的性能/价格比。比如，市场上有名的 Sun Sparc、 HP PA、 MIPS、 Power PC 等都是相当成功的 RISC 处理器。

2．指令的执行

程序是指为解决某一问题而设计的一串指令，是一组指令的有序集合。

在计算机刚诞生的日子里，科学家们只能用机器语言（二进制代码）十分艰辛地去编制程序。高级语言的出现，极大地提高了程序设计的效率。然而，计算机硬件唯一认识的"语言"是机器指令，程序的运行最终是在 CPU 中一条一条地执行指令。在程序执行的过程中，指令流、数据流、指令地址和数据地址的理解是关键。下面简单介绍指令和程序的执行过程。

在 Pentium 中允许同时执行多条不同的指令，即允许多条指令分别处于预取、译码、执行、地址计算与总线访问的不同阶段，就好像工厂里的生产流水线。在流水线上，每一指令依次经过不同的加工阶段。这种流水线结构可以使 CPU 执行指令的速度大大提高。

一条指令的执行过程大体如下：

（1）指令预取部件向指令快存提取一条指令，若快存中没有，则向总线接口部件发出请求，要求访问存储器，取得一条指令；

（2）总线接口部件在总线空闲时，通过总线从存储器中取一条指令，放入快存和指令预取部件；

（3）指令译码部件从指令预取部件中取得该指令，并把它翻译成起控制作用的操作码；

（4）地址转换与管理部件负责计算出该指令所使用的操作数的有效物理地址，需要时请求总线接口部件，通过总线从存储器中取得该操作数；

（5）执行单元按照指令操作码的要求，对操作数进行规定的运算处理，并根据运算结果修改或设置处理器的一些状态标志；

（6）修改地址转换与管理部件中的指令地址，提供指令预取部件预取指令时使用。

由此可见，CPU 在程序执行期间，不断地通过指令地址和数据地址去访问相应的存储单元，形成了两个不同的动态信息流——指令流和数据流。

3．程序设计语言及其处理程序

在日常生活中，人与人之间一般是通过语言交流思想，人类所使用的语言称为自然语言。人与计算机之间的"沟通"，或者说人们让计算机完成某种任务，也需要通过一种语言，这就是计算机语言。随着计算机应用的普及，计算机语言也在快速发展，下面介绍计算机语言的发展情况及其特点。

（1）机器语言。直接用二进制代码表示的指令系统的语言称为机器语言，它是最早期的计算机语言，是计算机唯一识别并可直接执行的语言。如 Z80（CPU）指令系统中，有一条指令

00111110

01010101

是把二进制数 01010101 送到累加器 A 中。机器语言的效率高，执行速度快，而且无须"翻译"。对人来讲机器语言存在许多不足，如难读、难懂、难记、易出错、难修改等。它的致命弱点是：无通用性。也就是说不同类型的计算机各有自己的指令系统，因为它是直接面向机器的语言。

（2）汇编语言。为了克服机器语言编写程序时存在的不足，人们想到了用一些符号（如英文单词、数字等）来代替机器语言，因而产生了汇编语言。汇编语言是一种由机器语言"符号化"的语言。如用 SUB 表示减法指令，ADD 表示加法指令，MOV 表示传送指令等。指令的操作数和地址也不直接用二进制，而是用十六进制或符号代表。这样对人们来讲，汇编语言比机器语言更容易理解、便于记忆、使用起来方便多了。如上例中的一条机器语言指令，写成汇编语言指令为：

LD A，55H

汇编语言的指令和机器语言的指令是一一对应的，它没有解决机器语言的致命弱点（就是通用性差），所以它仍是面向机器的低级语言，只不过机器语言指令是二进制代码，而汇编语言指令是人类易于理解的助记符。

对计算机来讲，必须将汇编语言编写的程序翻译成机器语言程序，才能执行。我们称汇编语言编写的程序为汇编语言源程序，称翻译成机器语言的程序为目标程序，称翻译过程为汇编，将汇编语言源程序翻译成目标程序的软件称为汇编程序。具体的汇编过程如图3-3所示。

（3）高级语言。高级语言又称算法语言，它克服了机器语言和汇编语言依赖于机器，通用性差的弱点。高级语言有两个特点：①与人类的自然语言（英语、数学语言）比较接近。如在BASIC 语言中，"INPUT"表示输入，"PRINT"表示打印；用符号"＋、－、*、/"表示算术运算符中的"加、减、乘、除"；②与计算机的硬件无关，无须熟悉计算机的指令系统。这样

用高级语言编写程序时，只需考虑解决什么问题，怎么解决，无须考虑机器，所以称高级语言是面向过程的语言。

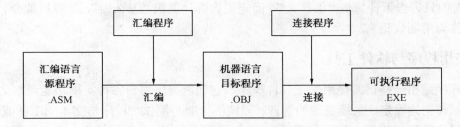

图 3-3　汇编过程示意图

高级语言种类很多，常见的有：Basic、Pascal、C、FORTRAN、Java、Delphi、Visual Basic、Visual C++等。用高级语言编写的源程序在计算机中也不能直接运行，必须翻译成机器语言才能执行，翻译的方法有两种：一种是编译方式，另一种是解释方式。

编译是将高级语言源程序翻译为可直接执行的机器语言目标程序。在编译方式中将高级语言源程序翻译成机器语言目标程序的软件称为编译程序，这种翻译过程称为编译。在编译过程中，编译程序要对源程序进行语法检查，如有错误将给出相关的错误信息，如无错则翻译成目标程序。具体的编译过程如图 3-4 所示。

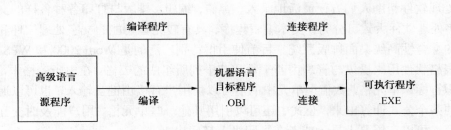

图 3-4　编译过程示意图

解释是对高级语言源程序逐条解释并执行，因为边解释边执行，所以没有生目标程序，如图 3-5 所示。值得注意的是，目前流行的计算机编程语言多数采用编译方式。

图 3-5　解释过程示意图

编译方式与解释方式都是将高级语言源程序翻译成计算机可以识别与执行的二进制代码。两种方式的本质区别是：编译方式是将源程序经编译得到可执行文件后，就可脱离源程序和编译程序，单独执行，所以编译方式的效率高，执行速度快。解释方式在执行时，必须源程序和解释程序同时参与才能运行，其不产生可执行程序文件，效率低，执行速度慢。

上面介绍的是"面向过程"语言，如 Pascal 语言、C 语言，其特点是：人们不仅要告诉计算机"做什么",而且要告诉计算机"怎么做"。随着计算机软件的不断发展,目前流行的计算机语言都是"面向对象"的语言,如 Visual Basic、Visual C++、Delphi、Visual FoxPro 等,其特点是:人们只需告诉计算机"做什么",而无须告诉计算机"怎么做",计算机就会自动操作,此类语言称为第四代语言。

3.2.3　实用程序与软件工具

实用程序是指一些日常使用的工具性程序,它们能提供用户各种实用功能。如文件管理、系统的配置与初始设定、系统资源的管理、系统的诊断与测试、程序与文本的准备或编辑、各类程序之间的装配与连接、程序的调试和测试、程序或文本之间的转换与交叉引用等。

软件工具是指一类对软件开发特别有用的工具软件,它们可以用来帮助对其他程序进行开发、修复或者优化性能等。人们已普遍认识到软件工具在整个软件开发生命周期的全部活动中都可能提供帮助,包括系统分析、系统设计、项目管理、文档生成和质量保证中都需要软件工具的支持。

3.3　通用应用软件

流行的通用应用软件大致可分为:文、表、图、网、统计等几大类。

文字处理软件帮助人们方便灵活地录入、存储、编辑、排版与打印各种各样的文本及文档资料。文字处理软件大致可分为:文本编辑程序、具有较完备功能的文字处理软件和具有较高专业水准的综合性高级桌面排版系统。目前使用得特别广泛的是 Word 2000 和 WPS 2000 等。

电子表格软件用来操纵与管理由若干行和若干列所组成的表格。在电子表格中,用行标识符和列标识符标识单元格,数值型单元中的值可以由用户直接由键盘输入,也可以通过与此单元相联系的某个公式计算出来,公式中还可以引用其他一些单元格。用户能及时交互地处理表格中的内容,可以在屏幕上显示或者在打印机上打印出来。

图形、图像软件在工程设计、文化艺术等领域有着极为广泛的应用。近年来,微机处理能力显著提高,显示与打印技术不断进步,扫描仪、绘图仪等设备的性能/价格比大幅提高,为各类图形软件的发展提供了条件。如 Windows 自带的 Paintbrush、Adobe 公司的 Photoshop 等彩色图像处理软件;AutoCAD,CorelDraw,Harvard Graphics 等绘图软件。

网络通信软件可分为两大类:一类是用于实现网络底层各种通信协议的通信软件或协议转换软件,它们属系统软件性质,一般都包含在网络操作系统(如 UNIX、Windows 98、Windows NT、Novell、NetWare 等)之内。另一类则是用于实现各种网络应用的软件,例如,电子邮件(E-mail)、网络文件管理程序(FTP)、远程计算(Telnet)、网络信息浏览器等。

简报软件主要用于制作幻灯片、演讲报告和带有文字、图形、表格、声音、动画等各类材料的演示。所制成的材料具有丰富的色彩及各种控制播放手段,也可以制成简单的动画和各类教学片。比较有名的有 PowerPoint、Show Partner、Harvard Graphics 等。

统计软件是以统计方法处理数值数据的软件,包括收集、汇总、分析与解释各类可变化的数值数据。统计软件在生命科学、经济、农业、物理、测量、气象、无线电传播、人口统计,以及所有带有随机现象的社会发展和经济发展的领域内有着相当广泛的应用。比较有名的统计软件有 SPSS、SAS、和 BMDP 等。

3.4　软件的开发

3.4.1　程序设计方法与技术

什么是程序？表面上看，一个程序仅仅是一些指令或语句再加上一些数据的罗列。其实要保证程序能实现相应的设计目标，还必须更深入地理解程序的本质。

著名的瑞士科学家、Pascal 语言的创始人 N·沃思提出过一句名言：算法＋数据结构＝程序。这句名言得到了计算机科学家的广泛认同。

不论是数值运算还是非数值运算，都需要有一个高效率的正确表达的解题方法和步骤，这就是"算法"。算法的选用与构造在很大程度上也取决于所涉及的数据在计算机中的组织及所定义的操作，后者就是所谓的"数据结构"。

高级程序设计语言如 C、Pascal、FORTRAN 等都是用来描述算法与数据结构的类自然语言。

许多人在中学时就学过用 BASIC 语言编写程序，那时也许注意到，一个待解问题不同的人可能编出的程序完全不同，然而都是正确的程序，除了书写形式有区别外，重要的是程序结构有区别，易读性不一样，运行效率不一样，有时相差很远。

经多年的研究与发展，程序设计方法和程序设计技术取得了很大的进步，提出了多种程序设计方法和技术。例如，自顶向下的程序设计方法、自底向上的程序设计方法、结构化程序设计方法、函数式程序设计技术、逻辑程序设计技术、面向对象的程序设计技术等。不同的程序设计方法和技术、都是从不同的角度对程序及其设计和运行的过程与特性作规律性的研究，经分析、总结和抽象之后得出的，并在实践中被反复检验。

不同的程序员所编制的程序风格是各不相同的。程序的正确性当然十分重要，但程序的风格影响到程序可读性的好坏、是否易于修改和维护，特别是在大型软件的开发时尤其重要。程序设计风格是否良好，有一些公认的判别与指导的原则。比如，程序中必须加入适量的注释以帮助阅读和理解，变量名、文件名、子程序名等的命名应易于识别理解，程序段落与语句错落有序和层次分明，较大的程序应分为模块甚至子模块。

3.4.2　计算机软件的知识产权

人们为了开发各种各样的系统软件和应用软件，已经投入了大量的人力、物力和财力。软件的价值已为人们所接受，且越来越受到社会的重视。如何用法律手段来保护软件开发者的利益，已成为大家所关注的问题。计算机软件知识产权的法律保护手段主要有 3 种：专利法、著作权法和商业秘密法。

1. 专利法

计算机软件具有实用技术的性质，故可以利用专利法来保护计算机软件。软件要获得专利，必须具备创造性、新颖性和实用性。一旦某一软件的专利申请被批准，其他类似的软件，即使是独立开发出来的，也不能销售。

2. 著作权法

计算机软件必须借助于数字、文字和图形表现出来，并能以磁带、磁盘或光盘等物理载体存储和发行，极易复制传播，这就具有印刷作品的特点。因此，运用著作权法来保护计算机软件已成为国际流行的方法，我国也已制定了相应的法律。

著作权法规定，作品（计算机软件）的作者享有发表权、修改权、保护作品完整权、使用权和获得报酬权等权益。作者可以是创作作品的公民，也可以是委托创作的法人（或非法人）单位。

著作权法所保护的是完整的、成熟的作品。而软件的完整性、成熟性只有当软件公开发表之后才能体现出来。另外，取得著作权还须按规定程序履行一定的登记手续。

3. 商业秘密法

商业秘密是指不为公众所知而能为权利人带来经济利益的保密的技术信息和经营信息。它有一定的新颖性且不为他人所知，它能带来竞争优势，是付出大量投入后所取得的成果，且必须处于保密状态。商业秘密的价值不公开体现在信息所处的载体上，更在于信息本身。因此，商业秘密法不仅保护思想的表达形式，而且还保护思想本身。

商业秘密法保护的是秘密思想，它禁止泄露行为和窃取行为，以及不合法的使用行为。它并不禁止独立开发和逆向研究行为。它在保障合法权益的同时，也允许公平竞争，促进社会进步。

练 习 题

1. 什么是计算机软件？
2. 计算机软件分为哪几类？
3. 简述计算机操作系统软件的主要功能。
4. 什么是计算机语言？在计算机语言中有哪些控制结构？分说出它们的控制作用。
5. 简述机器语言、汇编语言和高级语言的不同特点。
6. 什么是算法？算法和程序有何区别？
7. 什么是数据结构？对数据结构的研究包括哪些方面的内容？

第 4 章　计算机网络与因特网

计算机网络是计算机技术和通信技术紧密相结合的产物，它涉及通信与计算机两个领域。它的诞生使计算机体系结构发生了巨大的变化，在当今社会经济中起着非常重要的作用，它对人类社会的进步作出了巨大贡献。现在，计算机网络已经成为人类社会生活中不可缺少的一个重要组成部分，计算机网络应用已经遍布各个领域。从某种意义上讲，计算机网络的发展水平不仅反映了一个国家的计算机科学和通信技术水平，而且已经成为衡量一个国家的国力及现代化程度的重要标志之一。

4.1　计算机网络基础

4.1.1　计算机网络的基本概念

1. 计算机网络的产生与发展

计算机网络的发展过程是从简单到复杂、从单机到多机、从终端到计算机之间的通信，演变到计算机与计算机之间的直接通信的过程。其发展经历了四个阶段：远程联机系统阶段、互联网络阶段、标准化网络阶段、网络互联与高速网络阶段。

早期的计算机系统是高度集中的，所有的设备安装在单独的大房间中，后来出现了批处理和分时系统，分时系统所连接的多个终端必须紧接着主计算机。20 世纪 50 年代中后期，许多系统都将地理上分散的多个终端通过通信线路连接到一台中心计算机上，这样就出现了第一代计算机网络。其基本结构是：一台中央主计算机连接大量的、在地理位置上处于分散的终端构成的系统，系统中除主计算机具有独立的处理数据的功能外，系统中所连接的终端均无独立处理数据的能力。第一代计算机网络是以单个计算机为中心的远程联机系统。

第二代计算机网络是以多个主机通过通信线路互联起来，为用户提供服务，兴起于 20 世纪 60 年代后期，典型代表是美国国防部高级研究计划局协助开发的 ARPAnet。主机之间不是直接用线路相连，而是接口报文处理机 IMP 转接后互联的。IMP 和它们之间互联的通信线路一起负责主机间的通信任务，构成了通信子网。通信子网互联的主机负责运行程序，提供资源共享，组成了资源子网。20 世纪 70 年代至 80 年代，第二代网络得到迅猛的发展。第二代网络以通信子网为中心。这个时期以能够相互共享资源为目的，互联起来具有独立功能的计算机集合体称为计算机网络。

第三代计算机网络是具有统一的网络体系结构并遵循国际标准的开放式和标准化的网络。国际标准化组织（ISO）在 1984 年颁布了"开放系统互联参考模型"，即著名的 OSI/RM（Open System Interconnection/Reference Model），该模型分为七个层次，也称为 OSI 七层模型，被公认为新一代计算机网络体系结构的基础。为普及局域网奠定了基础。20 世纪 70 年代后期，由于大规模集成电路的出现，局域网由于投资小，方便灵活，得到了广泛的应用和迅猛的发展。

第四代计算机网络从 20 世纪 80 年代末开始，局域网技术发展成熟，出现光纤及高速网络技术，多媒体，智能网络，发展为以 Internet 为代表的互联网。

2．计算机网络的概念

随着计算机应用的深入，特别是家用计算机越来越普及，为了共享各种资源，促使计算机向网络化发展，将分散的计算机组成计算机网络。计算机网络是现代通信技术与计算机技术相结合的产物。所谓计算机网络，就是把分布在不同地理区域的计算机与专门的外部设备用通信线路互联成一个规模大、功能强的网络系统，并且配以功能完善的网络软件，从而使众多的计算机可以方便地互相传递信息，共享硬件、软件、数据信息等资源。

一般来说，计算机网络可以提供以下主要功能：

（1）资源共享。网络的出现使资源共享变得很简单，交流的双方可以跨越时空的障碍，随时随地传递信息。

（2）信息传输与集中处理。数据是通过网络传递到服务器中，由服务器集中处理后再回送到终端。

（3）负载均衡与分布处理。负载均衡是指网络中的负荷被均匀地分配给网络中的各计算机系统，分布处理是将任务分散到多台计算机上进行处理由网络来完成对多台计算机的协调工作。

（4）综合信息服务。计算机网络可以提供多方面的信息服务功能。

3．计算机网络的特点与目标

（1）计算机网络的特点。网络中的计算机各自功能是独立的，计算机之间通过导线、电缆、光缆、微波或通信卫星相互连接起来，并有网络协议的支持。计算机网络具有以下几个特点：

① 开放式的网络体系结构，使不同软、硬件环境、不同网络协议的网络可以互联，真正达到资源共享、数据通信和分布处理的目标。

② 向高性能发展。追求高速、高可靠和高安全性，采用多媒体技术，提供文本、声音、图像等综合性服务。

③ 计算机网络的智能化，提高了网络的性能和综合的多功能服务，并更加合理地进行网络各种业务的管理，真正以分布和开放的形式向用户提供服务。

（2）计算机网络的目标。计算机网络是以资源共享为主要目标的，提高系统的可靠性、提高工作效率、分散数据的综合处理能力，调节和均衡系统的负载。

4．计算机网络的分类

计算机网络的品种很多，根据不同的分类原则，可以得到各种不同类型的计算机网络。

（1）按网络所覆盖的范围分类。计算机网络通常是按照规模大小和延伸范围来分类的，常见的划分为：局域网（Local Area Network，LAN）和广域网（Wide Area Network，WAN）。局域网（LAN）是指在一个较小地理范围内的各种计算机网络设备互联在一起的通信网络，可以包含一个或多个子网，通常局限在几千米的范围之内。如在一个房间、一座大楼，或是在一个校园内的网络就称为局域网。广域网（WAN）连接地理范围较大，常常是一个国家或是一个洲。其目的是为了让分布较远的各局域网互联。Internet 可以视为世界上最大的广域网。

（2）按照网络的拓扑结构分类。计算机网络的拓扑结构可以分为环型拓扑、星型拓扑、总线型拓扑、树型拓扑和网状型拓扑。

（3）按照通信传输的介质来划分，可以分为双绞线网、同轴电缆网、光纤网和卫星网等。

（4）按照信号频带占用方式划分，可以分为基带网和宽带网。

（5）按交换方式分类，可分为线路交换网络（Circuit Switching）、报文交换网络（Message Switching）和分组交换网络（Packet Switching）。

（6）按传输技术分类，可分为广播网、非广播多路访问网、点到点网。

5. 计算机网络基本组成

计算机网络要完成数据处理与数据通信两大基本功能，从它的结构上必然可以分成两个部分：负责数据处理的计算机和终端；负责数据通信的通信控制处理机 CCP（Communication Control Processor）和通信线路。从计算机网络组成角度来分，典型的计算机网络在逻辑上可以分为两个子网：资源子网和通信子网。

计算机网络系统是由通信子网和资源子网组成的。而网络软件系统和网络硬件系统是网络系统赖以存在的基础。在网络系统中，硬件对网络的选择起着决定性作用，而网络软件则是挖掘网络潜力的工具。

计算机网络首先是一个通信网络，各计算机之间通过通信媒体、通信设备进行数字通信，在此基础上各计算机可以通过网络软件共享其他计算机上的硬件资源、软件资源和数据资源。计算机网络的各组成部件主要完成两种功能，即网络通信和资源共享。把计算机网络中实现网络通信功能的设备及其软件的集合称为网络的通信子网，而把网络中实现资源共享功能的设备及其软件的集合称为资源子网。在局域网中，通信子网由线缆、网卡、集线器、中继器、网桥、路由器、交换机等设备和相关软件组成。资源子网由联网的服务器、工作站、共享的打印机和其他设备及相关软件组成。在广域网中，通信子网由一些专用的通信处理机（即节点交换机）及其运行的软件、集中器等设备和连接这些节点的通信链路组成。资源子网由上网的所有主机及其外部设备组成。

在网络系统中，网络上的每个用户，都可享有系统中的各种资源，系统必须对用户进行控制。否则，就会造成系统混乱、信息数据的破坏和丢失。为了协调系统资源，系统需要通过软件工具对网络资源进行全面的管理、调度和分配，并采取一系列的安全保密措施，防止用户对数据和信息进行不合理的访问，以防数据和信息的破坏与丢失。网络软件是实现网络功能不可缺少的软件环境。

通常网络软件包括：网络协议和协议软件、网络通信软件、网络操作系统、网络管理及网络应用软件。

网络硬件是计算机网络系统的物质基础。要构成一个计算机网络系统，首先要将计算机及其附属硬件设备与网络中的其他计算机系统连接起来。不同的计算机网络系统，在硬件方面是有差别的。随着计算机技术和网络技术的发展，网络硬件日趋多样化，功能更加强大，更加复杂。

网络中常用的硬件有：主机 HOST、终端、线路控制器 LC、通信控制器 CC、通信处理机 CP、前端处理机 FEP、集中器 C、多路选择器等。随着计算机网络技术的发展和网络应用的普及，网络节点设备会越来越多，功能也更加强大，设计也更加复杂。

4.1.2 网络体系结构与协议

1. 通信协议

（1）通信协议的概念

计算机网络是各类终端通过通信线路连接起来的一个复杂系统，在这个系统中，由于计算机型号不一、终端类型各异，并且连接方式、通信方式、线路类型等都有可能不一样，这就给网络通信带来一定的困难。为了保证数据通信的正确、可靠，便针对通信过程中的各种问题制定了一系列规则，明确规定了数据通信时的格式和时序。这些为确保网络中数据有序通信而建立的一组规则、标准或约定就称为通信协议。就像我们用某种语言说话一样，在网络上的各台计算机之间也有一种语言，这就是网络协议，计算机网络协议是计算机在网络中实现通信时必须遵守的约定，主要是对信息传输的速率、传输代码、代码结构、传输控制步骤、出错控制等作出规定，制定标准。当然，通信协议也有很多种，具体选择哪一种协议则要看情况而定。Internet上的计算机使用的是 TCP/IP 协议。

通信协议是一组规则的集合，是进行交互的双方必须遵守的约定。为了使网络中两个节点之间进行对话，必须在它们之间建立通信工具（即接口），使彼此之间能进行信息交换。接口包括两部分：硬件装置和软件装置。硬件装置的功能是实现节点之间的信息传送。软件装置的功能是规定与实现双方进行通信的约定协议，协议通常由 3 个部分组成：语法部分、语义部分和同步。

- 语法部分用于规定双方对话的格式。
- 语义部分用于规定协议中协议元素的含义，即"讲什么"。
- 同步用于规定通信双方的应答关系，即"时序"。

通信协议的特点：层次性；可靠性和有效性。

（2）ISO/OSI 参考模型

数据在网络中由源节点传输到目的节点，需要一系列的加工处理，为此国际标准化组织（ISO）于 1978 年提出"开放系统互联参考模型"，即著名的 OSI（Open System Interconnection）七层模型，所谓"开放"就是对标准的共同认识和支持。从 OSI 的观点上看，一个系统是开放的，是指它可与世界上任何地方的遵守相同标准的其他任何系统进行通信。ISO/OSI 参考模型（开放系统互联参考模型）是国际标准化组织（ISO）于 1984 年提出的计算机网络的标准，它将计算机网络的体系结构分成七层：物理层、数据链路层、网络层、传输层、会话层、表示层和应用层。作为一个参考模型，它的作用只是为了使大家对网络通信的过程进行层次的划分，便于理解，在网络设计中进行参考。下面对 ISO/OSI 的各层主要功能进行简要的介绍。

① 物理层（Physical Layer）。物理层的主要功能是为数据链路层实体之间实现帧的传输，提供建立保持及拆除物理连接的方法，它定义了通信设备与传输介质接口硬件的机械、电气、功能和过程的特性。在此层操作对象是无规则的二进制比特流。

② 数据链路层（Data Link Layer）。数据链路层的主要功能是将物理层的比特流组成"帧"的信息逻辑单位，这样数据就有了逻辑格式，从而可以识别网上的每台计算机，控制数据流并进行错误检测，实现点到点的数据传输。

③ 网络层（Network Layer）。网络层的主要功能是在两个传输实体之间建立、保持和释放网络连接，提供路由选择，实现传输层实体之间的端到端的透明传输。网络层在多个独立的网络间进行寻址，即在网际间传输数据，在互联网络中它的作用是非常重要的。

④ 传输层（Transport Layer）。传输层的主要功能是对信息的流量控制、多路传输、虚电路管理及错误校验和恢复。

⑤ 会话层（Session Layer）。会话层又叫会晤层，它为不同系统内的应用之间建立会话连接，使它们能按同步方式交换数据，并能有序地拆除连接，以保证不丢失数据。

⑥ 表示层（Presentation Layer）。表示层的主要功能是向应用进程提供信息的表示方式，对不同表示方式进行转换管理，使采用不同语法表示的系统之间能进行通信，并包括传送数据信息的加密、解密、压缩和还原。

⑦ 应用层（Application Layer）。应用层是开放系统与用户应用进程的接口，应用层以下

的各层均通过应用层向应用进程提供服务，管理和分配网络资源。

2．网络系统的体系结构

由于计算机网络系统非常复杂，就采用结构化方法将网络分为若干个子层，每层之间既相互独立又相互联系，来解决整个网络系统问题。网络系统结构是分层的结构，它是网络各层及其协议的集合。实质是将大量的、各类型的协议合理组织起来，将按功能的先后顺序进行逻辑分割，上层是下层的用户，下层是上层的服务提供者。对于分层结构来说，它的优点是显而易见的：① 独立性强；② 功能简单；③ 适应性强；④ 易于实现和维护；⑤ 结构可分割；⑥ 易于交流和标准化。

4.1.3　数据通信技术

1．模拟数据和数字数据

（1）几个术语的解释

① 数据：有意义的实体。数据可分为模拟数据和数字数据。模拟数据是在某区间内连续变化的值；数字数据是离散的值。

② 信号：是数据的电子或电磁编码。信号可分为模拟信号和数字信号。模拟信号是随时间连续变化的电流、电压或电磁波；数字信号则是一系列离散的电脉冲。可选择适当的参量来表示要传输的数据。

③ 信息：是数据的内容和解释。

④ 信源：通信过程中产生和发送信息的设备或计算机。

⑤ 信宿：通信过程中接收和处理信息的设备或计算机。

⑥ 信道：信源和信宿之间的通信线路。

（2）模拟信号和数字信号的表示

模拟信号和数字信号可通过参量（幅度）来表示，如图 4-1 所示。

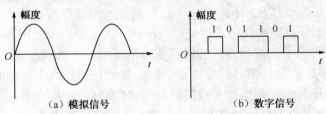

图 4-1　模拟信号、数字信号的表示

（3）模拟数据和数字数据的表示

模拟数据和数字数据都可以用模拟信号或数字信号来表示，因而无论信源产生的是模拟数据还是数字数据，在传输过程中都可以用适合于信道传输的某种信号形式来传输。

模拟信号无论表示模拟数据还是数字数据，在传输一定距离后都会衰减。克服的办法是用放大器来增强信号的能量，但噪声分量也会增强，以致引起信号畸变。

数字信号长距离传输也会衰减，克服的办法是使用中继器，把数字信号恢复为"0"、"1"的标准电平后继续传输。

2．数据通信

（1）数据通信的定义

数据通信就是计算机和通信相结合的一种通信方式和通信业务。数据通信是随着计算机的远程信息处理应用的发展而发展起来的，它与电话、电报的通信不同，在信息社会中有着广泛的应用，是未来"高速信息网路"的主要通信方式。数据通信就是依照通信协议，利用数据传输技术传递数据信息。

（2）数据通信的特点

① 数据通信实现的是计算机与计算机之间的通信。

② 数据通信具有灵活的接口能力。

③ 数据传输的准确性和可靠性要求高。

④ 数据传输速率高，要求接续和传输响应时间快。

⑤ 数据通信持续时间差异较大。

（3）数据通信系统的构成

数据通信系统由中央计算机系统、数据终端设备（DTE）、数据电路 3 部分构成。数据终端设备由数据输入设备、数据输出设备和数据传输控制器组成。

（4）数据通信网

数据通信网是一个由分布在各地的 DTE、数据交换设备和通信线路所构成，可以分为硬件和软件两个组成部分。其中硬件包括数据传输设备、数据交换设备和线路；软件是为支持这些硬件而配置的网络交换协议等。根据不同的使用目的存在着不同的数据交换网；不同数据通信网采用不同的数据交换方式，目前主要有电路交换、报文交换和分组交换。由于分组交换的优越性，目前已被广泛用于数据通信网中。

3．数据传输方式

数据在信道上可以采用不同的传输方式：并行传输和串行传输；同步传输和异步传输；单工、半双工和全双工数据传输。

（1）并行传输和串行传输

① 并行传输。并行通信传输中有多个数据位，同时在两个设备之间传输。发送设备将这些数据位通过对应的数据线传送给接收设备，还可附加一位数据校验位。接收设备可同时接收到这些数据，不需要做任何变换就可直接使用。并行方式主要用于近距离通信。计算机内的总线结构就是并行通信的例子。这种方法的优点是传输速度快，处理简单。

② 串行传输。串行数据传输时，数据是一位一位地在通信线上传输的，先由具有几位总线的计算机内的发送设备，将几位并行数据经并-串转换硬件转换成串行方式，再逐位经传输线到达接收站的设备中，并在接收端将数据从串行方式重新转换成并行方式，以供接收方使用。串行数据传输的速度要比并行传输慢得多,但对于覆盖面极其广阔的公用电话系统来说具有更大的现实意义。

③ 串行通信的方向性结构。串行数据通信的方向性结构有三种，即单工、半双工和全双工。

单工数据传输只支持数据在一个方向上传输。半双工数据传输允许数据在两个方向上传输，但是，在某一时刻，只允许数据在一个方向上传输，它实际上是一种切换方向的单工通信。全双工数据通信允许数据同时在两个方向上传输，因此，全双工通信是两个单工通信方式的结合，它要求发送设备和接收设备都有独立的接收和发送能力。

（2）异步传输和同步传输

① 异步传输方式中，一次只传输一个字符。每个字符用一位起始位引导、一位停止位结束。在没有数据发送时，发送方可发送连续的停止位。接收方根据"1"～"0"的跳变来判断

一个新字符的开始，然后接收字符中的所有位。

② 同步传输时，为使接收双方能判别数据块的开始和结束，还需要在每个数据块的开始处和结束处各加一个帧头和一个帧尾，加有帧头、帧尾的数据称为一帧。

4. 数据交换技术

（1）电路交换技术

电路交换是一种直接交换方式，是多个输入线和多个输出线之间直接形成传输信息的物理链路。电路交换的过程包含三个步骤：

① 电路建立：在传输任何数据之前，要先经过呼叫过程建立一条端到端的电路。

② 数据传输：在整个数据传输过程中，所建立的电路必须始终保持连接状态。

③ 电路拆除：数据传输结束后，由某一方发出拆除请求，然后逐节点拆除到对方节点。

人们日常生活中经常接触到的电话网，采用的就是电路交换技术。电路交换技术在数据传送开始之前必须先设置一条专用的通路。在线路释放之前，该通路由一对用户完全占用。对于突发式的通信，电路交换效率不高。电路交换技术的优点是：数据传输可靠、迅速，数据不会丢失且保持原来的序列。它的不足之处在于，电路空闲时的信道容易被浪费；在短时间数据传输时电路建立和拆除所用的时间得不偿失。因此，它适用于系统间要求高质量的大量数据传输的情况。

（2）报文交换技术

在数据交换的过程中，当端点间交换的数据具有随机性和突发性时，采用电路交换方法的缺点是信道容量和有效时间的浪费。采用报文交换则不存在这种问题。报文交换方式的数据传输单位是报文，报文就是节点一次性要发送的数据块。当一个节点要发送报文时，它将一个目的地址附加到报文上，网络节点根据报文上的目的地址信息，把报文发送到下一个节点，逐个将节点转送到目的节点。每个节点在收到整个报文并检查无误后，就暂存这个报文，然后利用路由信息找出下一个节点的地址，再把整个报文传送给下一个节点。因此，端与端之间无须先通过呼叫建立连接。

报文交换技术中报文从源点传送到目的地采用"存储-转发"方式，在传送报文时，一个时刻仅占用一段通道。在交换节点中需要缓冲存储，报文需要排队，故报文交换不能满足实时通信的要求。报文交换技术的优点是：电路利用率高；通信量大时仍然可以接收报文，不过传送延迟会增加；报文交换系统可以把一个报文发送到多个目的地；报文交换网络可以进行速度和代码的转换。报文交换技术的不足之处在于：不能满足实时或交互式的通信要求，报文经过网络的延迟时间长且不定；有时节点收到过多的数据而无空间存储或不能及时转发时，就不得不丢弃报文，而且发出的报文不按顺序到达目的地。

（3）分组交换技术

分组交换是报文交换的一种改进，它将报文分成若干个分组，每个分组的长度有一个上限，有限长度的分组使得每个节点所需的存储能力降低了，分组可以存储到内存中，提高了交换速度。它适用于交互式通信，如终端与主机通信。分组交换有虚电路分组交换和数据报分组交换两种。它是计算机网络中使用最广泛的一种交换技术。

① 虚电路分组交换。在虚电路分组交换中，为了进行数据传输，网络的源节点和目的节点之间要先建一条逻辑通路。每个分组除了包含数据之外还包含一个虚电路标识符。在预先建好的路径上的每个节点都知道把这些分组引导到哪里去，不再需要路由选择判定。最后，由某一个节点用清除请求分组来结束这次连接。它之所以是"虚"的，是因为这条电路不是专用的。虚电路分组交换的主要特点是：在数据传送之前必须通过虚呼叫设置一条虚电路。但并不像电

路交换那样有一条专用通路，分组在每个节点上仍然需要缓冲，并在线路上进行排队等待输出。

② 数据报分组交换。在数据报分组交换中，每个分组的传送是被单独处理的。每个分组称为一个数据报，每个数据报自身携带足够的地址信息。一个节点收到一个数据报后，根据数据报中的地址信息和节点所储存的路由信息，找出一个合适的出路，把数据报原样发送到下一节点。由于各数据报所走的路径不一定相同，因此不能保证各个数据报按顺序到达目的地，有的数据报甚至会中途丢失。整个过程中，没有虚电路建立，但要为每个数据报做路由选择。

（4）各种数据交换技术的性能比较见表 4-1。

表 4-1　数据交换技术的性能比较

名　称	性　能
电路交换	在数据传输之前必须先设置一条完全的通路。在线路拆除（释放）之前，该通路由一对用户完全占用。电路交换效率不高，适合于较轻和间接式负载使用租用的线路进行通信
报文交换	报文从源节点传送到目的节点采用存储转发的方式，报文需要排队。因此报文交换不适合交互式通信，不能满足实时通信的要求
分组交换	分组交换方式报文被分成分组传送，并规定了最大长度。分组交换技术是在数据网中最广泛使用的一种交换技术，适用于交换中等或大量数据的情况

4.1.4　网络的相关设备

计算机网络系统是由硬件系统、网络软件系统和数据通信系统组成的。计算机网络硬件系统是网络的基本模块，它提供各种网络硬件资源；网络软件系统是确保网络的硬件资源协调工件，有效提供各种网络服务；数据通信系统是连接网络基本模块的桥梁，它提供连接技术和数据交换技术。下面重点介绍在计算机网络的建构中应用到的一些相关设备。

1．网络的传输介质

传输介质是通信网络中发送方和接收方之间的物理链路。计算机网络中常用的传输媒体有同轴电缆、双绞线和光缆，以及在无线网中使用的无线传输介质。

（1）同轴电缆。同轴电缆可分为两类：粗缆和细缆，同轴电缆在实际中应用广泛，比如有线电视网就是使用同轴电缆。此种电缆中央是一根铜线，外面包有绝缘层。同轴电缆由内部导体环绕绝缘层以及绝缘层外的金属屏蔽网和最外层的护套组成，如图 4-2 所示。这种结构的金属屏蔽网可防止中心导体向外辐射电磁场，也可用来防止外界电磁场干扰中心导体的信号。

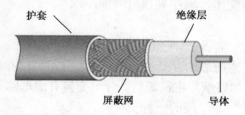

图 4-2　同轴电缆

（2）双绞线。双绞线是布线工程中最常用的一种传输介质。双绞线是由相互按一定扭矩绞合在一起的类似于电话线的传输媒体，每根线加绝缘层并用色标来标记，如图 4-3 所示，左图为示意图，右图为实物图。成对线的扭绞旨在使电磁辐射和外部电磁干扰减到最小。目前，双绞线可分为非屏蔽双绞线（Unshielded Twisted Pair，UTP）和屏蔽双绞线（Shielded Twisted Pair，

STP）。我们平时一般接触比较多的就是 UTP。

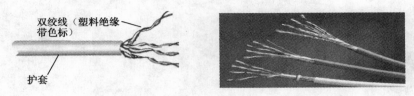

图 4-3 双绞线示意图与实物图

目前 EIA/TIA（电气工业协会/电信工业协会）为双绞线定义了五种不同质量的型号，这五种型号具体介绍如下。

第一类：主要用于传输语音（该类标准主要用于 20 世纪 80 年代初之前的电话线缆），该类适用于电话线，不适用于数据传输。

第二类：该类包括用于低速网络的电缆，这些电缆能够支持最高 4Mbps 的实施方案，这两类双绞线在 LAN 中很少使用。

第三类：该类在以前的以太网中（10Mbps）比较流行，最高支持 16Mbps 的容量，但大多数通常用于 10Mbps 的以太网，主要用于 10base-T。

第四类：该类双绞线在性能上比第三类有一定改进，用于语音传输和最高传输速率 16Mbps 的数据传输。第四类电缆用于比第三类距离更长且速度更高的网络环境。它可以支持最高 20Mbps 的数据传输。主要用于基于令牌的局域网和 10base-T/100base-T。这类双绞线可以是 UTP，也可以是 STP。

第五类：该类电缆增加了绕线密度，外套一种高质量的绝缘材料，传输频率为 100MHz，用于语音传输和最高传输速率为 100Mbps 的数据传输，这种电缆用于高性能的数据通信。它可以支持高达 100Mbps 的数据传输。主要用于 100base-T 和 10base-T 网络，这是最常用的以太网电缆。 最近又出现了超五类线缆，它是一个非屏蔽双绞线（UTP）布线系统，通过对它的"链接"和"信道"性能的测试表明，它超过五类线标准 TIA/EIA568 的要求。与普通的五类 UTP 比较，性能得到了很大提高。

如今市场上五类布线和超五类布线应用非常广泛，国际标准规定的五类双绞线的频率带宽是 100MHz，在这样的带宽上可以实现 100Mbps 的快速以太网和 155Mbps 的 ATM 传输。计算机网络综合布线使用第三、四、五类。

使用双绞线组网，双绞线和其他网络设备（例如网卡）的连接必须通过 RJ-45 接头（也叫水晶头）。如图 4-4 所示，左图为示意图，右图为实物图。

双绞线（10base-T）以太网技术规范可归结为 5-4-3-2-1 规则：

● 允许 5 个网段，每网段最大长度 100m。
● 在同一信道上允许连接 4 个中继器或集线器。
● 在其中的三个网段上可以增加节点。
● 在另外两个网段上，除做中继器链路外，不能接任何节点。
● 上述将组建一个大型的冲突域，最大站点数 1024，网络直径达 2500m。

利用双绞线组网，可以获得良好的稳定性，在实际应用中被广泛采用。

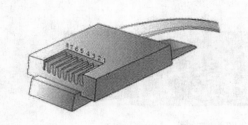 

图 4-4　RJ-45 接头示意图与实物图

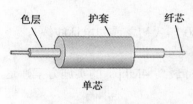

图 4-5　光纤示意图

（3）光纤。光纤不仅是目前可用的介质，而且是今后若干年后将会继续使用的介质，其主要原因是这种介质具有很大的带宽。光缆由许多细如发丝的塑胶或玻璃纤维外加绝缘护套组成，如图 4-5 所示。光束在玻璃纤维内传输，防磁防电，传输稳定，质量高，适于高速网络和骨干网。光纤与电导体构成的传输媒体最基本的差别是，它的传输信息是光束，而非电信号。因此，光纤传输的信号不受电磁的干扰。

利用光缆连接网络，每端必须连接光/电转换器，另外还需要一些其他辅助设备。

表 4-2 是同轴电缆、双绞线、光纤的性能比较。

表 4-2　同轴电缆、双绞线、光纤的性能比较

传输媒介	价格	电磁干扰	频带宽度	单段最大长度
UTP	最便宜	高	低	100 米
STP	一般	低	中等	100 米
同轴电缆	一般	低	高	185 米/500 米
光纤	最高	没有	极高	几十千米

（4）无线介质。上述三种传输方式有一个共同的缺点，都需要一根线缆连接电脑，这在很多场合下是不方便的。无线介质不使用电子或光学导体。大多数情况下地球的大气便是数据的物理性通路。从理论上讲，无线介质最好应用于难以布线的场合或远程通信。无线介质主要有如下类型：无线电、微波、红外线及激光。在计算机网络系统中的无线通信主要是指微波通信，微波通信又可分为地面微波通信和卫星微波通信两种。

2．网络适配器

网络适配器又称网卡或网络接口卡（Network Interface Card，NIC）。它是使计算机联网的设备。平常所说的网卡就是将 PC 和 LAN 连接的网络适配器。网卡（NIC）插在计算机主板插槽中，负责将用户要传递的数据转换为网络上其他设备能够识别的格式，通过网络介质传输。它的主要技术参数为带宽、总线方式、电气接口方式等。它的基本功能为：从并行到串行的数据转换，包的装配和拆装，网络存取控制，数据缓存和网络信号。目前主要是 8 位和 16 位网卡。网卡必须具备两大技术：网卡驱动程序和 I/O 技术。驱动程序使网卡和网络操作系统兼容，实现 PC 与网络的通信。I/O 技术可以通过数据总线实现 PC 和网卡之间的通信。网卡是计算机网络中最基本的元素。在计算机局域网络中，如果有一台计算机没有网卡，那么这台计算机将不能和其他计算机进行通信。

网卡的分类：根据网络技术的不同，网卡的分类也有所不同，如大家所熟知的 ATM 网卡、令牌环网卡和以太网网卡等。就兼容网卡而言，目前，网卡一般分为普通工作站网卡和服务器专用网卡。服务器专用网卡是为了适应网络服务种类较多，性能也有差异，可按以下的标准进行分类：根据网卡所支持带宽的不同可分为 10Mbps 网卡、100Mbps 网卡、10/100Mbps 自适应网卡、1000Mbps 网卡几种；根据网卡总线类型的不同，主要分为 ISA 网卡、EISA 网卡和 PCI 网卡三大类，其中 ISA 网卡和 PCI 网卡较常使用。ISA 总线网卡的带宽一般为 10Mbps，PCI 总线网卡的带宽从 10Mbps 到 1000Mbps 都有。同样是 10Mbps 网卡，因为 ISA 总线为 16 位，而 PCI 总线为 32 位，所以 PCI 网卡要比 ISA 网卡快。

网卡的接口类型：根据传输介质的不同，网卡出现了 AUI 接口（粗缆接口）、BNC 接口（细缆接口）和 RJ-45 接口（双绞线接口）三种接口类型。所以在选用网卡时，应注意网卡所支持的接口类型，否则可能不适用于你的网络。

网卡实物图如图 4-6 所示。

图 4-6　网卡实物图

3. 集线器

集线器（HUB）是对网络进行集中管理的最小单元，HUB 是一个共享设备，其实质是一个中继器，而中继器的主要功能是对接收到的信号进行再生放大，以扩大网络的传输距离。正是因为 HUB 只是一个信号放大和中转的设备，所以它不具备自动寻址能力，即不具备交换作用。所有传到 HUB 的数据均被广播到与其相连的各个端口，容易形成数据堵塞。HUB 主要用于共享网络的组建，是解决从服务器直接到桌面的最佳、最经济的方案。在交换式网络中，HUB 直接与交换机相连，将交换机端口的数据送到桌面。使用 HUB 组网灵活，它处于网络的一个星型节点，对节点相连的工作站进行集中管理，不让出问题的工作站影响整个网络的正常运行，并且用户的加入和退出也很自由。

HUB 的分类。依据总线带宽的不同，HUB 分为 10Mbps，100Mbps 和 10/100Mbps 自适应三种；若按配置形式的不同可分为独立型 HUB，模块化 HUB 和堆叠式 HUB 三种；根据管理方式可分为智能型 HUB 和非智能型 HUB 两种。HUB 根据端口数目的不同主要有 8 口，16 口和 24 口等。

如图 4-7 所示为集线器的实物图。

图 4-7　集线器实物图

4．交换机

交换机提供了许多网络互联功能，它是一种新型的网络互联设备。交换机能经济地将网络分成小的网域，为每个工作站提供更高的带宽。协议的透明性使得交换机在软件配置简单的情况下直接安装在多协议网络中；交换机使用现有的电缆、中继器、集线器和工作站的网卡，不必作高层的硬件升级；交换机对工作站是透明的，这样管理开销低廉，简化了网络节点的增加、移动和网络变化的操作。利用专门设计的集成电路可使交换机以线路速率在所有的端口并行转发信息。

局域网交换机根据使用的网络技术可以分为：以太网交换机、令牌环交换机、FDDI 交换机、ATM 交换机、快速以太网交换机等。

如果按交换机应用的领域，可分为：台式交换机、工作组交换机、主干交换机、企业交换机、分段交换机、端口交换机、网络交换机等。

局域网交换机是组成网络系统的核心设备。对用户而言，局域网交换机最主要的指标是端口的配置、数据交换能力、包交换速度等因素。如图 4-8 所示为千兆以太网的主干交换机和普通交换机。

图 4-8　交换机实物图

5．路由器

路由器是一种网络互联设备，它能够利用一种或几种网络协议将本地或远程的一些独立的网络连接起来，每个网络都有自己的逻辑标识。路由器通过逻辑标识将指定类型的封包（比如 IP）从一个逻辑网络中的某个节点，进行路由选择，传输到另一个网络上的某个节点。如图 4-9 所示为一台 3COM 路由器实物图。

图 4-9 3COM 路由器实物图

路由器的分类：按路由器安装位置的不同可分为内部路由器和外部路由器。按路由表的状况可分为静态路由器和动态路由器。按路由器所支持的协议可分为单协议路由器和多协议路由器。

4.2 计算机局域网

4.2.1 局域网的概述

1. 局域网的概念

在当今的计算机网络技术中，局域网技术已经占据了十分重要的地位。局域网 LAN（Local Area Network），是一种在有限的地理范围内将大量 PC 及各种设备互联在一起实现数据传输和资源共享的计算机网络。社会对信息资源的广泛需求及计算机技术的广泛普及，促进了局域网技术的迅猛发展。

局域网（LAN）具有以下特点：

（1）地理分布范围较小，一般为数百米至数千米。可覆盖一幢大楼、一所校园或一个企业。

（2）数据传输速率高，一般为 0.1～100Mbps，目前已出现速率高达 1000Mbps 的局域网。可交换各类数字和非数字（如语音、图像、视频等）信息。

（3）误码率低，一般在 10^{-11}～10^{-8} 以下。这是因为局域网通常采用短距离基带传输，可以使用高质量的传输媒体，从而提高了数据传输质量。

（4）以 PC 为主体，包括终端及各种外设，网络中一般不设中央主机系统。

（5）一般包含 OSI 参考模型中的低三层功能，即涉及通信子网的内容。

（6）协议简单、结构灵活、建网成本低、周期短、便于管理和扩充。

局域网的特性主要涉及拓扑结构、传输媒体和媒体访问控制（Medium Access Control，MAC）等三项技术问题，其中最重要的是媒体访问控制方法。

2. 局域网硬件的基本组成

（1）主机。局域网中的计算机统称为主机，根据它们在网络系统中所起的作用，可划分为服务器和客户机。服务器是向所有客户机提供服务的机器，装备有网络的共享资源。根据服务器的用途不同可分为文件服务器、数据库服务器、打印服务器、文件传输服务器、电子邮件服务器等。客户机也称为工作站，它能独立运行，具有本地处理能力，但联网后功能更强。

（2）网络适配器。网络适配器也叫网络接口卡，俗称网卡。计算机通过网络适配器与网络相连。网卡的性能主要取决于总线宽度和网卡的内存。

（3）传输介质。局域网中常用的传输介质有：双绞线 、同轴电缆、光纤和无线信道。

（4）网络互联设备。网络互联设备主要负责网间协议和功能转换，不同的网络互联设备工作在不同的协议层中。常用的网络互联设备如下。

① 中继器：工作在物理层，实现干线间的连接。

② 集线器：作为一个中心节点，可连接多条传输媒体。

③ 网桥：工作在数据链路层，它要求两个互联的网络在数据链路层以上采用相同或兼容的网络协议，分为本地网桥和外部网桥。

④ 路由器：工作在网络层，是一种可以在速度不同的网络和不同媒体之间进行数据转换，适用于在运行多种网络协议的大型网络中使用的互联设备。

⑤ 网关：工作于传输层、会话层、表示层和应用层，可实现两种不同协议的网络互联。

⑥ 交换机：是一种新型的网络互联设备，它将传统的"共享"传输介质技术改变为"独占"，提高了网络的带宽。

⑦ 调制解调器（Modem）：调制解调器是同时具有调制和解调两种功能的设备，它是计算机网络通信中极其重要和不可缺少的设备。实现数字信号与模拟信号之间的信号变换。

3．局域网软件的基本组成

局域网软件系统由局域网所采用的通信协议、网络操作系统和应用软件三部分组成。

（1）通信协议。局域网的通信协议用以支持计算机与相应的局域网相连，支持网络节点间正确有序地进行通信。例如，广泛使用的 TCP/IP 协议。

（2）网络操作系统。网络操作系统运行在服务器上，它是使网络上的各个计算机能方便而有效地共享网络资源，为网络用户提供所需的各种服务软件和有关规程的集合。网络操作系统可分为两类，一类是服务器/客户机模式（如：Windows NT Server、UNIX、Linux、NetWare、OS/2），另一类是端到端的对等方式（如：Windows 9x、Windows For Workgroup）。

（3）应用软件。局域网中的应用软件是在网络操作系统的基础之上的一个扩展，它能更好地为网络用户提供服务。不同的网络应用软件，可以满足网络用户的不同需求。例如，网络邮件系统可以让网络用户在网络上相互发送电子邮件等。

4．局域网的拓扑结构

网络的"拓扑结构"是指网络的几何连接形状，以图形表示就称为网络"拓扑图"。它是网络中各节点相互连接的形式，网络的拓扑结构对网络性能有很大的影响。选择网络拓扑结构，首先要考虑采用何种媒体访问控制方法，因为特定的媒体访问控制方法一般仅适用于特定的网络拓扑结构；其次要考虑性能、可靠性、成本、扩充灵活性、实现的难易程度及传输媒体的长度等因素。通常有星型、总线型、环型、树型和网状等拓扑结构，如图 4-10 所示。

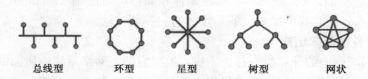

总线型　　　环型　　　星型　　　树型　　　网状

图 4-10　网络拓扑结构图

（1）星型网络。星型结构是网络中的各节点以星型方式连接在一起，网中的每个周围节点设备都以中心节点为中心，通过连接线与中央节点相连，若一个节点需要传输数据，必须通过中心节点。这种网络系统的中心节点是控制中心，它采用集中式通信控制策略，各个站点的通信处理负担很小。此种网络结构简单，建网容易，便于控制和管理。但其线路利用率低、网络共享能力差、过于依赖中央节点，当中央节点出现故障则全网处于瘫痪状态。

（2）总线型网络。总线型网络拓扑结构采用单根传输线作为传输介质，所有站点都通过相应的硬件接口直接连接到传输介质上。任何一个站点发出的数据都可以沿着介质传输。总线型网络结构简单、电缆长度短，易于布线、易于扩充、可靠性好。但在网络中故障诊断和隔离比较困难。

（3）环型网络。环型网络结构是在网络中各节点通过一条首尾相连的通信链路连接起来的一个闭合环型结构。环型网络控制简单、信道利用率高、通信电缆长度短、不存在数据冲突问题，在局域网中应用较广泛。环型网的缺点是对节点接口和传输线的要求较高，一旦接口发生故障可能导致整个网络不能正常工作。

（4）树型拓扑结构。树型拓扑结构是有一个带分支的根，每个分支还可延伸出一个或多个子分支。在这种结构中，若在某个节点加入分支是相当容易的。若在某个分支的节点上出现故障，可轻而易举地将此分支和整个网络隔离。它的缺点是对根节点的依赖太大，若根节点发生故障，则整个网络不能正常工作。

（5）网状拓扑结构。网状拓扑结构中的每个节点都与其他的节点一一相连，可实现节点之间的高速传输和高容错性能，用以提高网络的可靠性和速度。此种网络结构复杂，技术要求高，在局域网中很少使用。

4.2.2 局域网的操作系统

操作系统是计算机系统中的重要组成部分，它是计算机用户之间的接口。单机操作系统必须具备为用户提供各种简便有效的访问本机资源的手段、合理地组织系统工程流程，有效地管理系统的功能。单机操作系统只能为本地用户使用本机资源提供服务，不能满足开放网络环境的要求。对于联网的计算机系统，它们不仅要为使用本地资源和网络资源提供服务，也要为远地网络用户资源提供服务。局域网操作系统的基本任务就是为用户提供各种基本网络服务功能，完成网络共享系统的安全性服务。

1．局域网操作系统的概念

局域网操作系统的定义：在局域网低层所提供的数据传输能力的基础上，为高层网络用户提供共享资源管理和其他网络服务功能的局域网系统软件。

局域网操作系统可以分为两类：面向任务型局域网操作系统和通用型局域网操作系统。面向任务型局域网操作系统是为某一种特殊网络应用要求而设计的；通用型局域网操作系统能提供基本的网络服务功能，以支持各个领域的需求。通用型局域网操作系统又可以分为变形系统和基础系统两类。变形系统是以原单机操作系统为基础，通过增加网络服务功能构成的局域网操作系统，基础系统则是以计算机裸机的硬件为基础，根据网络服务的特殊要求直接利用计算机硬件和少量软件资源进行设计的局域网操作系统。初期开发的基于文件服务器的局域网操作系统属于变形系统，在变形系统中，作为文件服务器的计算机安装了基于 DOS 的文件服务器软件。由于对硬盘的存取控制仍通过 DOS 的 BIOS 进行，因此在服务器大量读/写操作时会造成网络性能下降。后期开发的局域网操作系统操作均属于基础系统，它们具有优越的网络性能，能提供很强的网络服务功能，目前大多数局域网操作系统操作都采用这种方式。其典型实例有 Novell NetWare、Microsoft Windows NT Server 等。

2．局域网操作系统的功能和特点

网络操作系统实际上就是程序的集合，是在网络环境下用户与网络资源之间的接口，用以实现对网络资源的管理和控制。在局域网中，操作系统的主要任务就是管理系统的共享资源，管理应用程序的各种访问等。

（1）网络操作系统的功能：管理网络系统资源、管理文件、提供网络的通信服务、协调用户对系统资源进行合理的分配和调度等。

（2）网络操作系统的特点：网络操作系统具有超强的适应性、高效的数据存储管理和通信服务能力，以及较高的可靠性等。

4.2.3 局域网组网常用技术

随着计算机技术和网络技术的发展，网络上的终端以惊人的速度增长，各企事业单位和部门几乎都有了局域网，这些局域网又相互连接，进入广域网，形成一个遍及全球的 Internet 网。在网络的发展过程中，组建网络特别需要有高性能的网络技术支持，网络拓扑结构的选择是组建网络的关键之一，拓扑结构决定了网络的布局和传输介质的访问控制方式。目前常用的局域网技术主要有以下几种：

1．交换式以太网

交换式以太网（Switching Ethernet）是在传统以太网基础上发展起来的帧交换技术。它不改变传统用户的软、硬件配置，只是在网络的一端用以太网交换机代替传统共享介质型的集线器，提供高速、直接的连接，克服了网络带宽随节点增多而降低的不足，从而使网络性能得到明显改善。交换式以太网可使网络互联技术简单化，管理容易，价格低廉。

2．异步传输模式

异步传输模式 ATM（Asynchronous Transfer Mode）采用信元交换技术，可提供较宽的带宽和复杂的服务质量控制。ATM 交换速度快，独占带宽，可以处理多媒体信息。

3．光纤分布数据接口

光纤分布数据接口 FDDI（Fiber Distributing Data Interface）是一种高速光纤网，它采用多个数据帧的访问方式，提高了信道的利用率。FDDI 技术成熟且完全标准化，容错性好，但价格较贵。

4．100base-T 快速以太网

100base-T 快速以太网采用星型网络拓扑结构，与 ATM 结构完全一致，它应用继承性好，使用与 10base-T 相同的 CSMA/CD 标准。

5．千兆以太网

千兆以太网使用原有以太网的帧结构、帧长及 CSMA/CD 协议，只是在低层将数据速率提高到了 1Gbps。因此，它与标准以太网（10Mbps）及快速以太网（100Mbps）兼容。用户能在保留原有操作系统、协议结构、应用程序及网络管理平台与工具的同时、通过简单的修改，使现有的网络工作站廉价地升级到千兆位速率。

4.3 因特网及其应用

4.3.1 广域网的概述

1．广域网的概念

广域网（Wide Area Network，WAN）是指覆盖范围广阔（通常可以覆盖一个城市，一个省，一个国家），通过通信线路按照网络协议将多个计算机系统连接起来，并能实现计算机之

间相互通信网络，有时也称为远程网。广域网的特点是主要提供面向通信的服务；支持用户使用计算机进行远距离的信息交换；覆盖范围广；通信的距离远、要求高；需要考虑的因素多等。在实际应用中，广域网可与局域网（LAN）互联，即局域网可以是广域网的一个终端系统。组织广域网时，必须按照一定的网络体系结构和相应的协议进行，以实现不同系统之间的互联。

2．广域网的类型

广域网覆盖范围广阔，需要连接大量的节点，依据节点与节点之间采用的通信方式可将广域网分为如下类型。

（1）租用线路网：也称点对点或专用连接，它为用户提供一条预先建好的连接。服务商保证这一连接只给租用它的客户使用，是一个安全永久的信道，但缺点是价格昂贵。

（2）电路交换网：电路交换是一种 WAN 的交换方式，在这种方式下，发送端和接收端在呼叫期间必须存在一条专用的电路路径，如 POST 和 ISDN。电路交换网有模拟和数字的线路交换服务。

（3）包交换（分组交换）网：包交换也是一种 WAN 交换方式，在包交换的情况下，网络设备共享一条点对点的连接线路。包交换网络使用能提供端到端连通的虚线路（VC）。包交换提供与租用线路类似的服务，只不过它的线路是共享的，价格也更便宜。

3．局域网和广域网的比较

局域网本身是为连接近距离和小范围的计算机，只能在有限的范围内进行，线路结构也非常简单且按规定连接，局域网可以利用各种网间连接设备，如中继器，网桥等构成复杂的网络，并扩展成广域网。

局域网和广域网的比较见表 4-3。

表 4-3 局域网与广域网的比较

项 目	局 域 网	广 域 网
作用范围	小	大
通信媒体	专用的电缆，双绞线，光纤	公用线路
通信方式	数字通信方式	模拟方式，微波方式
通信管理	信息传输延时小，信息响应快，管理相对简单	信息传输延时大，管理复杂
结 构	简单	复杂
服务范围	网内用户	公用
通信效率	传输效率高，误码率低	传输效率高，误码率高
投 资	投资小，不需要很高的运行费用	建设投资大，而且需要高额的运行费用

4.3.2 几种常用的广域网技术

1．电话拨号网

电话拨号网是一种数据通信系统，它可以分成计算中心子系统、数据通信网络和数据终端三部分。它是利用公用电话系统实现终端之间的数据通信。数据通信网络是由租用专线传输信道或电话交换网与相应的数据传输设备构成各种数据电路。电话拨号上网的用户除了有一台能满足上网要求的计算机、一条电话线外，还要有一个 Modem 和相应的通信软件。

2．DDN 网

数字数据网 DDN（Digital Data Network）是利用数字信道传输信号的数据传输网，是利用数字通道提供半永久性连接电路，它以传输数据信号为主，传输介质有光纤，数字微波，卫星信道，用户端可用普通电缆和双绞线。DDN 由数字通道、DDN 节点、网管控制和用户环路组成。DDN 主要用于虚拟专用网、专用电路、帧中继和压缩语音/传真等业务。

3. ISDN 网

ISDN（Integrated Services Digital Network）是由综合数字电话网发展起来的一个网络，它提供端到端的数字连接，以支持广泛的服务，包括声音和非声音的，为用户提供标准的开放接口，ISDN 的发展分为两个阶段：窄带 ISDN 和宽带 ISDN。

4.4 因 特 网

4.4.1 Internet 概述

1. Internet 的概念

Internet 被译为因特网，它是一个全球的、开放的、互联的、采用 TCP/IP 协议的大型计算机网络系统。是不同类型计算机交换各类信息的媒介，具有世界上最丰富的信息资源。从广义上讲，Internet 是遍布全球，联络各个计算机平台的总网络，是成千上万信息资源的总称；从本质上讲，Internet 是一个使世界上不同类型的计算机能交换各类数据的通信媒介。从 Internet 提供的资源及对人类的作用这方面来理解，Internet 是建立在高灵活性的通信技术之上的一个迅猛发展的全球数字化数据库。

2. Internet 的发展简史

在 Internet 面世之初，没有人能想到它会进入千家万户，也没有人能想到它的商业用途。Internet 的创始人也绝不会想到它能发展成目前的规模和影响。从某种意义上，Internet 可以说是美苏冷战的产物。20 世纪 60 年代初，古巴核导弹危机发生，美国和前苏联之间的冷战状态随之升温，核毁灭的威胁成了人们日常生活的话题。在美国对古巴封锁的同时，越南战争爆发，许多第三世界国家发生政治危机。由于美国联邦经费的刺激和公众恐惧心理的影响，"实验室冷战"也开始了。人们认为，能否保持科学技术上的领先地位，将决定战争的胜负。而科学技术的进步依赖于电脑领域的发展。到了 20 世纪 60 年代末，每一个主要的联邦基金研究中心，包括纯商业性组织、大学，都有了由美国新兴电脑工业提供的最新技术装备的电脑设备。电脑中心互联以共享数据的思想得到了迅速发展。

美国国防部认为，有必要设计一个分散的指挥系统——它由一个个分散的指挥点组成，当部分指挥点被摧毁后，其他点仍能正常工作，而这些分散的点又能通过某种形式的通信网取得联系。1969 年，美国国防部高级研究计划管理局（Advanced Research Projects Agency，ARPA）开始建立一个命名为 ARPA Net 的网络，把美国的几个军事及研究使用的计算机连接起来。当初，ARPA Net 只连接 4 台主机，从军事要求上是置于美国国防部高级机密的保护之下，从技术上它还不具备向外推广的条件。1975 年，ARPA Net 由实验性网络改制成操作性网络，同时 ARPA 更名为 DARPA（Defense ARPA），1979 年，DARPA 牵头成立了现在的 Internet 指导委员会 IAB（Internet Activities Board）。其主要任务是协调并指导新网际互联协议 TCP/IP 的开发，1980 年，TCP/IP 正式问世。1983 年，ARPA 和美国国防部通信局研制成功了用于异构网络的 TCP/IP 协议，TCP/IP 协议的成功为日后 Internet 的普及与发展奠定了坚实的基础。美国加利福尼亚伯克莱分校把该协议作为其 BSDUNIX 的一部分，使得该协议得以在社会上流行起来，从而诞生了真正的 Internet。

1986 年，美国国家科学基金会（National Science Foundation，NSF）利用 ARPAnet 发展出来的 TCP/IP 的通信协议，在 5 个科研教育服务超级电脑中心的基础上建立了 NSFnet 广域网。由于美国国家科学基金会的鼓励和资助，很多大学、政府资助的研究机构甚至私营的研究机构纷纷把自己的局域网并入 NSFnet 中。那时，ARPAnet 的军用部分已脱离母网，建立自己的网络——Milnet。ARPAnet 这位网络之父，逐步被 NSFnet 所替代。到 1990 年，ARPAnet 已退出了历史舞台。如今，NSFnet 已成为 Internet 的重要骨干网之一。1989 年，由 CERN 开发成功 WWW，为 Internet 实现广域超媒体信息的截取和检索奠定了基础。Internet 商业化服务提供商的出现，使工商企业进入了 Internet。商业机构一踏入 Internet 这个世界就发现了它在通信、资料检索、客户服务等方面的巨大潜力。于是，世界各地无数的企业及个人纷纷涌入 Internet，带来 Internet 发展史上一个新的飞跃。

1993 年，美国政府公布"国家基础设施建设日程表"（The National Information Infrastructure），简称国家信息基础设施，即 NII，是指一个国家的信息网络能使任何人在任何时间、任何地方可将文本、图像、声音和视频信息传递给任何地点的任何人。由此，在全球范围内掀起了信息高速公路的热潮，同时也标志着 Internet 发展进入了成熟与提高的阶段。

目前，Internet 已经联接超过 160 个国家和地区、4 万多个子网、500 多万台电脑主机，直接用户超过 4000 万，成为世界上信息资源最丰富的电脑公共网络。Internet 被认为是未来全球信息高速公路的雏形。

3. 中国发展 Internet 简介

随着信息社会的到来和发展，人们对信息的需求越来越迫切，这为因特网在我国的发展起到了巨大的推动作用。作为认识世界的一种方式，我国目前在接入 Internet 网络基础设施方面进行了大规模投入。例如，建成了中国公用分组交换数据网 ChinaPAC 和中国公用数字数据网 ChinaDDN。覆盖全国范围的数据通信网络已初具规模，为 Internet 在我国的普及打下了良好的基础。

中国科学院高能物理研究所最早在 1987 年就开始通过国际网络线路接入 Internet。1994 年随着"巴黎统筹委员会"的解散，美国政府取消了对中国政府进入 Internet 的限制，我国互联网建设全面展开，1995 年初，高能物理计算机网 IHEPnet 正式接入因特网，到 1997 年年底，已建成中国公用计算机互联网（ChinaNET）、中国教育科研网（CERNET）、中国科学技术网（CSTNET）和中国金桥信息网（ChinaGBN）等，并与 Internet 建立了各种连接。

下面分别介绍我国现有四大网络的基本情况。

（1）中国公用计算机互联网 ChinaNET

中国公用计算机互联网 ChinaNET 的主页地址是：http://www.net.cn。ChinaNET 是由原邮电部组织建设和管理的。原邮电部与美国 SprintLink 公司在 1994 年签署 Internet 互联协议，开始在北京、上海两个电信局进行 Internet 网络互联工程。目前，ChinaNET 在北京和上海分别有两条专线，作为国际出口。ChinaNET 由骨干网和接入网组成。骨干网是 ChinaNET 的主要信息通路，连接各直辖市和省会网络节点，骨干网已覆盖全国各省市、自治区，接入网是各省内建设的网络节点形成的网络。

（2）中国教育科研网 CERNET

中国教育科研网 CERNET 的主页地址是：http://www.edu.cn。中国教育和科研计算机网 CERNET 是 1994 年由国家计委批准立项，原国家教委主持建设和管理的全国性教育和科研计算机互联网络。该项目的目标是建设一个全国性的教育科研基础设施，把全国大部分高校连接起来，实现资源共享，成为我国众多高等院校最重要的教学和科研基础设施之一。它是全国最大的公益性互联网络。

　　CERNET 已建成由全国主干网、地区网和校园网在内的三级层次结构网络。CERNET 分四级管理，分别是全国网络中心、地区网络中心和地区主节点、省教育科研网、校园网。CERNET 全国网络中心设在清华大学，负责全国主干网的运行管理。地区网络中心和地区主节点分别设在清华大学、北京大学、北京邮电大学、上海交通大学、西安交通大学、华中科技大学、华南理工大学、电子科技大学、东南大学、东北大学 10 所高校，负责地区网的运行管理和规划建设。

　　CERNET 还是中国开展下一代互联网研究的试验网络，它以现有的网络设施和技术力量为依托，建立了全国规模的 IPv6 试验床。1998 年 CERNET 正式参加下一代 IP 协议（IPv6）试验网 6BONE，同年 11 月成为其骨干网成员。CERNET 在全国第一个实现了与国际下一代高速网 Internet2 的互联，目前国内仅有 CERNET 的用户可以顺利地直接访问 Internet2。CERNET 还支持和保障了一批国家重要的网络应用项目。CERNET 的建设，加强了我国信息基础建设，缩小了与国外先进国家在信息领域的差距，也为我国计算机信息网络建设起到了积极的示范作用。

　　（3）中国科学技术网：（CSTNET）

　　中国科学技术网（China Science and Technology Network，CSTNET）的主页地址是：http://www.cnc.ac.cn。中国科学技术网是国家科学技术委员会联合全国各省、市的科技信息机构，采用先进信息技术建立起来的信息服务网络，旨在促进全社会广泛的信息共享、信息交流。它的建成对于加快中国国内信息资源的开发和利用，促进国际交流与合作起到了积极的作用，以其丰富的信息资源和多样化的服务方式为国内外科技界和高技术产业界的广大用户提供服务。中国科学技术网是利用公用数据通信网为基础的信息增值服务网，在地理上覆盖全国各省市，逻辑上连接各部、委和各省、市科技信息机构，是国家科技信息系统骨干网，同时也是国际 Internet 的接入网。

　　（4）国家公用经济信息通信网络（金桥网）（ChinaGBN）

　　国家公用经济信息通信网络（金桥网）（ChinaGBN）的主页地址是：http://www.gb.com.cn。金桥网（China Golden Bridge Network）是由原电子工业部负责建设和管理的，是建立在金桥工程的业务网，支持金关、金税、金卡等"金"字头工程的应用。它是覆盖全国，实行国际联网，为用户提供专用信道、网络服务和信息服务的主干网，金桥网由吉通公司牵头建设并接入 Internet。

　　尽管我国的互联网得以飞速发展，但是一些数据统计表明，我国距离互联网强国仍有较大的差距。

4.4.2　TCP/IP 协议簇

1．TCP/IP 协议的概念

　　在计算机网络中，各种计算机或网络，通常都有各自环境下的网络协议。网络互联协议是用于实现各种同构计算机、网络之间，或异构计算机、网络之间通信的协议。1983 年 TCP/IP 协议作为网络节点协议接入 Internet 的网络协议，TCP/IP 协议的目的在于通过它实现网际间各种异构网络和异种计算机的互联通信。因特网使用 TCP/IP 通信协议，将各种局域网、广域网和国家主干网连接在一起。由于 TCP/IP 协议具有通用性和高效性，可以支持多种服务，使得

TCP/IP 协议成为目前最为成功的网络体系结构和协议规范。**TCP/IP** 是目前世界上流行最广的一种著名的网络体系结构，是网络互联的核心协议，并为因特网提供了最基本的通信功能。

　　TCP/IP 协议是针对因特网而开发的体系结构和协议标准，是由一组具有各种功能的协议组成，其目的在于解决异种网的通信问题。它也可看成是一种通用的网络互联技术。**TCP/IP** 的核心思想是：对于 OSI 7 层协议，把千差万别的下两层（网络层和数据链路层）协议的物理网络，在传输层/网络层建立一个统一的虚拟"逻辑网络"，屏蔽或隔离所有物理网络的硬件差异，从而实现普遍的连通性。

2. TCP/IP 协议的模型及协议简介

　　TCP/IP 协议遵守一个四层的模型概念：网络接口层、网络层、传输层和应用层。

　　（1）网络接口层（Network Interface Layer）

　　模型的基层是网络接口层。负责数据帧的发送和接收，帧是独立的网络信息传输单元。网络接口层将帧放在网上，或从网上把帧取下来。这一层的协议非常多，包括逻辑链路控制和媒体访问控制。

　　（2）网络层（Internet Layer）

　　网络层是解决计算机到计算机间的通信问题，它的主要功能是：处理来自传输层的分组发送请求，收到请求后将分组装入 IP 数据报，填充报头，选择路径，然后将数据报发往适当的网络接口，处理数据报，处理网络控制报文协议，即处理路径、流量控制、阻塞等。互联协议将数据包封装成 Internet 数据报，并运行必要的路由算法。

　　网络层中含中有四个重要的协议：互联网协议 IP、网际控制报文协议 ICMP、地址转换协议 ARP 和反向地址转换协议 RARP。

　　① 互联网协议 IP（Internet Protocol）。网络层最重要的协议是 IP，它将多个网络联成一个互联网，可以把高层的数据以多个数据报的形式通过互联网分发出去。IP 的基本任务是通过互联网传送数据报，各个 IP 数据报之间是相互独立的。主机上的 IP 层向运输层提供服务。IP 从源运输实体取得数据，通过它的数据链路层服务传给目的主机的 IP 层。IP 不保证服务的可靠性，在主机资源不足的情况下，它可能丢弃某些数据报，同时 IP 也不检查被数据链路层丢弃的报文。在传送时，高层协议将数据传给 IP，IP 再将数据封装为互联网数据报，并交给数据链路层协议通过局域网传送。若目的主机直接连在本网中，IP 可直接通过网络将数据报传给目的主机；若目的主机在远处网络中，则 IP 传送数据报，而路由器则依次通过下一网络将数据报传送到目的主机或下一个路由器。也即一个 IP 数据报是通过互联网络，从一个 IP 模块传到另一个 IP 模块，直到终点为止。

　　② 网际控制报文协议 ICMP（Internet Control Message Protocol）。网关或主机用网际控制报文协议 ICMP 向源站发送消息，并报告有关数据包的传送错误。从 IP 互联网协议的功能，可以知道 IP 提供的是一种不可靠的接收报文分组传送服务。若路由器故障使网络阻塞，就需要通知主机采取相应措施。为了使互联网能报告差错，或提供有关意外情况的信息，在 IP 层加入了一类特殊用途的报文机制，即互联网控制报文协议 ICMP。分组接收方利用 ICMP 来通知 IP 模块发送方某些方面所需的修改。ICMP 通常是由发现别的站发来的报文有问题而产生的，例如，可由目的主机或中继路由器来发现问题并产生有关的 ICMP。如果一个分组不能传送，ICMP 便可以被用来警告分组源，说明有网络、主机或端口不可达。ICMP 也可以用来报告网络阻塞。ICMP 是 IP 正式协议的一部分，ICMP 数据报通过 IP 送出，因此它在功能上属于网络第三层，但实际上它是如第四层协议一样被编码的。

③ 地址转换协议 ARP。地址转换协议 ARP（Address Resolution Protocol）用来将 Internet 地址转换成 MAC 物理地址。在 TCP/IP 网络环境下，每个主机都分配了一个 32 位的 IP 地址，这种互联网地址是在国际范围标识主机的一种逻辑地址。为了让报文在物理网上传送，必须知道彼此的物理地址。这样就存在把互联网地址变换为物理地址的地址转换问题。地址转换协议 ARP 用于获得在同一物理网络中的主机的硬件地址。在解释本地 IP 地址时，主机 IP 地址解析为硬件地址；在解析远程 IP 地址时，不同网络中的主机互相通信，ARP 广播的是源主机的默认网关。目标 IP 地址是一个远程网络主机时，ARP 将广播一个路由器的地址。为减少广播量，ARP 在缓存中保存地址映射以备用。ARP 缓存保存有动态项和静态项。动态项是自动添加和删除的，静态项则保留在 CACHE 中直到计算机重新启动。

④ 反向地址转换协议 RARP。反向地址转换协议用于一种特殊情况：如果站点初始化以后，只有自己的物理地址而没有 IP 地址，则它可以通过 RARP 协议，发出广播请求，征求自己的 IP 地址，而 RARP 服务器则负责回答。这样，无 IP 地址的站点可以通过 RARP 协议取得自己的 IP 地址，这个地址在下一次系统重新开始以前都有效，不用连续广播请求。RARP 广泛用于获取无盘工作站的 IP 地址。

（3）传输层（Transport Layer）

传输层解决的是计算机程序到计算机程序之间的通信问题，即"端到端"的通信。传输协议在计算机之间提供通信会话。传输层对信息流具有调节作用，提供可靠性传输，确保数据到达无误。传输协议的选择要根据数据传输方式而定。

该层主要有两个传输协议：

① 传输控制协议 TCP（Transmission Control Protocol）。传输控制协议 TCP 是提供可靠通信的有效报文协议，TCP 是传输层中使用最广泛的一个协议。传输控制协议 TCP 是一种可靠的面向连接的传送服务。一旦数据报被破坏或丢失，TCP 将其重新传输。适合于一次传输大批数据的情况。并适用于要求得到响应的应用程序。TCP 也会检测传输错误，并给予修正。它在传送数据时是分段进行的，主机交换数据必须建立一个会话。它用比特流通信，即数据被作为无结构的字节流。通过每个 TCP 传输的字段指定顺序号，以获得可靠性。如果一个分段被分解成几个小段，接收主机会知道是否所有小段都已收到。通过发送应答，用以确认别的主机收到了数据。对于发送的每一个小段，接收主机必须在一个指定的时间返回一个确认信息。如果发送者未收到确认信息，数据会被重新发送；如果收到的数据包被损坏，接收主机会舍弃它，因为确认未被发送，发送者会重新发送分段。

② 用户数据报协议 UDP（User Datagram Protocol）。用户数据报协议 UDP 是对 IP 协议组的扩充，提供了无连接通信，且不对传送包进行可靠的保证。适合于一次传输小量数据，可靠性则由应用层来负责。它增加了一种机制，发送方使用这种机制可以区分一台计算机上的多个接收者。每个 UDP 报文除了包含向用户进程发送数据外，还有报文目的端口的编号和报文源端口的编号，从而使 UDP 在两个用户进程之间的传递数据报成为可能。UDP 端口作为多路复用的消息队列使用。UDP 是依靠 IP 协议来传送报文的，因而它的服务和 IP 一样是不可靠的。这种服务不用确认、不对报文排序、也不进行流量控制，UDP 报文可能会出现丢失、重复、失序等现象。

（4）应用层（Application Layer）

应用层是 TCP/IP 协议的最高层，应用层提供一组常用的应用程序给用户。在应用层，用户调节访问网络的应用程序，应用程序与运输层协议相配合，发送或接收数据。每个应用程序都有自己的数据形式，它可以是一系列报文或字节流，但不管采用哪种形式，都要将数据传送给传输层以便交换。应用程序通过这一层访问网络。TCP/IP 中定义了许多高层协议，常用的协议有以下几种：

① 远程终端访问协议 Telnet。远程终端访问协议 Telnet（Telecommunication Network）提供一种非常广泛、双向的 8 字节的通信功能。这个协议提供了一种终端设备或终端进程交互的标准方法。该协议提供的最常用的功能是远程登录。远程登录就是通过因特网进入和使用远距离的计算机系统，就像使用本地计算机一样。远程计算机可以在同一间屋子里或同一校园内，也可以在数千千米之外。

② 文件传输协议 FTP。文件传输协议 FTP（File Transfer Protocol）用于控制两个主机之间的文件交换。FTP 工作时使用两个 TCP 连接，一个用于交换命令和应答，另一个用于移动文件。FTP 是因特网上最早使用的文件传输程序，它同 Telnet 一样，使用户能够登录到因特网的一台远程计算机，把其中的文件传送回自己的计算机系统，或者反过来，把本地计算机上的文件传送到远程计算机系统。

③ 简单邮件传送协议 SMTP。简单邮件传送协议 SMTP（Simple Mail Transfer Protocol）在因特网标准中的电子邮件是一个简单的面向文本的协议，实现有效，可靠地传送邮件。它通过 TCP 连接来传送邮件。

④ 域名服务 DNS。域名服务 DNS（Domain Name Service）是一个域名服务的协议，它提供了域名到 IP 地址的转换。虽然 DNS 的最初目的是使邮件的发送方知道邮件接收主机及邮件发送主机的 IP 地址，但现在发现它的用途越来越广。

4.4.3　Internet 有关概念

1．Internet 服务提供者 ISP

Internet 服务提供者 ISP 的全称为 Internet Service Provider。ISP 是为用户提供 Internet 接入和 Internet 信息服务的公司和机构。前者称为 IAP（Internet Access Provider，Internet 接入提供商），后者称为 ICP（Internet Content Provider，Internet 内容提供商）。Internet 接入提供商作为提供接入服务的中介，需要投入大量的资金，建立中转站，租用国际信道和大量的当地电话线，购置一系列计算机设备，通过集中使用，分散压力的方式，向本地用户提供接入服务。可以说，IAP 是全世界众多用户通往 Internet 的必经之路。Internet 内容提供商在 Internet 上发布综合的或专门的信息，并通过收取广告费和用户注册使用费来获得赢利。专门的 ISP 一般是以赢利为目的，开展商业化服务。近年来，我国的 ISP 已从早期的几家发展到目前的千余家，为 Internet 在我国的迅速发展和普及起到了巨大的推动作用。不可否认，与发达国家和地区的 ISP 相比，我国内地的 ISP 在数量和规模上仍然有较大差距，随着我国大规模信息高速公路的建设和 Internet 的发展，今后 ISP 的建设将会有一个大的飞跃。

一般说来，ISP 有两类，一类为仅向用户提供拨号入网业务的小型 ISP，确切地说这类 ISP 就是 IAP。IAP 规模小，局域性强，服务能力有限。IAP 一般没有自己的主干网络和信息源，可向用户提供的信息服务有限，用户仅将其作为一个上网的接入点来看待。IAP 配置较为简单，只要有两台 UNIX 服务器、一台通信服务器、一台路由器、一条专线和若干条电话线即可构成，具有投资小、建设快、价格低等优点。另一类为真正意义上的 ISP，它能为用户提供全方位的服务，它具有全国或较大区域的联网能力，可以提供专线、拨号线上网，各类信息服务和用户培训的服务，这类 ISP 一般拥有自己较大范围的信息网络和众多的各类服务器，拥有自己的信息资源，有些甚至有自己的上网软件。这类 ISP 的建设投资大，覆盖面广，是 ISP 今后发展的主要方向，也是 Internet 的主要力量。

　　一般说来，一个完整的 ISP 网络的建设应包括以下几个部分：广域主干网络系统，ISP 网络中心局域网系统，用户拨号接入系统，网络管理中心，服务器系统，信息服务处理中心和培训中心等。通常，一个完整的 ISP 至少应具备以下的服务能力：

　　（1）提供用户专线接入，向用户提供如 DDN、X.25、帧中继、微波或 CATV 等专线接入，保证用户网络不间断的 Internet 访问能力。

　　（2）提供用户拨号接入，向用户提供通过公用电话网联机访问 Internet 的能力，包括 UNIX 仿真终端方式和 PPP/SLIP 联网方式。

　　（3）提供电子邮件服务，向专线用户提供 SMTP 邮件服务，向拨号用户提供 POP 邮件服务和 UUCP 电子邮件服务。

　　（4）提供信息服务，向用户提供包括 BBS（电子公告板系统），News（电子新闻组），信息数据库系统（交通、气象等信息）、WWW 服务、FTP 和 GoPher 服务等。

　　（5）向用户提供联网设备、网络系统集成、软件安装和使用培训等服务。

　　2. IP 地址

　　（1）IP 地址的定义。在因特网中存在着以 IP 协议为基础的通信时，例如，在某个网络上的两台计算机相互通信时，它们所传送的数据包里含有某些附加信息，这些附加信息就是发送数据的计算机的地址和接收数据的计算机的地址，这些在 IP 层上所用到的地址就称为 IP 地址（Internet Protocol Address，IP Address）。IP 地址是为标识 Internet 上主机位置而设置的。Internet 上的每一台计算机都被赋予一个世界上唯一的 32 位 Internet 地址，这一地址可用于与该计算机有关的全部通信。为了方便起见，IP 地址由 4 组十进制数字组成，每组数字为 0～255，例如，某一台电脑的 IP 地址可为：202.206.65.115，但不能为 202.206.259.3。

　　（2）IP 地址的基本组成：IP 地址是一个层次型地址，它携带着标识对象的位置信息，为了保证因特网上每台计算机的 IP 地址的唯一性，IP 地址必须指出某台计算机是连接到哪个网络的哪个位置，也就是它的网络地址和主机地址。由此可以得出 IP 地址的组成：

　　IP 地址＝网络地址＋主机地址或 IP 地址＝主机地址＋子网地址＋主机地址

　　（3）IP 地址的类型：最初设计互联网络时，为了便于寻址以及层次化构造网络，每个 IP 地址包括两个标识码（ID），即网络 ID 和主机 ID。同一个物理网络上的所有主机都使用同一个网络 ID，网络上的一个主机（包括网络上工作站，服务器和路由器等）有一个主机 ID 与其对应。IP 地址根据网络 ID 的不同分为 5 种类型，A 类地址、B 类地址、C 类地址、D 类地址和 E 类地址。

　　① A 类 IP 地址。一个 A 类 IP 地址由 1 字节的网络地址和 3 字节的主机地址组成，网络地址的最高位必须是 "0"，地址范围为 1.0.0.0～126.0.0.0。可用的 A 类网络有 126 个，每个网络能容纳 1 亿多个主机。

　　② B 类 IP 地址。一个 B 类 IP 地址由 2 字节的网络地址和 2 字节的主机地址组成，网络地址的最高位必须是 "10"，地址范围为 128.0.0.0～191.255.255.255。可用的 B 类网络有 16382 个，每个网络能容纳 6 万多个主机。

　　③ C 类 IP 地址。一个 C 类 IP 地址由 3 字节的网络地址和 1 字节的主机地址组成，网络地址的最高位必须是 "110"。范围为 192.0.0.0～223.255.255.255。C 类网络可达 209 万余个，每个网络能容纳 254 个主机。

④ D 类 IP 地址。D 类 IP 地址第一个字节以 "1110" 开始，它是一个专门保留的地址。它并不指向特定的网络，目前这一类地址被用在多点广播（Multicast）中。多点广播地址用来一次寻址一组计算机，它标识共享同一协议的一组计算机。

⑤ E 类 IP 地址。以 "11110" 开始，为将来使用保留。

除此之外，特别要注意：全 "0"（"0.0.0.0"）的 IP 地址对应于当前主机，全 "1" 的 IP 地址（"255.255.255.255"）是当前子网的广播地址。

在 IP 地址 3 种主要类型里，各保留了 3 个区域作为私有地址，其地址范围如下：

A 类地址：10.0.0.0～10.255.255.255

B 类地址：172.16.0.0～172.31.255.255

C 类地址：192.168.0.0～192.168.255.255

（4）IP 地址资源的匮乏及解决方案。现行的 IPv4 是一个 32 位二进制数，因此总地址容量为 2^{32}，即有数亿个左右。而按照 TCP/IP 协议的规定，相互连接的网络中每一个节点都必须有自己独一无二的地址作为标识，很显然，相对于日益增长的用户数，现有 IP 地址资源已不堪重负。解决 IP 地址缺乏的办法之一是想办法延缓资源耗尽的时间，目前最广泛应用的技术当属 NAT（Network Address Translation，网络地址翻译）。它使企业用户在内部网络应用中采用自行定义的地址，只在需要进行 Internet 访问时才翻译为合法的 Internet 地址；它的最大好处是用户加入 Internet 时不需更改内部地址结构，而只需在内外交界处实施地址转换，并且能够实现多个用户复用同一合法地址，从而大大节省地址资源；但 NAT 转换的同时也增加了网络的复杂性，而且它并不能阻止可用地址越来越减少的趋势。于是一种新的 IP 地址定义应运而生，它便是 IPv6。如同电话号码升位一样，IPv6 提供了 128 位的 IP 地址，使地址数量大幅增加，从而解决了现在的 IP 地址资源危机；IPv6 采用了 "可聚集全球统一计算地址" 的构造，这使 IP 地址构造同网络的拓扑结构相一致，从而缩小了路由表，使路由器能够高效率地决定路由；IPv6 具有自动把 IP 地址分配给用户的功能，大大减少了网络管理费用。尽管 IPv6 比 IPv4 具有明显的优越性，但在全球范围内实现地址的升级有许多实际困难。为此，Internet 研究组织 IETF 制定了一套 IPv4 向 IPv6 过渡的方案，其中包括三个机制：兼容 IPv4 的 IPv6 地址、双 IP 协议栈和基于 IPv4 隧道的 IPv6。

3. 域名和域名系统

（1）域名。尽管 IP 地址能够唯一地标识网络上的计算机，但 IP 地址是数字型的，它存在难记的问题，于是引入域名的这个概念，人们发明了一套字符型的地址方案即所谓的域名地址。IP 地址和域名是一一对应的，域名地址的信息存放在一个叫域名服务器（Domain Name Server，DNS）的主机内，使用者只需了解易记的域名地址，其对应转换 IP 的工作就留给 DNS 了。DNS 就是提供 IP 地址和域名之间的转换服务的服务器。

（2）域名系统。域名系统是一个分布的数据库，由它来提供 IP 地址和主机名之间的映射信息。它的作用是使 IP 地址和主机名形成一一对应的关系。通过域名服务系统（DNS）为每台主机建立 IP 地址与域名之间的映射关系，用域名替代 IP 地址来标识计算机。Internet 被分为几百个顶级域，每个域包含多个主机，每个域又被分成子域，子域下面还有更详细的划分。顶级域分为两大类：组织性域和地理性域。组织性域常见的是以机构性质命名的域，一般由 3 个字符组成，例如：com（商业）、edu（教育机构）等，见表 4-4。地理性域一般用两个字符表示，是为世界上每个国家和一些特殊的地区设置的，如中国为 "cn"、美国为 "us" 等。一些常见的国家或地区代码命名的域名见表 4-5。

域名的格式：计算机主机名．机构名．网络名．顶层域名

域名地址的含义：域名地址是从右至左来表述其意义的，最右边的部分为顶层域，最左边的则是这台主机的机器名称。例如，"gse．pku．edu．cn"，其中，gse 代表主机、pku 代表北京大学、edu 代表中国教育科研网、cn 代表中国。在全世界，没有重复的域名，域名的形式是以若干个英文字母和数字组成，由"．"分隔成几部分，无论是国际或国内的域名，全世界接入互联网的人都能够准确无误地访问到。

表 4-4　机构域名对照表

域　名	含　义
com	商业机构
edu	教育机构
gov	政府部门
mil	军事机构
net	网络组织
int	国际机构（主要指北约）
org	其他非赢利组织

表 4-5　地理性域名对照表

域　名	国家或地区	域　名	国家或地区
ar	阿根廷	nl	荷兰
au	澳大利亚	nz	新西兰
at	奥地利	ni	尼加拉瓜
br	巴西	no	挪威
ca	加拿大	pk	巴基斯坦
co	哥伦比亚	pa	巴拿马
cr	哥斯达黎加	pe	秘鲁
cu	古巴	ph	菲律宾
dk	丹麦	pl	波兰
eg	埃及	pt	葡萄牙
fi	芬兰	pr	波多黎各
fr	法国	ru	俄罗斯
de	德国	sa	沙特阿拉伯
gr	希腊	sg	新加坡
gl	格陵兰	za	南非
hk	中国香港	es	西班牙
is	冰岛	se	瑞典
in	印度	ch	瑞士
ie	爱尔兰	th	泰国

续表

域　名	国家或地区	域　名	国家或地区
il	以色列	tr	土耳其
it	意大利	gb	英国
jm	牙买加	us	美国
jp	日本	vn	越南
mx	墨西哥	tw	中国台湾
cn	中国		

4．客户机/服务器模式

（1）客户机/服务器模式的概念。客户机/服务器系统（Client/Server System）是目前分布式网络普遍采用的一种技术，也是 Internet 所采用的最重要的技术之一。在网络中允许资源共享，这种共享通过两个独立的程序来完成，分别运行在不同的计算机上。一个程序称为服务器程序（简称为服务器），提供特定的资源；另一个程序称为客户程序（简称为客户），用来使用资源。客户机/服务器模式的执行过程依次是，用户在本地计算机上运行客户程序，发出服务请求，然后由相关服务器对用户请求做出服务响应。例如，用户在自己的 PC 上运行一个字处理程序，告诉该程序想要编辑一个网络上其他计算机上存放着的一个特定文件，则该程序向这台计算机发送一条消息，请求传送该文件。在这种情况下，字处理程序就是客户，而接受请求并发送文件的程序就是服务器，更确切地说，它是一台文件服务器。Internet 所提供的服务都采用这种客户机/服务器的模式，用户的工作是启动客户机并告知自己要做的工作，然后客户机程序把自己连到正确的服务器上，保证用户命令正确地完成。

（2）客户机/服务器系统的优点。客户机/服务器系统是网络化信息应用系统的一个重大进步，其主要优点是：

① 把一个应用系统分成两部分，并且一般在不同的主机上运行，可以简化应用系统的程序设计过程，特别是可以使客户程序与服务程序之间的通信过程标准化。在 Internet 上同一种服务有许多种不同的客户程序和不同的服务程序，这些程序因为是按照相同的通信协议设计的，故而可以在不同的硬件环境和操作系统环境下运行并且能有效地进行通信。

② 把客户程序和服务程序放在不同的主机上（也可以放在相同的主机上），运行可以实现数据的分散化存储和集中化使用。这就意味着可以降低应用系统对硬件的技术要求（如内存和磁盘的容量以及 CPU 速度等），使各种规模的计算机（包括最普通的微机）都可以作为 Internet 的主机使用，这也是 Internet 的一大优点。

③ 由于客户程序可以与多个服务程序进行链式连接，用户可以根据自己的需要灵活地访问多台主机。Internet 的某些应用系统（如 Gopher、WWW 等）正是利用客户程序和服务程序的这种功能以及其他技术手段（如指针等），才有可能把部分甚至整个 Internet 的信息资源变成一个统一的信息资源，实现所谓的 Cyberspace（计算机空间）。

Internet 所使用的客户程序和服务程序有许多，可以利用匿名 FTP 免费从 Internet 上获取。在获取这些程序之前首先要明确自己需要什么样版本的客户程序和服务程序，这里的主要依据是主机上运行的操作系统。在 Internet 的主机上比较常用的操作系统是 UNIX、VAX/VMS、DOS和 Windows，目前大多数客户程序都是免费的。

5．网页（Web Pages）

网页又称 Web 页，它是 WWW 信息的基本单位，一个 Web 站点是由多个 Web 页组成的。

Web 页之间通过超级链接（Hyperlink）相关联，形成一个信息的整体。网页是用超文本标记语言 HTML（Hyper Test Markup Language）编写的，是一个超文本文件。在每一个网页中除了包含文字、表格、声音、图像、动画等形式的内容外，它还包含超级链接，即能够从某个信息点跳转到另外一个信息点，在众多的 Web 页中有一个被称为主页（Home Page）的 Web 页，该页位于所有 Web 页之首，它是使用 Web 浏览器查看信息时，首先看到的页面，所以用户相当于从主页进入某一 Web 站点来浏览网页。

6．统一资源定位器（URL）

URL 即统一资源定位器，是用来向 Web 浏览器表明网络资源的类型和资源所在的位置。它把 Internet 上千差万别的信息资源的地址格式统一起来，给上网用户提供了极大的方便。URL 的地址格式由 3 部分组成：资源类型、存放资源的主机域名或主机 IP 地址、资源存放的路径和文件名。其中：Internet 资源类型（Scheme）指出 WWW 客户程序用来操作的工具。如"http：//"表示 WWW 服务器，"ftp：//"表示 FTP 服务器等。主机域名或主机 IP 地址（Host）指出 WWW 所在的服务器域名。资源存入的路径（Path）指明服务器上某资源的位置（其格式与 DOS 系统中的格式一样，通常由目录/子目录/文件名这样结构组成）。URL 地址格式排列为：scheme：// host：/path，例如 http：//www.yahoo.com/domain 就是一个典型的 URL 地址。

4.4.4　Internet 连接方式

当今世界是一个信息化的时代，因特网的发展给我们提供了很大的发展空间和机会。在人们的生活和工作中，几乎离不开因特网的帮助，那么因特网在连接上都有哪些主要特点呢？

（1）在这个互联网络中，一些超级的服务器通过高速的主干网络（光纤、微波或卫星）相连，而一些较小规模的网络则通过众多的子干线与这些超级服务器连接。

（2）接入因特网的任何一台计算机必须有一个确定的地址，而且地址不允许重复，以保证信息能准确的传递。

（3）因特网没有控制中心，连接因特网的各子网络都是以自愿的原则连接起来的，并通过彼此合作来工作。网络上的每一个使用者都是完全平等的，没有地域的限制和计算机型号的差别。

（4）在因特网上，信息交流是通过一个公共的通信协议来完成的。该协议使得因特网上不同的计算机可以毫无障碍地进行交流。

要想进入因特网，首先要通过某种方式完成与因特网的连接。接入因特网的方式通常可分为专线连接、微机局域网连接、无线连接及电话拨号连接等几种。

1．专线连接

（1）DDN 专线连接。DDN 是英文 Digital Data Network 的缩写，是随着数据通信业务的发展而迅速发展起来的一种新型网络。DDN 即数字网，是半永久性连接电路的数据传输网。DDN 的主干网传输媒介有光纤、数字微波、卫星信道等，到用户端多使用普通电缆和双绞线。用 DDN 专线可以不考虑距离的限制，通信速率可达 64Kbps 至 2Mbps。DDN 专线具有速率高、误码率低、传输带宽较宽、延迟短等特点，是目前最流行也是最理想的一种接入方式。现在电信提供的 DDN 专线速度标准很多，从 64Kbps 到 2Mbps。DDN 传输的数据具有质量高、速度快、网络时延小等一系列的优点，特别适合于计算机主机之间、局域网之间、计算机主机与远程终端之间的大容量、多媒体、中高速通信的传输，DDN 可以说是我国的中高速信息国道。

DDN 将数字通信技术、计算机技术、光纤通信技术，以及数字交叉连接技术有机地结合在一起，提供了高速度、高质量的通信环境，为用户规划、建立自己安全、高效的专用数据网络提供了条件，因此在多种接入方式中深受广大客户的青睐。

（2）电话专线连接。对于在同一城市内的网络用户，如果对速度要求不高，但需要随时交换数据时，可考虑租用电话专线方案。租用电话专线时，通信距离被限制在市内，通信速率为9.6Kbps、14.4Kbps 和 28.8Kbps。

2．微机局域网连接

微机局域网连接方式：在已经完成对因特网的连接的局域网中，通过局域网的网卡将自己的主机或终端设备接入局域网，并通过该局域网间接地接入因特网。对于有条件通过局域网接入因特网的用户，可获得完备的因特网服务，这种方式通信速率高，上网简单方便，是各种团体、社区用户的最佳选择。

3．电话拨号连接

电话拨号上网是利用用户的电话线，通过电话拨号随时上网，具体方式是：为 ChinaNET 用户提供一台接到因特网上的主机，用户需要在该主机上申请一个账号，即获取上网许可权，可以通过因特网服务供应商（ISP）办理，取得诸如用户注册名、密码、服务器 IP 地址、接入电话号码、E-mail 地址，邮件服务器 IP 地址、新闻服务器 IP 地址等。就可在每次通信时，用电话拨号登录到这台主机上，通过这台主机进入因特网。使用完毕后要断开与因特网的连接，如果用户只需单台计算机上网，投入的经费有限，对速度没有特殊的要求，可考虑用电话拨号方案上网。电话拨号上网的通信距离没有限制，速度一般在 9.6Kbps、14.4Kbps 和 28.8Kbps。

4．无线连接

对于无线连接可分为固定无线接入和移动无线接入。固定无线接入系统可分为微波一点多址系统、卫星直播系统、本地多点分布业务系统和多点多路分布业务系统。移动无线接入系统有集群通信系统、寻呼电话系统和蜂窝移动通信系统、同步卫星移动通信系统等。无线连接的优点是简单易行，连接方便，可以移动，不用布线，因此建设周期短，国内采用此连接方案的网络越来越多。通信距离在 30km 以内的网络都可用无线连接，通信速率可达 2Mbps。

除此之外，因特网的连接方式还有：光纤连接、利用 ISDN 数字电话连接上网、利用 ADSL 连接上网、有线电视上网等。

4.4.5　宽带接入技术

随着 Internet 的迅猛发展，人们对网络带宽及速率也提出了更高的要求，促使网络由低速向高速、由共享到交换、由窄带向宽带方向迅速发展。网络接入方式的结构统称为网络的接入技术，其发生在连接网络与用户的最后一段路程，网络的接入部分是目前最有希望大幅提高网络性能的环节。当前的数据网络技术足以保证提供运动图像和其他高带宽服务。宽带网接入相对于传统的窄带接入而言显示了不可比拟的优势和强劲的生命力。为了适应新的形势和需要，出现了多种宽带接入网技术。包括铜线接入技术、光纤接入技术、混合光纤同轴（HFC）接入技术等多种有线接入技术以及无线接入技术等。然而，各种各样的宽带接入方式都有其自身的长短、优劣，用户应该根据自己的实际情况做出合理的选择。

1．数字用户线路（xDSL）技术

xDSL 是 DSL（Digital Subscriber Line）的统称，即数字用户线路，是以铜电话线为传输介质的点对点传输技术。传统铜线接入技术，即借助电话线路，通过调制解调器拨号实现用户接入的方式，虽然铜线的传输带宽有限，但由于电话网非常普及，电话线占据着全世界用户线的

90%以上，接入网宽带就要充分利用这部分宝贵资源，采用各种先进的调制技术和编码技术，提高铜线的传输速率。尽管 xDSL 可以包括 HDSL（高速数字用户线）、SDSL（对称数字用户线）、ADSL（非对称数字用户线）、VDSL（甚高比特率数字用户线），但是目前市面上主要流行的还是 ADSL（非对称数字用户线路）和 VDSL（甚高速数字用户线）。

DSL 实质是一系列的超级 Modem，其传输速率要远远高于普通的模拟 Modem，甚至能够提供比普通模拟 Modem 快 300 倍的兆级传输速率。由于 DSL 使用普通的电话线，所以 DSL 技术被认为是解决"最后一公里"问题的最佳选择之一。其最大的优势在于利用现有的电话网络架构，为用户提供更高的传输速度。

用户在两个方面并非需要同等的带宽，相反他们希望更多的带宽用于接收视频或因特网服务，为满足这一非对称的接入要求，工业界已开发出非对称数字用户线路技术（ADSL）。ADSL 技术为家庭和小型业务提供了增强带宽的标准方式。

（1）高速数字用户环路（HDSL）技术

HDSL 是数字用户线（DSL）技术中的一种，它采用高速自适应数字滤波技术和先进的信号处理器，进行线路均衡，消除线路串音，实现回波抑制，不需要再生中继器，适合所有用户环路，设计、安装和维护方便、简捷。HDSL 技术广泛适用于移动通信基站中继、无线寻呼中继、视频会议、ISDN 集群接入、远端用户线单元（RLU）中继以及计算机局域网互联等业务，由于它要求传输介质为 2～3 对双绞线，因此常用于中继线路或专用数字线路，一般终端用户线路不采用该技术。

（2）非对称数字用户环路（ADSL）技术

ADSL 是一种非对称的数字用户环路，即用户线的上行速率和下行速率不同，根据用户使用各种多媒体业务的特点，上行速率较低，下行速率则比较高，特别适合传输多媒体信息业务。ADSL 不仅具有 HDSL 的优点，而且在信号调制数字相位均衡、回波抑制等方面采用了更先进的器件和动态控制技术，实现了在一对普通电话线上同时传送一路高速下行单向数据、一路双向较低速率的数据以及一路模拟电话信号，可直接利用用户现有的电话线路，在线路两侧各安装一台 ADSL 调制解调器即可。ADSL 除可提供电话业务外，还能提供多种宽带业务，在未来几年内，ADSL 接入技术将会是终端用户最主要的宽带接入方式。

ADSL 是利用数字编码技术从现有的铜制电话线上获取最大数据传输容量，同时又不干扰在同一条线路上进行的常规语音服务。ADSL 的基本原理是使用电话语音以外的频率来传输数据，使用户在浏览 Internet 的同时可以打电话或发传真，而且不会影响通话的质量和网络下载速度。ADSL 的应用主要有两种方式：① 在交换端到用户间直接使用 ADSL，可以利用已有电话铜缆，快速满足用户的宽带业务需求。更重要的是，这种方式从网络结构上将语音和数据业务流量分离，将数据业务流量从接入部分直接分流到数据网络中，能够有效地缓解用户上网负荷对电话交换网的压力。可根据线路条件、设备产品价格、用户业务需求和资费等具体情况，开通 ADSL（或 G.lite）的多种子速率。② FTTx＋ADSL 方式。由于光节点靠近用户，铜缆距离较短，线间串扰较小，因此可以达到较高的传输速率，并可随着技术的发展向 VDSL 升级。

（3）超高速数字用户环路（VDSL）技术

VDSL 和 ADSL 技术相似，也是一种非对称的数字用户环路技术，采用频分复用方式，将POTS、ISDN 以及 VDSL 的上、下行信号放在不同的频段传输，但 VDSL 比 ADSL 的传输速率更高，是高速的 ADSL。由于 VDSL 的传输距离比较短，因此特别适合于光纤接入网中与用户相连接的最后"一公里"，并且要求光网络单元（ONU）尽量与用户接近，其系统配置图与

ADSL 类似，存在于用户与本地 ONU 之间。VDSL 可同时传送多种宽带业务，如高清晰度电视（HDTV）、清晰度图像通信以及可视化计算等。

（4）对称数字用户线（SDSL）

对称数字用户线与 HDSL 类似，可以在两个方向上（上行和下行）传送 1.544Mbps 的带宽，但它利用一对铜双绞线。一对铜双绞线的使用使其传送距离受到限制，SDSL 应用的传送范围为 3km 左右。它可在小范围的应用上找到位置，如住宅电视会议或远端 LAN 接入等。

（5）综合数字业务用户环路（IDSL）

IDSL 技术也与 HDSL 相同，它可以提供 ISDN 的基本速率（2B＋D）或集群速率（30B＋D）的双向业务，但 IDL 与 ISDN 完全不同，ISDN 是交换技术，ISDL 是网络技术。不同于 ISDN 的最大特性是交换数据不通过交换机。

（6）超高速数字用户环路（UDSL）

UDSL 也是 ADSL 技术的一种，但其传输速率更高，可达 155Mbps，不过传输距离只有数十米，Internet 用户使用价值不大，目前仅处于实验阶段。

2．光纤同轴电缆混合网络（HFC）

为了解决终端用户通过普通电话线入网速率较低的问题，人们一方面通过 xDSL 技术提高电话线路的传输速率，另一方面尝试利用目前覆盖范围广、更具潜力、具有很大带宽的 CATV 网络。HFC（Hybrid Fiber Coaxial）网是指光纤同轴电缆混合网，它是一种新型的宽带网络，采用光纤到服务区，而在进入用户的"最后 1 公里"采用同轴电缆。最常见的也就是有线电视网络，它比较合理有效地利用了当前的先进成熟技术，融数字与模拟传输为一体，集光电功能于一身，同时提供较高质量和较多频道的传统模拟广播电视节目、较好性能价格比的电话服务、高速数据传输服务和多种信息增值服务，还可以逐步开展交互式数字视频应用。HFC 接入技术就是以现有的 CATV 网络为基础，采用模拟频分复用技术，综合应用模拟和数字传输技术、射频技术和计算机技术所产生的一种宽带接入网技术。其同轴电缆是采用树型结构，通过分支器连接到终端用户。光分配节点（ODU）到头端（HE）为星型拓扑结构，采用 AN－SCM 光波技术通过光缆传输信号，所有连接到光分配节点的用户共享一条光纤线路。HFC 技术可以统一提供 CATV、语音、数据及其他一些交互业务，它在 5～50MHz 频段通过 QPSK 和 TDMA 等技术提供上行非广播数据通信业务，在 50～550MHz 频段采用残留边带调制（VSB）技术提供普通广播电视业务，在 550～750MHz 频段采用 QAM 和 TDMA 等技术提供下行数据通信业务，如数字电视和 VOD 等，750MHz 以上频段暂时保留以后使用。终端用户要想通过 HFC 接入，需要安装一个用户接口盒（UIB），它可以提供三种连接：使用 CATV 同轴电线连接到机顶盒（STB），然后连接到用户电视机；使用双绞线连接到用户电话机；通过 Cable Modem 连接到用户计算机。

由于 CATV 网络覆盖范围已经很广泛，而且同轴的带宽比铜线的带宽要宽得多，因此 HFC 是一种相对比较经济、高性能的宽带接入方案，是光纤逐步推向用户的一种经济的演变策略，由于 HFC 网络大部分采用传统的高速局域网技术，但是最重要的组成部分也就是同轴电缆到用户计算机这一段使用了另外的一种独立技术，这就是 Cable Modem，即电缆调制解调器又名线缆调制解调器，是一种将数据终端设备（计算机）连接到有线电视网（Cable TV），以使用户能进行数据通信，访问 Internet 等信息资源的设备。Cable Modem 其主要功能是将数字信号调制到射频（FR）以及将射频信号中的数字信息解调出来。除此之外，Cable Modem 还提供标准的以太网接口，部分地完成网桥、路由器、网卡和集线器的功能，因此，要比传统的 Modem

复杂得多。Cable Modem 本身不单纯是调制解调器，它集 MODEM、调谐器、加/解密设备、桥接器、网络接口卡、SNMP 代理和以太网集线器的功能于一身。它无须拨号上网，不占用电话线，可永久连接。Cable Modem 彻底解决了由于声音图像的传输而引起的阻塞，其速率已达 10Mbps 以上，下行速率则更高。

HFC 网的优点就是可以充分利用现有的有线电视网络，不需要再单独架设网络，并且速度比较快，但是它的缺点就是 HFC 网络结构是树型的，Cable Modem 上行 10Mbps 下行 38Mbps 的信道带宽是整个社区用户共享的，一旦用户数增多，每个用户所分配的带宽就会急剧下降，而且共享型网络拓扑致命的缺陷就是它的安全性（整个社区属于一个网段），数据传送基于广播机制，同一个社区的所有用户都可以接收到他人的数据包。

3. 光纤接入技术

所谓光纤接入网（OAN）就是采用光纤传输技术的接入网，泛指本地交换机或远端模块与用户之间采用光纤通信或部分采用光纤通信的系统。光纤由于其大容量、保密性好、不怕干扰和雷击、重量轻等诸多优点，正在得到迅速发展和应用。主干网线路迅速光纤化，光纤在接入网中的广泛应用也是一种必然趋势。光纤接入技术实际就是在接入网中全部或部分采用光纤传输介质，构成光纤用户环路（FITL），或称光纤接入网（OAN），实现用户高性能宽带接入的一种方案。根据 ONU 所设置的位置，光纤接入网分为光纤到户（FTTH）、光纤到路边（FTTC）、光纤到大楼（FTTB）、光纤到办公室（FTTO）、光纤到楼层（FTTF）、光纤到小区（FTTZ）等几种类型，其中 FTTH 将是未来宽带接入网发展的最终形式。

从光纤接入网的网络结构看，按接入网室外传输设施中是否含有源设备，OAN 又可以划分为无源光网络（PON）和有源光网络（AON），前者采用光分路器分路，后者采用电复用器分路，两者均在发展，目前光纤接入网几乎都采用无源光纤网络（PON）结构，PON 成为光纤接入网的发展趋势，它采用无源光节点将信号传送给终端用户，初期投资少、维护简单，易于扩展，结构灵活，只是要求采用性能好、带宽宽的光器件，大量的费用将在宽带业务开展后支出。

采用光纤接入网可以满足用户希望较快提供业务，改进业务质量和可用性的要求，也可以节约城市拥挤不堪的地下管道空间，延长传输覆盖距离，适应扩大的本地交换区域等目的，其结果当然也把接入网的数字化进一步推向了用户。简言之，采用光纤接入网已经成为解决电信发展的主要途径，其应用场合，不仅最适合那些新建的用户区，而且也是对需要更新的现有铜缆网的主要代替手段。从光纤接入网系统接入方式看，FITL 有三类接入方式：综合的 FITL 系统、通用的 FITL 系统和专用交换机的 FITL 系统。

4. 其他接入技术

（1）DDN 数字专线

对于上网计算机较多的企业用户，可以采用 DDN 和帧中继的 Internet 的接入方式。DDN（Digital Data Network）即数字数据网，是利用光纤、数字微波或卫星等数字信道，提高永久或半永久性电路，以传输数据信号为主的信号网络。它区别与传统模拟电话专线，其显著特点是数字专线，传输质量高，时延小，通信速度可以根据需要在 2.4Kbps 到 2Mbps 之间选择。用 DDN 方式接入 Internet，传输速率可以达到 64Kbps 至 2Mbps。

（2）无线接入技术

无线接入技术是指在终端用户和网络节点间的接入网部分全部或部分采用无线传输方式，为用户提供固定或移动的接入服务的技术。作为有线接入网的有效补充，它有系统容量大，语音质量与有线一样，覆盖范围广，系统规划简单，扩容方便，可加密码或用 CDMA 增强保密性等技术特点，可解决边远地区、难于架线地区的信息传输问题，是当前发展最快的接入网之一。与有线宽带接入方式相比，虽然无线接入技术的应用还面临着开发新频段、完善调制和多址技术、防止信元丢失等方面的问题，但它以其特有的无须敷设线路、建设速度快、初期投资小、受环境制约不大、安装灵活、维护方便等特点将成为接入网领域的新生力量。无线接入技术主要有：无线本地环路（WLL）、本地多点分配业务接入（LMDS）、数字直播卫星接入（DBS）、微波无线接入、通用分组无线接入等。

4.4.6　Internet 提供的服务

Internet 是一个涵盖极广的信息库，它存储的信息以商业、科技和娱乐信息为主。除此之外，Internet 还是一个覆盖全球的枢纽中心，通过它，可以了解来自世界各地的信息，收发电子邮件、和朋友聊天、进行网上购物、观看影片、阅读网上杂志等。目前，Internet 已成为世界许多研究和情报机构的重要信息来源。Internet 创造的电脑空间正在以爆炸性的势头迅速发展。Internet 能使我们现有的生活、学习、工作以及思维模式发生根本性的变化。无论来自何方，Internet 都能把我们和世界连在一起。

Internet 提供的服务包括 WWW 服务，电子邮件（E-mail），文件传输（FTP），远程登录（Telnet），新闻论坛（Usenet），新闻组（NewsGroup），电子布告栏（BBS），Gopher 搜索，文件搜寻（Archie）等，全球用户可以通过 Internet 提供的这些服务，获取 Internet 上提供的信息和功能。这里我们学习几种最常用的服务。

（1）万维网（WWW）查询系统

WWW 称为"全球网"或"万维网"，也可简称为 Web（全国科学技术名词审定委员会建议，WWW 的中文译名为"万维网"）。WWW 是当前 Internet 上最受欢迎、最为流行、最新的信息检索服务系统，是以超文本方式查询和调用全球信息资源的一项服务。它把 Internet 上现有资源统统连接起来，为用户在 Internet 上已经建立了 WWW 服务器的所有站点提供超文本媒体资源文档。它是基于 Internet 的查询、信息分布和管理的系统，是人们进行交互的多媒体通信动态格式。它的正式提法是："一种广域超媒体信息检索原始规约，目的是访问巨量的文档"。WWW 诞生于 Internet 之中，后来成为 Internet 的一部分，而今天，WWW 几乎成了 Internet 的代名词。人们把需要公之于众的各类信息以主页（Home Page）的形式嵌入 WWW，主页中除了文本外还包括图形、声音和其他媒体形式，主要是一些 HTML 文本（HTML 即 Hyper Text Markup Language，超文本标识语言）。WWW 服务器所存储的页面内容是用 HTML 语言书写的，它通过 HTTP 协议（Hyper Text Transfer Protocol）传送到用户处。提供 WWW 服务的万维网站称为 Web 站点，每个 Web 站点由若干个网页组成，而网页中又包含许多超级链接（Hyperlink）。用鼠标单击超级链接即可访问所链接的网页，该网页可以是本站的，也可以是另一个 Web 站点的，以此将全球的 Web 站点联系在一起，形成了全球范围的 WWW。

（2）电子邮件（E-mail）

电子邮件（E-mail）服务是 Internet 所有信息服务中用户最多，接触面最广泛的一类服务。电子邮件是以信件形式提供的一种信息交换服务。电子邮件的收发过程和普通信件的工作原理是非常相似的。它可以在几秒到几分钟之内，将信件送往世界各地的邮件服务器中，收件人可随时读取。从最初的两人之间的通信，到如今的电子邮件软件能够实现更为复杂、多样的服务，例如一对多的发信、信件的转发和回复、在信件中包含声音、图像等多媒体信息等；人们还可以如订购报刊杂志一样在网上订购所需的信息，通过电子邮件定期送到自己的信箱中。

（3）远程登录（Telnet）

远程登录（Telnet）是以仿真终端方式，为本地计算机使用远程计算机系统资源而提供的一种服务。远程登录使用支持 Telnet 协议的 Telnet 软件。Telnet 协议是 TCP/IP 通信协议中的终端机协议。有了 Internet 的远程登录服务，它允许用户从与 Internet 连接的一台主机进入 Internet 上的任何计算机系统，建立一个交互的登录连接，使用其计算机的资源等。登录后，用户的每次击键都传递到远程主机，由远程主机处理后将字符回送到本地的机器中，看起来仿佛用户直接在对这台远程主机操作一样。远程登录通常也需要有效的登录账号来接受对方主机的认证。常用的登录程序有 Telnet、Rlogin 等。

（4）文件传输协议（FTP）

Internet 网上有许多公用的免费软件，允许用户无偿转让、复制、使用和修改。这些公用的免费软件种类繁多，从多媒体文件到普通的文本文件，从大型的 Internet 软件包到小型的应用软件和游戏软件，应有尽有。充分利用这些软件资源，能大大节省我们的软件编制时间，提高效率。用户要获取 Internet 上的免费软件，可以利用文件传输服务（FTP）这个工具。Internet 提供 FTP（File Transfer Protocol）的文件传输应用程序，使用户能发送或接收非常大的数据文件。FTP 是文件传输的最主要工具，FTP 服务是以下载、上传文件方式提供的一种信息交换服务，使用 FTP 几乎可以传送任何类型的文件，如文本文件、二进制可执行文件、图形文件、图像文件、声音文件、数据压缩文件等。用 FTP 可以访问 Internet 的各种 FTP 服务器。访问 FTP 服务器有两种方式：一种访问是注册用户登录到服务器系统，另一种访问是用"匿名"（Anonymous）进入服务器。

（5）网络新闻（Net-News）

网络新闻是一种最为常见的信息服务方式，其主要目的是在大范围内向许多用户快速地传递信息（文章或新闻）。它除了可接收文章、存储并发送到其他网点外，还允许用户阅读文章或发送自己写的文章。因此，它是一种"多对多"的通信方式。网络新闻通过互联网发布传播，其途径可以是万维网网站，新闻组、邮件列表、公告板（BBS）、网络寻呼等，其发布者、转发者可以是任何机构也可以是任何人。在网络新闻中，用户在一组名为"新闻组（Newsgroup）"的专题下组织讨论。每一则信息称为一篇文章（Article）。每一篇文章采用电子邮件方式发给网络新闻组，每篇发往网络新闻文章被放在一个或几个新闻组中。用户可以在客户端利用新闻阅读程序以有序的方式组织这些文章，选择并阅读感兴趣的条目。新闻组包括数十大类、数千组"新闻"，平均每一组每天都有成百上千条"新闻"公布出来。新闻组的介入方式也非常随便，你可以在上面高谈阔论、问问题或者只看别人的谈论。

（6）电子公告板（BBS）

BBS（Bulletin Board Service，公告牌服务）是 Internet 上的一种电子信息服务系统。它提供在本地服务器上进行专题讨论服务。它是一块公共电子白板，每个用户都可以在上面书写，可发布信息或提出看法。大部分 BBS 由教育机构、研究机构或商业机构管理。如日常生活中的黑板报一样，电子公告牌按不同的主题分成很多个公告栏，公告栏设立的依据是大多数 BBS 使用者的要求和喜好，使用者可以阅读他人关于某个主题的最新看法（几秒钟前别人刚发布过的观点），也可以将自己的想法毫无保留地贴到公告栏中。参与 BBS 的人可以处于一个平等的位置与其他人进行任何问题的探讨。这对于现有的所有其他交流方式来说是不可能的。BBS 接入方便，可以通过 Internet 登录，也可以通过电话网拨号登录。BBS 站往往是由一些有志于此道的爱好者建立的，对所有人都免费开放。而且，由于 BBS 的参与人众多，因此各方面的话题都不乏热心者。可以说，在 BBS 上可以找到任何你感兴趣的话题。

（7）电子商务（Electronic Business）

电子商务是商业的新模式。各行业的企业都将通过网络连接在一起，使得各种现实与虚拟的合作都成为可能。所谓电子商务（Electronic Commerce）是利用计算机技术、网络技术和远程通信技术，实现整个商务过程中的电子化、数字化和网络化。互联网为企业提供了一个新的发展机会，任何企业都可能与世界范围内的供应商或顾客建立业务关系。人们可以通过网络，通过网上琳琅满目的商品信息、完善的物流配送系统和方便安全的资金结算系统进行交易。

（8）现代远程教育

现代远程教育是指通过音频、视频（直播或录像）以及包括实时和非实时在内的计算机技术把课程传送到校园外的教育。现代远程教育是随着现代信息技术的发展而产生的一种新型教育方式。远程教育由于信息传送方式和手段不同，其发展经历了三个阶段，第一是函授教育阶段；第二是以广播电视、录音录像为主的广播电视教学阶段；第三是通过计算机、多媒体与远程通信技术相结合的网上远程教育阶段。随着计算机技术、多媒体技术、通信技术的发展，特别是因特网（Internet）的迅猛发展，使远程教育的手段有了质的飞跃，成为高新技术条件下的远程教育。现代远程教育是以现代远程教育手段为主，兼容面授、函授和自学等传统教学形式，多种媒体优化组合的教育方式。现代远程教育可以有效地发挥远程教育的特点，突破时空的限制、提供更多的学习机会、扩大教学规模、提高教学质量、降低教学的成本。基于远程教育的特点和优势，许多有识之士已经认识到发展远程教育的重要意义和广阔前景。

4.5　网络信息安全

4.5.1　信息安全的基本概念及内容提要

随着计算机应用的广泛和深入，信息交流和资源共享的范围不断扩大，计算机应用环境日趋复杂，计算机安全问题越来越重要。众所周知，计算机应用方式的发展大体可划分为两个阶段：第一阶段为单机使用方式，资源共享范围为单台计算机，计算机安全只涉及信息的存储和处理过程。单用户独占计算机资源时，只要做好实体防护，安全就有了基本保证。多用户共用一台计算机时，应保证不同用户进程既并发执行又互不干扰。另外，不论对信息存取或处理，均须对用户的合法性进行鉴定和授权。第二阶段为计算机网络应用方式。这时除存储和处理外，信息尚须进行大量的传输操作。由于网络实体防护最为薄弱，所以在信息传输过程中对安全威胁最大。随着信息社会的到来，计算机和信息安全问题就越显重要和复杂，计算机安全技术也不断发展和成熟。

1. 信息安全的基本概念

计算机信息系统是一个人-机系统，基本组成有三部分：计算机实体、信息和人。计算机实体即计算机硬件体系结构，主要包括：计算机硬件及各种接口、计算机外部设备、计算机网络、通信设备、通信线路、通信信道。信息主要包括：操作系统、数据库、网络功能、各种应用程序。计算机实体只有和信息结合成为计算机信息系统之后才有价值。计算机实体是有价的，信息系统是无价的，客观存在的损害往往是难以弥补的。人是信息的主体。信息系统以人为本，必然带来安全问题。在信息系统作用的整个过程中，信息的采集受制于人、信息的处理受制于人、信息的使用受制于人、人既需要信息又害怕信息、信息既能帮助人又能危害人。人-机交互是计算机信息处理的一种基本手段，也是计算机信息犯罪的入口。

计算机信息系统的安全性和可靠性是两个不同的概念，可靠性一般指设备能正常持续运行的程度，它的中心目标就是反故障。安全性是指不因人为疏漏和蓄谋作案而使信息泄露、篡改或破坏。它的中心目标是反泄密、反篡改和反破坏。两者面临的问题和采取的对策在某些方面有一致之处，可靠性是基础，而安全问题更为复杂，保证可靠性的反故障机制无法包办。信息系统在信息传输、存储、处理和使用过程中，均有可能受到各种攻击和威胁。

2. 计算机信息安全的内容

计算机信息系统安全主要包括：实体安全、运行安全、信息安全、人员安全等几部分。

（1）实体安全。实体安全是指保护计算机设备、设施（含网络）以及其他媒体免遭破坏的措施和过程。破坏因素主要原因有：人为破坏、雷电、有害气体、水灾、火灾、地震、环境故障等。实体安全范畴是指环境安全、设备安全、媒体安全等。计算机实体安全的防护是防止信息威胁和攻击的第一步，也是防止对信息威胁和攻击的天然屏障。

（2）运行安全。运行安全是指信息处理过程中的安全。运行安全范围主要包括系统风险管理、审计跟踪、备份与恢复、应急四个方面的内容。系统的运行安全检查是计算机信息系统安全的重要环节，以保证系统能连续、正常地运行。

（3）信息安全。信息安全是指防止信息财产被故意和偶然非法授权、泄露、更改、破坏或使信息被非法系统识别、控制。信息安全的目标是保证信息保密性、完整性、可用性、可控性。信息安全的范围主要包括操作系统安全、数据库安全、网络安全、病毒防护、访问控制、加密和鉴别 7 个方面。

（4）人员安全。人员安全主要是指计算机工作人员的安全意识、法律意识、安全技能等。除少数难以预知、抗拒的天灾外，绝大多数各种灾害是人为的，由此可见人员安全是计算机信息系统安全工作的核心因素。人员安全检查主要是法规宣传、安全知识学习、职业道德教育和业务培训等。

4.5.2　计算机网络安全概述

国际标准化组织（ISO）对计算机系统安全的定义是：为数据处理系统建立、采用的技术和管理的安全保护，保护计算机硬件、软件和数据不因偶然和恶意的原因遭到破坏、更改和泄露。由此可以将计算机网络的安全理解为：通过采用各种技术和管理措施，使网络系统正常运行，从而确保网络数据的可用性、完整性和保密性。所以，建立网络安全保护措施的目的是确保经过网络传输和交换的数据不会发生增加、修改、丢失和泄露等。

一个安全的计算机网络应该具有可靠性、可用性、完整性、保密性和真实性等特点。计算机网络不仅要保护计算机网络设备安全和计算机网络系统安全，还要保护数据安全等。因此针对计算机网络本身可能存在的安全问题，实施网络安全保护方案以确保计算机网络自身的安全性是每一个计算机网络都要认真对待的一个重要问题。网络安全防范的重点主要有两个方面：一是计算机病毒，二是黑客犯罪。计算机病毒是一种危害计算机系统和网络安全的破坏性程序。黑客犯罪是指个别人利用计算机高科技手段，盗取密码侵入他人计算机网络，非法获得信息、盗用特权等，例如非法转移银行资金、盗用他人银行账号购物等。随着网络经济的发展和电子商务的展开，严防黑客入侵、切实保障网络交易的安全，不仅关系到个人的资金安全、商家的货物安全，还关系到国家的经济安全、国家经济秩序的稳定问题，因此必须给予高度重视。

Internet 的安全隐患主要体现在下列几方面：

（1）Internet 是一个开放的、无控制机构的网络，黑客（Hacker）经常会侵入网络中的计算机系统，或窃取机密数据和盗用特权，或破坏重要数据，或使系统功能得不到充分发挥直至瘫痪。

（2）Internet 的数据传输是基于 TCP/IP 通信协议进行的，这些协议缺乏使传输过程中的信息不被窃取的安全措施。

（3）Internet 上的通信业务多数使用 UNIX 操作系统来支持，UNIX 操作系统中明显存在的安全脆弱性问题会直接影响安全服务。

（4）在计算机上存储、传输和处理的电子信息，还没有像传统的邮件通信那样进行信封保护和签字盖章。信息的来源和去向是否真实，内容是否被改动，以及是否泄露等，在应用层支持的服务协议中是凭着"君子"协定来维系的。

（5）电子邮件存在着被拆看、误投和伪造的可能性。使用电子邮件来传输重要机密信息会存在着很大的危险。

（6）计算机病毒通过 Internet 的传播给用户带来极大的危害，病毒可以使计算机和计算机网络系统瘫痪、数据和文件丢失。在网络上传播病毒可以通过公共匿名 FTP 文件传播、也可以通过邮件和邮件的附加文件传播。

1．网络安全策略

（1）物理安全策略。物理安全策略的目的是保护计算机系统、网络服务器、打印机等硬件实体和通信链路免受自然灾害、人为破坏和搭线攻击；验证用户的身份和使用权限、防止用户越权操作；确保计算机系统有一个良好的电磁兼容工作环境；建立完备的安全管理制度，防止非法进入计算机控制室和各种偷窃、破坏活动的发生。

（2）访问控制策略。访问控制是网络安全防范和保护的主要策略，它的主要任务是保证网络资源不被非法使用和非法访问。它也是维护网络系统安全、保护网络资源的重要手段。各种安全策略必须相互配合才能真正起到保护作用，但访问控制可以说是保证网络安全最重要的核心策略之一。访问控制策略包括以下几个部分：

① 入网访问控制。入网访问控制为网络访问提供了第一层访问控制。它控制哪些用户能够登录到服务器并获取网络资源，控制准许用户入网的时间和准许他们在哪台工作站入网。用户的入网访问控制可分为三个步骤：用户名的识别与验证、用户口令的识别与验证、用户账号的默认限制检查。三道关卡中只要任何一关未通过，该用户便不能进入该网络。

② 网络的权限控制。网络的权限控制是针对网络非法操作所提出的一种安全保护措施。用户和用户组被赋予一定的权限。网络控制用户和用户组可以访问哪些目录、子目录、文件和其他资源。可以指定用户对这些文件、目录、设备能够执行哪些操作。根据访问权限将用户分为以下几类：特殊用户（即系统管理员）、一般用户、审计用户。用户对网络资源的访问权限可以用一个访问控制表来描述。

③ 目录级安全控制。网络应允许控制用户对目录、文件、设备的访问。用户在目录一级指定的权限对所有文件和子目录有效，用户还可进一步指定对目录下的子目录和文件的权限。对目录和文件的访问权限一般有 8 种：系统管理员权限（Supervisor）、读权限（Read）、写权限（Write）、创建权限（Create）、删除权限（Erase）、修改权限（Modify）、文件查找权限（File Scan）、存取控制权限（Access Control）。用户对文件或目标的有效权限取决于以下两个因素：用户的受托者指派、用户所在组的受托者指派、继承权限屏蔽取消的用户权限。

④ 属性安全控制。当用文件、目录和网络设备时，网络系统管理员应给文件、目录等指定访问属性。属性安全控制可以将给定的属性与网络服务器的文件、目录和网络设备联系起来。属性安全在权限安全的基础上提供更进一步的安全性。网络上的资源都应预先标出一组安全属性。用户对网络资源的访问权限对应一张访问控制表，用以表明用户对网络资源的访问能力。网络的属性可以保护重要的目录和文件，防止用户对目录和文件的误删除、执行修改、显示等。

⑤ 网络服务器安全控制。网络允许在服务器控制台上执行一系列操作。用户使用控制台可以装载和卸载模块，可以安装和删除软件等操作。网络服务器的安全控制包括可以设置口令锁定服务器控制台，以防止非法用户修改、删除重要信息或破坏数据；可以设定服务器登录时间限制、非法访问者检测和关闭的时间间隔。

⑥ 网络监测和锁定控制。网络管理员应对网络实施监控，服务器应记录用户对网络资源的访问，对非法网络的访问，服务器应以图形或文字或声音等形式报警，以引起网络管理员的注意。如果非法访问的次数达到设定数值，那么该账户将被自动锁定。

⑦ 网络端口和节点的安全控制。网络中服务器的端口往往使用自动回呼设备加以保护，并以加密的形式来识别节点的身份。自动回呼设备用于防止假冒合法用户，防范黑客的自动拨号程序对计算机进行攻击。网络还常对服务器端和用户端采取控制，用户必须携带证实身份的验证器（如智能卡、磁卡、安全密码发生器）。在对用户的身份进行验证之后，才允许用户进入用户端。

⑧ 防火墙控制。防火墙是近期发展起来的一种保护计算机网络安全的技术性措施，它是一个用以阻止网络中的黑客访问某个机构网络的屏障，也可称之为控制进/出两个方向通信的门槛。在网络边界上通过建立起来的相应网络通信监控系统来隔离内部和外部网络，以阻挡外部网络的侵入。目前的防火墙主要有以下三种类型：①包过滤防火墙。②代理防火墙。③双穴主机防火墙。

（3）信息加密策略

信息加密的目的是保护网内的数据、文件、口令和控制信息，保护网上传输的数据。网络加密常用的方法有链路加密、端点加密和节点加密三种。链路加密的目的是保护网络节点之间的链路信息安全；端点加密的目的是对源端用户到目的端用户的数据提供保护；节点加密的目的是对源节点到目的节点之间的传输链路提供保护。

（4）网络安全管理策略

网络的安全管理策略包括：确定安全管理等级和安全管理范围；制定有关网络操作使用规程和人员出入机房管理制度；制定网络系统的维护制度和应急措施等。

2. 网络病毒与防治

（1）什么是网络病毒

随着 Internet 的发展，网络病毒在网络上传播，为网络带来灾难性后果。网络病毒的主要来源有：①来自文件下载。那些被浏览的或是通过 FTP 下载的文件中可能存在病毒。而共享软件（Public Shareware）和各种可执行的文件，如格式化的介绍性文件（Formatted Presentation）已经成为病毒传播的重要途径。并且，Internet 上还出现了 Java 和 ActiveX 形式的恶意小程序。②主要来自于电子邮件。大多数的 Internet 邮件系统提供了在网络间传送附带格式化文档邮件的功能。因此，受病毒感染的文档或文件有可能通过网关和邮件服务器进入网络。

（2）网络病毒的防治

网络病毒防治必须考虑安装病毒防治软件，安装的病毒防治软件应具备四个特性：

① 集成性：所有的保护措施必须在逻辑上是统一和相互配合的。

② 单点管理：作为一个集成的解决方案，最基本的一条是必须有一个安全管理的聚焦点。

③ 自动化：系统需要有能自动更新病毒特征码数据库和其他相关信息的功能。

④ 多层分布：这个解决方案应该是多层次的，适当的防毒部件在适当的位置分发出去，最大限度地发挥作用，而又不会影响网络负担。防毒软件应该安装在服务器工作站和邮件系统上。

（3）常用防病毒软件

目前流行的几个国产反病毒软件主要有江民防病毒软件、瑞星 RAV、金山 KILL、信源 VRV 等。近几年国外产品陆续进入中国，如 NAI、ISS、CA 等。

3．网络黑客与防范措施

（1）黑客的定义

首先我们来了解一下黑客的定义，黑客（Hacker），源于英语 Hack，意为"劈，砍"，引申为"干了一件非常漂亮的工作"。一般认为，黑客起源于 20 世纪 50 年代麻省理工学院的实验室中，他们精力充沛，热衷于解决难题。20 世纪 60、70 年代，"黑客"一词极富褒义，用于指代那些独立思考、奉公守法的计算机迷，他们智力超群，对计算机全身心投入，从事黑客活动意味着对计算机的最大潜力进行智力上的自由探索，为计算机技术的发展作出了巨大贡献。正是这些黑客，倡导了一场个人计算机革命，倡导了现行的计算机开放式体系结构，打破了以往计算机技术只掌握在少数人手里的局面，打开了个人计算机的先河，他们是计算机发展史上的英雄。另一种入侵者是那些利用网络漏洞破坏网络的人。他们往往做一些重复的工作（如用暴力法破解口令），他们也具备广泛的计算机知识，但与黑客不同的是他们以破坏为目的。这些群体称为"骇客"。当然还有一种人兼于黑客与入侵者之间。

（2）网络黑客攻击方法

黑客攻击网络中的计算机常利用如下手段：获取口令、放置特洛伊木马程序、WWW 的欺骗技术、电子邮件攻击、通过一个节点来攻击其他节点、网络监听、寻找系统漏洞、利用账号进行攻击、偷取特权等。

（3）网络黑客的防范措施

在网络安全方面，许多用户对其抱着无所谓的态度，认为最多不过是被"黑客"盗用账号，他们常常会认为"安全"只是针对大中型企事业单位的，与自己无关。其实信息时代中，几乎每个人都面临着安全的威胁，我们一定要有安全观念，有必要对网络安全有所了解，掌握一定的安全防范措施，并能够处理一些安全方面的问题，否则在受到安全方面的攻击时，将会付出惨重的代价。常用的防范措施如下：

① 经常进行 Telnet、FTP 等需要传送口令的重要机密信息应用的主机应该单独设立一个网段，有条件的情况下，重要主机装在交换机上，这样可以避免 Sniffer 偷听密码。

② 专用主机只开专用功能，网管网段路由器中的访问控制应该限制在最小限度，关闭不必要的端口。

③ 对用户开放的各个主机的日志文件全部集中管理，定期检查备份日志主机上的数据。

④ 网管不得访问 Internet。并建议设立专门机器使用 FTP 或 WWW 下载工具和资料。

⑤ 提供电子邮件、WWW、DNS 的主机不安装任何开发工具，避免攻击者编译攻击程序。

⑥ 网络配置原则是"用户权限最小化"。

⑦ 下载安装最新的操作系统及其他应用软件的安全和升级补丁，安装几种必要的安全加强工具，限制对主机的访问，加强日志记录，对系统进行完整性检查，定期检查用户的口令，并通

知用户尽快修改。重要用户的口令应该定期修改（不超过三个月），不同主机使用不同的口令。

⑧ 定期检查系统日志文件，在备份设备上及时备份。制定完整的系统备份计划，并严格实施。

⑨ 定期检查关键配置文件（最长不超过一个月）。

⑩ 制定详尽的入侵应急措施以及汇报制度。

4. 防火墙技术

网络防火墙技术是一种用来加强网络之间访问控制，防止外部网络用户以非法手段通过外部网络进入内部网络，保护内部网络操作环境的特殊网络互联设备。它对两个或多个网络之间传输的数据包实施检查，以决定网络之间的通信是否被允许，并监视网络运行状态。防火墙处于5层网络安全体系中的底层，属于网络层安全技术范畴。负责网络间的安全认证与传输，但随着网络安全技术的整体发展和网络应用的不断变化，现代防火墙技术已经逐步走向网络层之外的其他安全层次，不仅要完成传统防火墙的过滤任务，同时还能为各种网络应用提供相应的安全服务。另外还有多种防火墙产品正朝着数据安全与用户认证、防止病毒与黑客侵入等方向发展。

从实现原理上分，防火墙的技术包括四大类：网络级防火墙（也叫包过滤型防火墙）、应用级网关、电路级网关和规则检查防火墙。根据防火墙所采用的技术不同，可以将它分为四种基本类型：包过滤型、网络地址转换-NAT、代理型和监测型。目前的防火墙产品主要有堡垒主机、包过滤路由器、应用层网关（代理服务器）以及电路层网关、屏蔽主机防火墙、双宿主机等类型。

虽然防火墙是目前保护网络免遭黑客袭击的有效手段，但也有明显不足：无法防范通过防火墙以外的其他途径的攻击，不能防止来自内部的威胁，也不能完全防止传送已感染病毒的软件或文件，以及无法防范数据驱动型的攻击。

总之，防火墙是企业网安全问题的流行方案，即把公共数据和服务置于防火墙外，使其对防火墙内部资源的访问受到限制。作为一种网络安全技术，防火墙具有简单实用的特点，并且透明度高，可以在不修改原有网络应用系统的情况下达到一定的安全要求。

5. 其他安全技术

网络的安全威胁和风险主要存在于三个方面：物理层、协议层和应用层。网络线路被恶意切断或过高电压导致通信中断，属于物理层的威胁；网络地址伪装、Teardrop 碎片攻击、SYNFlood 等则属于协议层的威胁；非法 URL 提交、网页恶意代码、邮件病毒等均属于应用层的攻击。从安全风险来看，基于物理层的攻击较少，基于网络层的攻击较多，而基于应用层的攻击最多，并且复杂多样，难以防范。

下面简单介绍有关网络安全的防护技术。

（1）网络加密技术。密码学是信息安全防护领域里的一个重要的内容，内容涉及加密、解密两个方面。目前主流的密码学方法有两大类：保密密钥法和公开密钥法。

① 保密密钥法。保密密钥法也称为对称密钥法，这类加密方法在加密和解密时使用同一把密钥，这个密钥只有发信人和收信人知道。

② 公开密钥法。公开密钥法也称为不对称加密。这类加密方法需要用到两个密钥：一个私人密钥和一个公开密钥。公开密钥可以让任何人知道，而私人密钥则必须小心收藏，不能让别人知道。在准备传输数据时，发信人先用收信人的公开密钥对数据进行加密；再把加密后的数据发送给收信人；收信人在收到信件后要用自己的私人密钥对它进行解密。

③ 数字签名。"数字签名"（Digital Signature，DS）是通过某种加密算法在一条地址消息

的尾部添加一个字符串，而收件人可以根据这个字符串验明发件人身份的一种技术。数字签名的作用与手写签名相同，能唯一确定签名人的身份，同时还能在签名后对数据内容是否又发生了变化进行验证。

（2）身份认证。随着电子商务的发展，网上支付形式将成为一种必然的趋势，但网上支付除了传输方便以外，最重要的一点是如何保证其支付的合法性。要确保自身的利益不受损失，首先要确认对方的消息及传送者的真实性。认证技术要验证的身份信息一般有：对方身份和授权界限。身份的作用是让系统知道确实存在这样一个用户；授权的作用是让系统判断该用户是否有权访问他申请的资源或数据。认证技术可以根据消息源认证，也可以双方相互认证。其方法主要有：用户 ID 和口令验证；消息码（MAC）验证；通信双方特征信息应答验证；生物测定法验证；智能卡验证；手机通信验证；电子纽扣验证等。

（3）Web 网中的安全技术。Internet 中发展最为迅速的网络信息服务技术即 Web 服务，它采用的是超文本链接和超文本传输协议（HTTP）。各种实际的 Internet 应用大多数是以 Web 技术为平台的。但是，Web 上的安全问题也是非常严重的。目前解决 Web 安全的技术主要有两种：安全套接字层（Secure Socket Layer，SSL）和安全 HTTP（SHTTP）协议。

（4）虚拟专用网（VPN）。虚拟专用网（VPN）是将物理分布在不同地点的网络通过公用骨干网，尤其是 Internet 连接而成的逻辑上的虚拟子网。为了保障信息的安全，VPN 技术采用了鉴别、访问控制、保密性、完整性等措施，以防信息被泄露、篡改和复制。基于 Internet 的 VPN 具有节省费用、灵活、易于扩展、易于管理，且能保护信息在 Internet 上安全传输等优点。VPN 有两种模式：直接模式和隧道模式。数据加密通常有 3 种方法：具有加密功能的防火墙、带有加密功能的路由器和单独的加密设备。目前 VPN 主要采用四项技术来保证安全，这四项技术分别是隧道技术（Tunneling）、加解密技术（Encryption & Decryption）、密钥管理技术（Key Management）、使用者与设备身份认证技术（Authentication）。

（5）安全隔离。面对新型网络攻击手段的不断出现和高安全网络的特殊需求，全新安全防护理念"安全隔离技术"应运而生。它的目标是，在确保把有害攻击隔离在可信网络之外，并保证可信网络内部信息不外泄的前提下，完成网间信息的安全交换。隔离产品发展至今共经历了五代，分别为完全的隔离、硬件卡隔离、数据传播隔离、空气开关隔离和安全通道隔离。特别是安全通道隔离，它通过专用通信硬件和专有交换协议等安全机制，来实现网络间的隔离和数据交换，不仅解决了以往隔离技术存在的问题，并且在网络隔离的同时实现高效的内外网数据的安全交换，它透明地支持多种网络应用，成为当前隔离技术的发展方向。

练 习 题

1. 简述计算机网络的功能。
2. 简述计算机网络的几种常用拓扑结构。
3. 网络互联使用哪些设备？它们的主要功能是什么？
4. 简述 Internet 的基本服务。
5. 什么是 TCP/IP 协议？它们有什么特点？

第 5 章　数字媒体及应用

数据是对事实、概念或指令的一种特殊表达形式，这种特殊的表达形式可以用人工的方式或者自动化的装置进行通信、翻译转换或者进行加工处理。根据这一定义，通常意义下的数字、文字、图画、声音、动画等对人们来说都可以认为是数据。简言之，一切可以被计算机加工、处理的对象都可以被称之为数据。数据可在物理介质上记录或传输，并通过外围设备被计算机接收，经过处理而得到结果。

信息是对人们有用的数据，是加工处理后的数据。数据和信息是相辅相成的，数据是信息的载体和表现形式，信息是数据的内涵。

数据送入计算机加以处理，包括存储、传送、排序、归并、计算、转换、检索，制表和模拟等操作，以得到满足人们需要的结果，这一处理过程也称信息处理。数字技术则是指用"0"和"1"两个数字来表示、处理、存储和传输一切信息的技术。计算机技术的发展是数字技术发展的基础，数字通信也被广泛使用，信息存储领域也逐渐普及使用数字技术。数码录音、数码相机、数码摄像机等都是用"0"和"1"记录信息的，数字电视、数字广播也正在向我们走来。

5.1　文本与文本处理

人类社会的知识、文化和历史，大部分是以文字形式记录和传播的，人们日常的工作、学习和生活也离不开文字。因此，文字信息的计算机处理是信息处理的一个主要方面，也是计算机应用的重要基础。

文字是一种书面语言，它由一系列称为"字符（Character）"的书写符号所构成。文字信息在计算机中习惯上称为"文本（Text）"。文本是基于特定字符集的，具有上下文相关性的一个字符流，每个字符均采用二进制编码表示。文本是计算机中最常用的一种数字媒体。

5.1.1　字符编码

组成文本的基本元素是字符，字符在计算机中采用二进制编码表示。本节分别介绍中、西文字符的编码标准。

1. 中文字符编码

中文是使用人数最多的语言之一。中文的基本组成单位是汉字字符。由于西文中使用的符号主要有 128 个，使用 7 位或 8 位二进制就可以表示。而汉字的总数在 6 万个以上，数量大，字形及结构复杂，同音字和异体字多，这给汉字在计算机内部的表示、处理、传输、交换、输入、输出等带来一系列问题。根据计算机处理汉字过程中的需要，汉字的编码有输入码、机内码、字形码和交换码。

为了适应计算机汉字信息处理的需要，1981 年我国颁布了《信息交换用汉字编码字符集 基本集》，即 GB2312—80。在这个标准中选用了 6763 个常用汉字（一级汉字有 3755 个，以汉语拼音音序排列。二级汉字有 3008 个，按偏旁部首排列）和 682 个非汉字符号（英文字母、数字、运算符号、标点符号、特殊符号、制表符、拉丁字母、俄文字母、日文字母、日文平假名与片假名、希腊字母、汉语拼音等），总共 7445 个字符，并为每个字符规定了标准代码，以满足它们在不同计算机系统之间的交换。GB2312 收集的字符及其编码称为国标码或交换码。

　　GB2312 国标字符集可以看作一个二维表格，用十进制表示分成 94 行和 94 列，把行称为区，区号为 01～94；列称为位，位号为 01～94。每一个汉字或符号在字符集内有自己唯一的位置和编码，区位码中的行（区）号和列（位）号也可用 7 位二进制数表示，行号在左，列号在右，共 14 位，称为汉字的区位码。实际上区位码采用两个字节来表示一个汉字，而两个字节的最高位均置"0"。

　　区位码无法用于汉字通信，因为它可能与通信使用的控制码（00H～1FH）（即 0～31）发生冲突。ISO 2022 规定每个汉字的区号和位号必须分别加上 32（即二进制数 00100000），经过这样的处理而得的代码称为国标交换码，简称交换码。

　　在计算机内部，为了区别汉字和西文字符，把两个字节的国标码的每个字节的最高位置为"1"，这样处理之后形成的汉字编码叫做汉字的机内码。

　　区位码、国标码和机内码的高位字节和低位字节之间有如下关系：

　　区位码高字节码＋32＝国标码高字节码

　　区位码低字节码＋32＝国标码低字节码

　　国标码高字节码＋128＝机内码高字节码

　　国标码低字节码＋128＝机内码低字节码

　　例如，"泰"字用十进制表示区位码为是 44—09，国标码是 76—41，而机内码是 204—169，但习惯上我们用十六进制来表示汉字的编码，故"泰"字的区位码为 2C09H、国标码为 4C29H、机内码为 CCA9H。区位码可以用于输入汉字，国标码用于统一不同的系统之间所用的不同编码，机内码用做汉字的存储、运算和处理。

　　汉字输入码是为了利用计算机键盘，将汉字输入计算机而编制的代码。目前汉字输入编码方案很多，大致可分为：以汉字发音进行编码的音码，例如全拼码、双拼码；按汉字的书写形式进行编码的形码，例如五笔字型码；按音形结合的编码，例如自然码。

　　汉字字形码是汉字字库中存储的汉字字形的数字化信息，用于汉字的显示和打印。目前汉字字形主要有两种描述方法：点阵字形和矢量轮廓字形。

　　汉字字形点阵有 16×16 点阵，24×24 点阵，32×32 点阵等。汉字的行列点数越多，描绘的汉字越精确，但占用的存储空间也越大。汉字字库是汉字字形数字化后，以二进制文件形式存储在存储器中，形成的汉字字模库。

2．西文字符编码

　　在人-机交互、计算机通信中，字符有很重要的意义。由于计算机中使用的只有二进制数，因此计算机要为每个字符确定一个编码，作为识别的依据。

　　字符编码目前使用较普遍的是 ASCII 码（American Standard Code for Information Interchange，美国标准信息交换码），见表 5-1。ASCII 码是由美国国家标准局（ANSI）制定的，它已被国际标准化组织（ISO）定为国际标准，称为 ISO 646 标准。ASCII 码字符集共收录了 128 个字符，其中 96 个可打印字符，32 个控制字符。它使用 7 位二进制数来进行编码，7 位二进制数是按先列后行的顺序排列。虽然 ASCII 码用 7 位二进制数来编码，但字节是计算机中普遍的存储和处理单位，故计算机中仍用一个字节存放一个 ASCII 码。例如：A 的 ASCII 码应是"1000001"，实际存储为"01000001"，最高位为"0"。

　　第 0～32 号及第 127 号（共 34 个）是控制字符或通信专用字符，如控制符：LF（换行）、CR（回车）、FF（换页）、DEL（删除）、BEL（振铃）等；通信专用字符：SOH（文头）、EOT

（文尾）、ACK（确认）等。

第 33～126 号（共 94 个）是字符，其中第 48～57 号为 0～9 共 10 个阿拉伯数字；65～90 号为 26 个大写英文字母，97～122 号为 26 个小写英文字母，其余为一些标点符号、运算符号等。

表 5-1　ASCII 码编码表

$b_3b_2b_1b_0$	$b_6b_5b_4$							
	000	001	010	011	100	101	110	111
0000	NUL	DLE	SP	0	@	P	、	p
0001	SOH	DC1	!	1	A	Q	a	q
0010	STX	DC2	”	2	B	R	b	r
0011	ETX	DC3	#	3	C	S	c	s
0100	EOT	DC4	$	4	D	T	d	t
0101	ENQ	NAK	%	5	E	U	e	u
0110	ACK	SYN	&	6	F	V	f	v
0111	BEL	ETB	'	7	G	W	g	w
1000	BS	CAN	(	8	H	X	h	x
1001	HT	EM	)	9	I	Y	i	y
1010	LF	SUB	*	:	J	Z	j	z
1011	VT	ESC	+	;	K	[	k	{
1100	FF	FS	,	<	L	\	l		
1101	CR	GS	—	=	M	]	m	}
1110	SO	RS	.	>	N	^	n	~
1111	SI	US	/	?	O	-	o	DEL

5.1.2　文本的准备

使用计算机制作一个文本，首先要向计算机输入该文本所包含的字符信息，然后进行编辑、排版和其他处理。输入字符的方法有两种：人工输入和自动输入。人工输入即通过键盘、手写笔或语音输入方式输入字符，其速度较慢、成本较高，不太适合需要处理大批量文字资料的文档管理、图书情报等应用。自动输入指的是将纸介质上的文本通过识别技术自动转换为文字的编码，这种输入方式速度快、效率高。文字的自动识别分为印刷体识别和手写体识别两种，手写体的识别难度最大。

5.2　图像与图形

计算机除能处理符号、文字、表格外，还可以处理图形、图像、声音、视频等多种媒体信息。以上信息在计算机中均采用二进制编码来表示。计算机先把图像模拟信息采样和量化，转换为数字化信息（这一过程称为模/数转换），再把数据化的信息按一定规律用二进制编码来表示并存储在计算机中。由于信息量大，占用很大存储空间，为了节省空间，提高处理速度，通常采用压缩后的编码存储信息。还原图形、图像、声音信号时，计算机先将数字化信息还原，进行数/模转换，将数字信息转换为图形、图像、声音等模拟信息，再通过相关设备重现原来的图形、图像和声音信息。

5.3　数字声音及应用

5.3.1　媒体及其分类

媒体又称媒介、媒质，它的英文是 Medium（单数）和 Media（复数），指的是承载信息的载体。根据国际电信联盟（ITU）下属的国际电报电话咨询委员会（CCITT）的定义，与计算机信息处理有关的媒体有 5 种。

（1）感觉媒体，即能使人类听觉、视觉、嗅觉、味觉和触觉器官直接产生感知的一类媒体，如声音、图画、气味等，它们是人类使用信息的有效形式。

（2）表示媒体，为了使计算机能有效地加工、处理、传输感觉媒体而在计算机内部采用的特殊表示形式，即声、文、图、活动图像的二进制编码表示。

（3）存储媒体，用于存放表示媒体以便计算机随时加工处理的物理实体，如磁盘、光盘、半导体存储器等。

（4）表现媒体，用于把感觉媒体转换成表示媒体，表示媒体转换为感觉媒体的物理设备。前者是计算机的输入设备，如键盘、扫描仪、话筒等，后者是计算机的输出设备，如显示器、打印机、音箱等。

（5）传输媒体，用来将表示媒体从一台计算机传送到另一台计算机的通信载体，如同轴电缆、光纤、电话线等。

20 世纪 90 年代作为信息处理热点技术之一的"多媒体技术"中的媒体，强调的是感觉媒体，即人们日常频繁使用的文字、图形、图像、声音、视频、动画，多媒体技术将文字、声音、图形、图像、甚至视频集成到计算机，使我们能以更自然、更加"拟人化"的方式使用计算机，使得信息的表现有声有色、图文并茂。

5.3.2　什么是多媒体

所谓多媒体技术，是指能够交互式地综合处理多种不同感觉媒体（语言、音乐、文字、数值、图画、活动图像，其中至少包含声音或活动图像）的信息处理技术，具有这种功能的计算机就是多媒体计算机，具有这种能力的通信系统就是多媒体通信，能够有效地存储、管理、检索多种感觉媒体的数据库系统就是多媒体数据库系统。多媒体技术的发展，使计算机更有效地进入人类生活的各个领域，促进了全新的信息制造业与信息服务业的繁荣兴旺，促使人与计算机之间建立起更为默契与更加融洽的新型关系。

实际上，多媒体技术强调的是交互式综合处理多种媒体的技术。从本质上说，它具有三种最重要的特性：①信息媒体多样化，即多维化，使计算机所能处理的信息范围从传统的数值、文字、静止图像扩展到声音和视频信息；②集成化，即综合化，使计算机能以多种不同的信息形式综合地表现某个内容，取得更好的效果；③交互性，人们可以操纵和控制多媒体，使获取和使用信息变被动为主动。这三个特性中交互性最重要，可以这样说，没有交互性便没有多媒体。

多媒体使计算机大大拓展了在信息领域中的应用范围。人们对信息的利用也从顺序、单调、被动的形式转换为复杂、多维、主动的形式。人们获取信息和使用信息的手段不断增强。但是，如何使获取的信息转变为知识却越来越困扰着我们。

5.3.3　数字声音及其应用

声音是文字，图形之外表达信息的另一种有效方式，多媒体计算机中有两种表示声音的方法：数字波形和合成法，下面作简单解释。

从物理学的角度来看，声音可用波形来表示。为了进入计算机进行处理，必须把它转换成二进制表示形式，这个过程称为"数字化"。声音的数字化有三步。首先按一定的频率对声音波形进行采样，采样频率通常有三种"44.1kHz，22.05kHz 和 11.025kHz，也可以自行选择，采样频率越高，声音的保真度越好，然后对得到的每个样本值进行模/数转换（称为 A/D 转换），转换精确度有多种选择：通常用 16 位或 12 位二进制表示。位数越多，噪声越小。最后再对产生的二进制数据进行编码（有时还需进行数据压缩），按照规定的统一格式进行表示。

语言（语音）是最重要的一种声音，在语音的数字化通信中，为了有效地利用通信信道，必须对数字语音进行压缩编码。

声音的另一种表示方法是合成法，它主要适用于音乐的计算机表示。是把音乐乐谱，弹奏的乐器，击键力度等用符号进行记录的方法，目前广为采用的一种标准称为 MIDI。与数字波形表示方法相比，MIDI 的数据量要少得多（相差 2～3 个数量级），编辑修改也很容易，但它主要适用于表现各种乐器所演奏的乐曲，尚不能用来表示语言等其他声音。

为了处理上述两类数字声音信息，多媒体计算机包含有一个声音处理硬件，在多媒体 PC 中，它们大都是插卡形式的独立产品，俗称"声卡"。声卡的主要功能如下：

- 将话筒或音响输入的声音进行数字化处理采样频率，转换精度可由程序选择；
- 将处理后的数字波形声音还原为模拟信号声音，经功率放大后输出；
- 可外接 MIDI 键盘，将弹奏的乐曲以 MIDI 形式输入计算机内；
- 将计算机处理后的 MIDI 乐曲经合成器，合成为音乐声音后输出；
- 连接 CD-ROM，直接播放出激光唱片的声音；
- 与声卡配套的还有一组声音处理实用程序，如数字波形声音编辑器，MIDI 作曲软件（音序器），语音识别软件，语音合成软件等。

5.3.4　超文本和超媒体

随着社会的迅速发展，信息正以爆炸的速度在不断增长，使得人们感到现有的信息存储与检索机制越来越不足以使信息得到全面而有效的利用，尤其不能像人类思维那样通过"联想"来明确信息内部的关联性，而这种关联可以使人们了解分散存储在不同地方的信息之间的关系及其相似性。因此，人们迫切需要一种技术或工具，它可以建立并使用信息之间的链接结构，使得各种信息能够得到灵活、方便的应用。最近几年不断发展并得到人们欢迎的一种技术就是超文本（Hypertext）和超媒体（Hypermedia）。

超文本是一种信息管理技术，也是一种电子文献形式，为了便于理解什么是超文本，我们先来了解人类思维结构的特点。科学研究表明，人类的记忆是一种联想式的网关结构。例如，某人对"夏天"一词可能产生下面一系列的联想结果：

夏天→游泳→海→吃饭→盒饭→餐具→银器→耳环→婚礼→白雪

但另一个人对"夏天"一词联想的可能是：

夏天→太阳→星星→天文学→望远镜→伽利略→比萨→斜塔→佛教→和尚

人类记忆的这种联想结构不同于文本的结构，文本最显著的特点是它在信息组织上是线性和顺序的。这种线性结构体现在阅读文本时只能按照固定的顺序先读第一页，然后读第二页、第三页……这样一页一页地读下去，这就是线性文本。但人类记忆的互联网状结构就可能有多种路径，如上面的例子那样，不同的联想检索必然导致不同路径。

显然，这种互联的网状信息结构用传统的文本是无法表示和管理的，必须采用一种更高层次的信息管理技术，即"超文本"。

超文本采用一种非线性的网状结构来组织信息，采用这种网状结构，各信息块很容易按照人们的"联想"关系加以组织。

用户阅读超文本的过程就是在网络中浏览和航行的过程，用户可以主动地决定他自己的阅读顺序，超文本充分利用了计算机的特点。它容纳的信息量极大，网络中可以包含数以万计的节点。每个节点可以是一篇文章，一张照片，一段录音或录像；节点间的链接往往速度快（以秒计）；而且超文本的链和节点可以动态地改变，各个节点中的信息可以更新，可将新节点加入到超文本结构中，也可以加入新链路来反映新的关系，形成新的结构，微软公司的 Windows 操作系统和其他一些软件中的"帮助"信息就是一个典型的超文本。因特网的 WWW 信息系统更是一个覆盖全球的由千万个节点所组成的特大超文本系统。

总之，超文本是一种信息管理技术，它以"节点"作为基本单位，用链把节点组织成网形成一个非线性的文本结构。随着计算机技术的发展，节点中的数据不仅仅可以是文字，而且可以是图形、图像、声音、动画、动态视频，甚至计算机程序或它们的组合。这就把超文本的节点与链推广到多媒体的形式，这种基于多媒体信息节点的超文本，称为"超媒体"。不过，也有人认为不必为一个特殊的超文本系统保留一个专门的术语，多媒体超文本也是超文本。因此，目前这两个术语的使用往往是混淆不清的，请大家注意。

5.3.5　多媒体计算机系统的组成

多媒体计算机系统是能对文本、声音、图形、视频图像等多种媒体进行获取、编辑、存储、处理，加工和表现（输出）的一种计算机系统。系统的构成有两种方式：一种是直接设计和实现的多媒体计算机，另一种是在现有计算机的基础上通过增加一些部件而升级为多媒体计算机，后一种形式目前占主流。

一台多媒体 PC 是在普通 PC 的基础上添加一块声卡（及音箱），一个 CD-ROM 光盘驱动器，再配置支持多媒体的操作系统即可构成。

5.4　视频信息的表示与处理

多媒体计算机中所说的视频信息（Video），特指运动图像，最典型的最高分辨率（576 行）色彩逼真（65536 种彩色）的全运动电视图像，视频信息的信息量最丰富，它是最引人入胜的一种承载信息的媒体，视频信息的处理是多媒体技术的核心。

视频信息为了能进入计算机进行处理，它首先必须"数字化"。数字化的过程比声音复杂些，它是以一幅幅彩色画面为单位进行的。每幅彩色画面有（Y）和色差（U，V）3 个分量，对（Y），（U，V）3 个分量须分别进行采样和量化，得到一幅数字图像。表 5-2 是几种常用的数字视频格式。

表 5-2　几种常用的数字视频格式

名　　称	分　辨　率	量　化　精　度	每秒钟的数据量（MB）
CCIR601	720×576×25	8+4+4	124
CIF	360×288×25	8+4+4	26
QCIF	180×144×25	8+4+4	6.5

　　视频信息采用数字形式表示有许多优点。例如，它更易于进行操作处理，图像质量更好，信息复制不会失真，有利于传输和存储等。

　　但是，数字视频信息的数据量大得惊人，从表 5-2 中可以算出，一分钟的 CCIR601 数字视频，其数据量约为 1GB 字节，这样大的数据无论是存储，传输还是处理，都是极大的负担，解决这个问题的出路就是对数字进行压缩编码处理。

　　由于视频信息中各画面内部有很强的信息相关性，相邻画面又有高度的相容性，再加上人眼的视觉特性，所以数字视频的数据量可压缩几倍甚至几百倍，视频信息压缩编码的方法很多，一个好的方案往往是多种算法的综合运用，目前，国际标准化组织制订的有关数字视频压缩编码的几种标准及其应用范围可参见表 5-3。

　　视频信息的数字化及压缩编码是使用专门设计的视频卡来完成的，在获取数字视频的同时就立即进行压缩编码处理称为实时压缩。由于压缩编码的过程很复杂，所以能进行实时压缩处理的视频卡价格比较昂贵，一般多媒体 PC 上并不配置。数字视频的解码过程要比编码简单一些，所以可以用较便宜的专用解压卡来完成，也可以在较高配置的 PC 上用软件来完成。

　　数字视频信息的编辑、处理、存储、检索与管理都比较复杂，它们需要使用专门的软件来进行。

表 5-3　压缩编码的标准及其应用

名　　称	源图像格式	压缩后的码率	主　要　应　用
MPEG-1	CIF 格式	1.5Mbps（包括伴音）	适用于 CD-ROM 光盘存储
CCITT H.261	CIF 格式 QCIF 格式	P×64Kbps（P=1、2 时，只支持 QCIF 格式）p＞=6 时，可支持 CIF 格式）	应用于视频通信，如可视电话、会议电视等
MPEG-2（MP@ML）	720×576×25	5～15Mbps	最重要、最流行、用途最广。如 DVD、150 路卫星电视直播，540 路 CATV
MPEG-2（MP@LL）	352×288×25	<5Mbps	替代 MPEG-1，最适于交互多媒应用
MPEG-2 High Profile	1440×1152×50	80Mbps	目前是 HDTV 领域
MPEG-4	CIF 格式	64Kbps	在 64Kbps 的基本数字信道上传输视频/音频信号，满足低成本的视频通信的应用

5.4.1　多媒体信息与光盘存储器

　　融声、文、图于一体的多媒体信息其特点是信息量极大且实时性很强，尤其是数字视频信息。因此多媒体应用必须解决大容量存储器问题，选用硬盘在开始阶段是可以的，但提供给用户则不行，采用 CD 光盘存储器是一个较好的解决方案。

从 20 世纪 80 年代初，CD 光盘从音响领域跨入计算机领域之后，CD 光盘的技术和应用发展很快，性能有了大幅度提高。光盘机的产品形式除了单驱动器结构之处，还出现了可以自动换盘的光盘机，小型的可放入 6 张 CD 盘，大型的 CD-ROM 盘库可放几百张 CD 盘，在联机自动检索系统中非常适用。

CD 光盘的另一个品种是 CD-R，CD-R 又称为 CD 写入器或 CD 刻录机，信息写入之后不可改写，所使用的盘片的几何尺寸，信息记录的物理格式和逻辑格式与 CD-ROM 一样，因而可在普通 CD-ROM 驱动器是读出信息。CD-ROM 驱动器也有单速、双速、三速、四速等多种，6 倍速 CD-ROM 写一张光盘只需 10 分钟。

记录在 CD-ROM 光盘上的数据其格式有着精确的规定，因此它可以在任意一个 CD-ROM 驱动器中读出，CD-ROM 光盘上记录信息的光道是一条由里向外的螺旋形路径，在这条路径上每个记录单元占据的长度是相等的，CD-ROM 光盘采用恒定线速度方式，数据读出的速度为常数，因而要求光盘的旋转速度必须同路径的半径相适应，不断进行调整，光盘上的螺旋形路径由里向外被划分为许多长度相等的块，每块的容量相同，存放带有纠错编码的数据时容量为 2048 字节，不带纠错编码时的容量为 2352 字节，整个光盘约有 30 万块数据，存储容量达 650MB 以上。

CD 光盘最早应用是用来存储数字化的高保真立体声音乐，所制定的标准称为 CD-DA 标准，又叫做红皮书标准。接着，CD 光盘又用来作为计算机的只读存储器使用，为此而制定的标准叫做工业 CD-ROM 标准也叫做黄皮书标准。随着 CD 光盘应用的发展，用于规定记录各种媒体的数据格式和编码方法的标准规范也不断出现，例如，D-I，CD-ROM/XA，Video CD，Photo CD，CD-R 等，它们间有着密切的关联，但又互相区别，各有其不同的适用范围。

CD-ROM 光盘是一种只读光盘，所存储的信息必须一次性地放在光盘上，CD-ROM 光盘的母盘费用昂贵，但大量复制为发行用的成品盘却费用很低，因此，如果某种多媒体应用软件的 CD-ROM 光盘市场需求量很大，则每张盘片的成本就很低。

CD 光盘的应用范围很广。经常见到的是 CD-ROM 出版物，它容量大，体积小，图文、声、像并茂，阅读起来非常方便，读者只需根据索引或输入所要查找的条件，完全免去了来回翻阅查找之苦，不但如此，在阅读时，读者还可随时跳到其他相关的条目，对于需要引用的一些数据、插图、文字段落等可以打印输出，或者在屏幕上剪裁下来"贴"到自己所编写的文稿中去。

CD-ROM 技术的另一应用是摄影领域，Kodak 公司将传统的冲洗技术与数字图像处理数字显示相结合，使照相术完成一次革命，拍摄后的胶卷经冲洗成负片之后，在工作站上使用彩色扫描仪输入计算机，经过图像压缩处理后，CD-R 刻盘机把它们写入 CD 盘中。一张光盘可以"冲洗"约束 100 张照片，还可以配文字说明，背景音乐及语言解说，它们可以在多媒体 PC 上播放。

在 CD 光盘上存放数字化电视图像和声音的技术难度大，但又是极有意义的一种应用。其优点是成本低，质量较好，检索节目方便，易保存，Video CD 是 JVC，Philips，Matsushita 和 Sony 联合制定的数字电视视盘的技术规格，它规定一片 VCD 光盘可存放 74 分钟的电视节目，图像质量达到家用放像机 VHS 水准，声音质量相当于 CD-DA 的水平，VCD 盘上的视频和音频信号采用国际 MPEG-1 进行压缩编码，它们按规定的格式交错地存放在 CD 盘上，播放时须进行解压处理。

DVD 是比 VCD 水平更高的新一代 CD 产品。它有 DVD-ROM，DVD-RAM，DVD-Video，DVD-Audio 多种类型产品，存储容量达 4.7GB 以上，其中 DVD-Video 采用 MPEG-2 标准，

把分辨率更高的图像和环绕立体声的伴音按 MPEG-2 压缩编码后存储在高密度光盘上，读出速度可达 10Mbps。每张光盘可存放 2 小时以上的高清晰度的影视节目，目前已有多种产品供应市场。

5.4.2 多媒体技术的应用

多媒体技术目前已广泛地应用于以下几个方面：教育与训练、演示系统、咨询服务、指挥控制系统、公共信息服务、电子出版物、多媒体信息管理、游戏与娱乐、办公自动化、计算机化的电视会议，以及地理信息系统等。可以说随着多媒体技术的不断进步和发展，它将会渗透进每一个信息领域，并使传统信息领域的面貌发生很大的变化，下面以出版、广播电视和通信这 3 个领域为例子，简单说明多媒体技术的应用前景及影响。

多媒体与出版。传统的出版物理学是以纸作为载体的，但随着信息社会的到来，其缺点与不足日益明显地暴露出来，如容量小、体积大、成本高、复制困难。且除了表现文字图表之外，还可以配以声音解说，背景音乐和视频图像，不但生动活泼有趣，而且检索方便，极易使用具有广阔的前景。更进一步，随着计算机网络的发展，一种新颖的出版方式——电子网络出版也应运而生，它以网络为依托，以数据库为中心，读者可以按自己的兴趣和爱好有选择地订阅报刊上的内容，出版社则将编辑出版的报纸、杂志、图书、资料等，通过网络按读者所需分别裁剪后载到订户各自的多媒体计算机上，供读者阅读。

多媒体与广播电视。传统的音频广播也逐步走向数字化，"数字音频广播"的声音质量可达到音响水平，并且抗噪声，抗干扰，频谱利用率高，新一代的数字音频接收机不但可收听到声音，还能看到文字和图形，比传统收音机效果大为改善，多媒体技术在电视制作中的应用已有多年，各种特技处理及艺术效果早已令人叹为观止。采用 MPEG-2 压缩的数字电视广播也取得成效，它使电视节目更多，质量更好。一种全新的电视形式——交互式电视正在出现，另一种是节目内交互，也称为全交互电视，它能即时响应用户的请求，实现技术更复杂一些。

多媒体与通信。真正的多媒体通信是人们多年追求的目标，可视电话，视频会议一直是技术与市场的热点，特别是以 PC 为节点的"桌面视频会议"具有许多优点，它能提高会议及工作效率，在数据共享时，实现"计算机协同工作"。例如 ，远程会诊，远程教学等。

总之，多媒体技术在与通信、广播、出版、教育、娱乐、情报检索等各种不同的信息领域中都有很好的应用前景，它们的相互结合与渗透必将开创信息技术的崭新局面。

练 习 题

1. 简述输入码、机内码、区位码和交换码及相互之间的关系。
2. 数字广播有哪些优点？
3. 数字图像是怎样获取的？它分为哪几个步骤？有哪些专用的设备？
4. 一幅具有 1600 万种颜色（真彩色）、分辨率为 1280 像素×1024 像素的数字图像，在没有进行数据压缩时，它的数据量是多少？
5. 数字视频是怎样获取的？需要使用哪些硬件设备？视频卡的作用是什么？
6. 计算机中的媒体有哪些类型？什么叫做多媒体技术？

第 6 章　Windows XP 操作系统基础

操作系统是管理计算机硬件和软件资源的系统软件，它为用户提供友好而易学好用的操作界面。本章将较为详细地介绍 Windows XP Professional 操作系统。

6.1　Windows XP 概述

6.1.1　Windows 的发展历史

Microsoft 公司于 1983 年 12 月首次推出基于图形界面的 Windows 1.0。1987 年 10 月推出 Windows 2.0 版，它使用了层叠式的窗口系统，并且附加了一个新的应用程序——Microsoft Excel。1990 年 5 月推出具有划时代意义的 Windows 3.0 版，它提供了全新的用户界面和方便的操作手段，突破了 640KB 常规内存的限制，可以在任何方式下使用扩展内存，具有运行多道程序，处理多任务的能力。速度快，内存容量大的 PC 成了 Windows 3.0 的最有效的平台，同时大量开发了基于 Windows 的应用软件。1992 年 4 月，Microsoft 公司推出了具有 True Type 字体和对象链接与嵌入（OLE）功能的 Windows 3.1。1993 年升级为 Windows 3.2，它们统称为 Windows 3.x。但从严格意义上讲，Windows 3.x 并不是真正的操作系统，它必须在 DOS 环境下运行。

1995 年，Microsoft 公司推出真正的 32 位单用户多任务操作系统 Windows 95。Windows 95 的用户界面更加友好，每个文件、文件夹和应用程序都可以用图标来表示，增加了 TCP/IP 协议、拨号网络、支持长文件名等功能。1998 年 6 月，Microsoft 公司又推出 Windows 98，它集成了 Internet Explorer 4.0，支持多项驱动程序和界面状态，包括 USB 和 ACPI 等。

1999 年 9 月推出的 Windows 2000 是 Microsoft 又一个划时代产品。它具有低成本、高可靠性、全面支持 Internet、支持 11000 多个硬件设备等特点，是从笔记本电脑到高端服务器的各种类型 PC 上进行 Internet 商务的最佳操作系统。Windows 2000 共有 4 个版本：Windows 2000 Professional、Windows 2000 Server、Windows 2000 Advanced Server、Windows Datacenter Server。

Windows XP 是微软公司发布的一款视窗操作系统，是 Windows 发展中的又一里程碑。它发行于 2001 年 10 月 25 日，原来的名称是 Whistler，字母 XP 表示英文单词的"体验"（Experience）。Windows XP 是基于 Windows 2000 代码的产品，同时拥有一个新的用户图形界面（叫做月神 Luna），还引入了一个"基于人物"的用户界面，使得工具条可以访问任务的具体细节。它包括了简化了的 Windows 2000 的用户安全特性，并整合了防火墙，以用来确保长期以来一直困扰微软的安全问题。

微软最初发行了两个版本，家庭版（Home）和专业版（Professional），后来又发行了媒体中心版（Media Center Edition）和平板计算机版（Tablet PC Edition）等。

1．Windows XP Home Edition

Windows XP Home Edition 是家庭版，可以让用户自由地发掘家用计算机的各种新用途，它在简化计算机使用的同时提高了计算机的"聪明"程度，可以让用户与朋友、家人、Internet 随时保持联系。与此同时，Windows XP Home Edition 还提供了迄今为止家用操作系统领域中最高的可靠性和保密性。

2. Windows XP Professional

Windows XP Professional 为用户提供了提高工作效率所需要的灵活性。基于任务的设计可以帮助用户轻松地查找信息和完成各种工作，即使在外出办公时，它也可以让用户快速访问自己办公室的文件和应用程序。该操作系统建立在 Windows 2000 坚实的基础上，提供了迄今为止商业操作系统领域中较高的可靠性、安全性和兼容性。

3. Windows XP Media Center Edition

专门为个人计算机使用的 Windows XP Media Center Edition（媒体中心版本）。现在，这些个人计算机包括 HP Media Center 计算机，以及 Alienware Navigator 系列。这些计算机拥有遥控器，拥有开启 Windows XP Media Center 上的媒体功能。Windows XP Media Center 版本必须捆绑在这些计算机上，并不单独销售。

4. Windows XP Tablet PC Edition

为平板可旋转式的笔记本计算机（Tablet PC，微软的概念）设计的 Windows XP Tablet PC Edition，带有支持触屏手写的特性。同样它必须捆绑在这些平板笔记本计算机上，并不单独销售。

微软在 2003 年 3 月 28 日发布了 64 位的 Windows XP。64 位的 Windows XP 称 Windows XP 64-Bit Edition。其实就是 64 位版本的 Windows XP Professional。根据不同的微处理器架构，它分为两个不同版本：

IA-64 版的 Windows XP

针对英特尔（Intel）IA-64 架构的安腾 2（Itanium2）纯 64 位微处理器的 Windows XP 64-Bit Edition Version 2003 for Itanium-based Systems。它是拥有 64 位寻址能力的强大操作系统，主要面向顶级的高端 IA-64 架构的工作站，用在高端的科学运算，石油探测工艺，立体绘图，复杂的动画制作等，是一种用在高效能运算（High Performance Computing）的强大的操作系统。估计它可能会改名为 Windows XP Professional Itanium-based Edition。支持双处理器；最低支持 1GB 的内存，最高支持 16GB 的内存。

x86-64 版的 Windows XP

针对超微（AMD）x86-64 架构的 Opteron 与 Athlon 64 所属的 64 位扩展微处理器的 Windows XP 64-Bit Edition for 64-Bit Extended Systems。由于英特尔也发布了 x86-64 架构的 EM64T 技术的 Xeon 与 Pentium 4 的 64 位扩展微处理器，故微软将该版本的 Windows XP 64-Bit Edition 改为 Windows XP Professional x64 Edition，它支持 AMD 与 Intel 的 x86-64 架构。可以使用在一般 x86-64 架构的工作站，桌面计算机以及笔记本计算机，用途与 32 位 Windows XP Professional 一样，但具有 64 位寻址能力。支持双处理器；最低支持 256MB 的内存，最高支持 16GB 的内存。

除非特别说明，以后叙述中提到的 Windows XP 都是指中文 Windows XP Professional。

6.1.2　Windows XP Professional 的特点

Windows XP Professional 是一个功能强大、稳定、易用、有良好兼容性的操作系统，它具有以下特点：

（1）Windows XP Professional 最重要的一个特点就是它采用的是 Windows 2000 的技术核心，是纯 32 位操作系统，而不像 Windows 9x 是 16/32 位操作系统。这样，Windows XP Professional 的运行会更稳定、可靠。

（2）新操作系统的另一个显著的特点就是用户操作界面焕然一新。微软吸取了苹果机操作系统的优点，结合自己多年的开发经验以及市场的反馈信息，对原有的操作界面进行全新的设计，不仅让使用者使用起来得心应手，而且也是界面更华丽，色彩、菜单、图形、任务栏以及其他条目的配合都非常好。

（3）Windows XP Professional 操作系统中有一个任务定向系统，帮助用户做他们想做的事，不再只是单纯帮助他们找到自己所需要的一些功能。

（4）Windows XP Professional 的运行速度非常快，尤其是在处理与多媒体应用有关的任务时。

（5）Windows XP Professional 的媒体播放器软件经过了彻底的改造，已经与操作系统完全融为一体，让使用者可以更方便、高效地使用它。

（6）Windows XP Professional 的远程支援功能。这对广大计算机用户来说，是一个巨大的惊喜。当朋友的计算机出现了问题请你去维护检查，你只要通过局域网或互联网就可以登录到他的计算机上，举手投足之间就把一切处理好了。当然，他的计算机要还能连上网络。

（7）Windows XP Professional 的各项操作简单易用，无论是处理照片、录像还是存储音乐，使用鼠标即可操作完成。

（8）Windows XP Professional 的网络管理有一个用户有友好的操作界面，包括一些非常重要的技术特色。

（9）Windows XP Professional 操作系统的安全得到了进一步的提高。它内建了严格的安全机制，每个用户都可以拥有高度保密的个人特别区域。

（10）Windows XP Professional 操作系统有一个相当于电话的新功能。对 PC 及电信行业来说，把个人计算机当作一个"智能"电话，确实是件新鲜事。

6.1.3　Windows XP 的运行环境和安装方法

1．Windows XP 的运行环境

为了运行中文版 Windows XP，计算机系统至少要具备以下的基本配置：

（1）CPU：Intel 233MHz 或更高的中央处理器。

（2）内存：至少 64MB（推荐 128MB 或更高）。

（3）硬盘：1.5GB 硬盘，最少 1GB 可用空间。

（4）显示器：VGA 或更高分辨率的显示器。

（5）鼠标或兼容的定点设备。

2．Windows XP 的安装

Windows XP 的安装过程非常简单，其安装步骤如下：

（1）在 CD-ROM 驱动器中插入中文版 Windows XP 安装光盘。

（2）运行安装光盘上的 SETUP.EXE 程序，进入安装向导，开始安装 Windows XP。

（3）根据安装向导的提示，就可完成整个安装过程。

6.1.4　Windows XP 的启动和退出

1．Windows XP 的启动

启动 WindowsXP 时只需接通计算机电源，打开计算机开关，WindowsXP 即能自动启动。然后出现对话框，在这个对话框中输入用户名和用户密码，然后单击"确定"按钮即可进行登录。

要进入 Windows XP，用户必须有由用户名和密码组成的账户。在安装 Windows XP 时，安装程序会自动创建 Administrator 账户，使用 Administrator 账户的用户可以完全控制计算机的软件、内容和设置，例如，创建用户账户、安装软件或完成影响所有用户的更改等。另外，如果是从以前版本的 Windows 升级而来，并已有一个用户账户，则也可以用该账户的用户名和密码登录。

2．Windows XP 的退出

在关闭或重新启动计算机之前，一定要先退出 Windows XP，否则可能会破坏一些没有保存的文件和正在运行的程序。

用户可以按以下步骤安全退出系统：

（1）关闭所有正在运行的应用程序。

（2）单击"开始"按钮，然后单击"关闭计算机"，出现如图 6-1 所示的"关闭计算机"对话框。

图 6-1　"关闭计算机"对话框

（3）根据需要选择"关闭"或"重新启动"等。

3．创建用户账户

为了安全起见，经常使用计算机的每一个用户应有一个专用的账户。使用控制面板中的"用户账户"可以创建新的用户，并须将用户添加到某个组中。因为在 Windows XP 中，权限和用户权力通常授予组。通过将用户添加到组，可以将指派给该组的所有权限和用户权力授予这个用户。

在以 Administrator 或 Administrators 组成员身份登录到计算机之后，才能创建新的用户账户。创建用户账户的操作步骤如下：

（1）执行"开始"→"控制面板"菜单命令。

（2）在控制面板窗口中单击"用户账户"图标，弹出对话框。

（3）单击"创建一个新账户"，出现新账户创建向导。

（4）根据向导的提示，输入用户名并选择账户类型，单击"创建账户"按钮从而创建一个新账户。

（5）单击新创建的账户，弹出用户账户对话框，单击"创建密码"按钮设置账户密码。

6.2　Windows XP 的基本操作

6.2.1　鼠标及键盘的使用

在 Windows 中，可使用鼠标或键盘进行相关操作。本节主要介绍鼠标的操作，同时列出经常使用的键盘操作命令。

使用鼠标是操作 Windows XP 最简便的方式。一般来说，鼠标有左、右两个按键。通过控制面板中的鼠标图标可以对鼠标进行设置。下面介绍有关鼠标操作的常用术语。

（1）指向：在不按下任何鼠标按键的情况下，鼠标指针指向预期目标。"指向"操作通常有两种用法：①打开子菜单，例如：用鼠标指向"开始"菜单中的"所以程序"时，就会弹出"程序"子菜单；②对象弹出提示，当用鼠标指向某些按钮时会弹出提示说明该按钮的功能。例如，在 Microsoft Word 中，当鼠标指针指向"🗁"按钮时，就会弹出提示"打开"。

（2）单击：单击鼠标左键并立即释放。单击常用于选中对象或执行菜单命令。

（3）单击右键：单击鼠标右键并立即释放。通常用于打开快捷菜单。

（4）双击：是指快速单击鼠标左键两次。双击常用于打开文件、文件夹或运行程序。

（5）拖曳：鼠标光标定位于操作对象后，按下鼠标左键将操作对象拖动至目标位置后松开左键。拖曳常用于移动或复制操作对象。

在某些特殊的场合，使用键盘操作更快捷。例如：

【Alt+空格键】：打开控制菜单。

【Alt+Esc】：切换到上一应用程序。

【Esc】：关闭对话框。

【Tab】：可进行对话框选项的切换。

【Alt+菜单命令中带下画线的字母键】：为对应命令的快捷键。

【Ctrl+Esc】：打开"开始"菜单，特别是当鼠标操作无效时，这是唯一的打开方法。

6.2.2　Windows XP 桌面的组成

Windows XP 启动后的整个屏幕区域称为桌面，如图 6-2 所示。Windows 的所有操作都可从桌面开始。

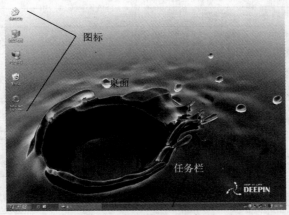

图 6-2　Windows XP 桌面

1．"开始"按钮

"开始"按钮是运行 Windows XP 应用程序的入口，这是执行程序最常用的方式。若要启动程序、打开文档、改变系统设置、查找特定信息等，都可以用鼠标单击该按钮，然后再选择具体的命令。

用鼠标单击"开始"按钮，弹出如图 6-3 所示的"开始"菜单，它包含了使用 Windows XP 所需的全部命令。

图 6-3　"开始"菜单

"开始"菜单中各个命令的功能见表 6-1。

表 6-1　"开始"菜单中各命令的功能

命　　令	功　　能
所有程序	显示可运行程序的清单
我的文档	统一管理所有接受默认位置进行保存的文档
我最近的文档	显示最近处理过的文档
图片收藏	对图片进行分类管理，并可直接浏览图片
我的音乐	对多媒体文件进行分类管理
我的电脑	管理包括文档在内的计算机中的所有资源
网上邻居	浏览网络上其他计算机中的共享资源，也可进行有关网络设置
控制面板	设置个性化工作环境
连接到	打开网络连接
帮助和支持	通过多种方式获得关于使用 Windows XP 的帮助信息
搜索	快速查找文件、文件夹以及计算机
运行	运行应用程序、打开文件或文件夹，以及使用 Internet 资源
注销	注销当前用户，以另一个用户名登录
关闭计算机	关闭、重新启动计算机或待机

2．任务栏

Windows XP 桌面最下方的长条是任务栏，如图 6-4 所示。它提供了启动应用程序、文档及设置系统运行的快捷方法。每个打开的应用程序或窗口在任务栏上都有一个图标，用户可通过单击它们来快速地在应用程序或窗口间进行切换。在任务栏中可看到所有打开的窗口，其中当前显示的窗口图标颜色为深色，而其他图标颜色为浅色。

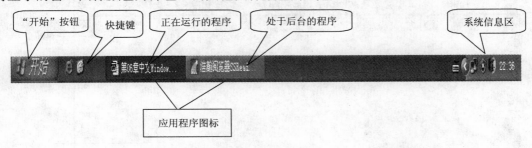

图 6-4 "任务栏"

在系统信息区，双击"任务栏"最右端的时钟图标，用户可以在弹出的窗口中设置日期、时间和时区等。

3．图标

（1）"我的文档"。用作文档、图片和其他文件的默认存储位置，也用来存放经常使用的文档。

（2）"我的电脑"。使用"我的电脑"可以快速查看软盘、硬盘、CD-ROM 驱动器以及映射网络驱动器的内容。应用"我的电脑"窗口可对磁盘、文件和文件夹进行管理操作。

（3）"网上邻居"。用来浏览整个网络上的共享资源。

（4）"Internet Explorer"。是一种 Internet 浏览器，用于访问 Internet 上的 Web、FTP、BBS 等服务器或本地的 Internet。

（5）"回收站"。用来存储被删除的文件、文件夹或 Web 页，直到清空为止。用户可以把"回收站"中的文件恢复到它们在系统中原来的位置。

6.2.3 Windows XP 的窗口和对话框

Windows XP 是一个图形用户界面的操作系统，其图形除了桌面之外还有两大部分：窗口和对话框。窗口和对话框是 Windows XP 的基本组成，因此窗口和对话框操作是 Windows XP 的最基本操作。

1．窗口的组成

Windows XP 的窗口由标题栏、菜单栏、工具栏、状态栏及工作区域等部分组成，如图 6-5 所示是一个典型的应用程序窗口。

2．窗口的基本操作

（1）打开窗口。双击相应的图标或单击图标后按【Enter】键。

（2）移动窗口。将鼠标指针对准窗口的"标题栏"，按下左键不放，移动鼠标（此时屏幕上会出现一个虚线框）到所需要的位置，松开鼠标按钮即可。

（3）改变窗口大小。将鼠标指针对准窗口的边框或角，鼠标指针自动变成双箭头，按下左键拖曳，即可改变窗口大小。

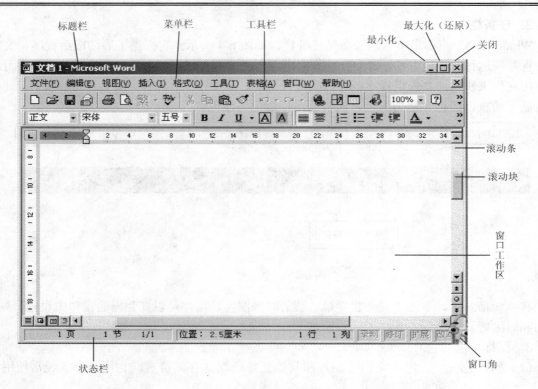

图 6-5　应用程序窗口

（4）滚动窗口内容。将鼠标指针移到窗口滚动条的滚动块上，按住左键拖动滚动块，即可以滚动窗口中的内容。另外，单击滚动条上的上箭头或下箭头，可以上滚或下滚窗口内容一行。

（5）最大化、最小化、还原和关闭窗口。Windows XP 窗口右上角具有最小化、最大化（或还原）和关闭窗口三个按钮。

● 窗口最小化：单击最小化按钮，窗口在桌面上消失，窗口图标仍在"任务栏上"。

● 窗口最大化：单击最大化按钮，窗口扩大到整个桌面，此时最大化按钮变成还原按钮。

● 窗口还原：当窗口最大化时具有此按钮，单击它可以使窗口恢复成原来的大小。

● 窗口关闭：单击关闭按钮，窗口在屏幕上消失，并且图标也从"任务栏"中消失。

（6）切换窗口。切换窗口最简单的方法是：用鼠标单击"任务栏"上的窗口图标，也可以在所需的窗口还没有被完全挡住时，单击所需的窗口。

（7）切换窗口的快捷键是【Alt+Esc】和【Alt+Tab】。

（8）排列窗口。窗口排列有层叠、横向平铺和纵向平铺三种方式。方法是用鼠标右键单击"任务栏"空白处，弹出如图 6-6 所示的菜单，然后选择其中一种排列方式。

图 6-6　排列窗口

3．Windows XP 的对话框

对话框是 Windows 和用户之间相互交流的一种工具，对话框与窗口有类似之处，例如，都有标题栏，但对话框没有菜单栏，也不能随意改变大小。

一般当某一菜单命令后有省略号（…）时，就表示执行该命令后会弹出一个对话框。对话框内通常有若干个矩形框和命令按钮。如图 6-7 所示为一个"文件夹选项"对话框。

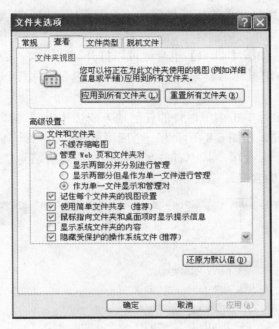

图 6-7　"文件夹选项"对话框

（1）标题栏。标题栏中包括了对话框的名称，用鼠标拖动标题栏可以移动对话框。

（2）标签。通过选择标签可以在对话框的几个组功能中选择一个。

（3）单选按钮。用来在一组选项中选择一个，且只能选择一个。被选中的按钮中出现一个黑点。

（4）复选框。列出可以选择的任选项，可以根据需要选择一个或多个任选项。复选框被选中后，在框中会出现"√"。

（5）列表框。列表框显示多个选择项，由用户选择其中一项。当一次不能全部显示在列表框中，系统会提供滚动条帮助用户快速查看。

（6）下拉列表框。单击下拉列表框的向下箭头可以打开列表供用户选择，列表关闭时显示被选中的信息。

（7）文本框。文本框是用于输入文本信息的一种矩形区域。

（8）数值框。单击数值框右边的箭头可改变数值大小，一般用于调整参数。

（9）滑标。左右拖动滑标可以改变数值大小，一般用于调整参数。

（10）命令按钮。选择命令按钮可立即执行一个命令。如果命令按钮呈暗淡色，表示该按钮当前不可用；如果一个命令按钮后跟有省略号（…），表示将打开一个对话框。对话框中常见的命令按钮有"确定"和"取消"。

（11）帮助按钮。若对话框的右上角有一个帮助按钮"？"，单击该按钮，然后单击某个项目，就可获得有关该项目的帮助信息。

6.2.4　菜单和工具栏

1．菜单操作

（1）打开菜单。

① 对于"开始"菜单，用鼠标单击"开始"按钮；

② 对于控制菜单，用鼠标单击标题栏最左边的图标或右键单击标题任何地方即可打开；

③ 对于菜单栏上的菜单，用鼠标单击菜单名或同时按下【Alt】键和菜单名右边的英文字母，就可以打开该菜单。如按【Alt+I】组合键可以打开写字板的"插入"菜单；

④ 对于快捷菜单，用鼠标右键单击对象即可打开包含作用于该对象的常用命令的快捷菜单。

（2）消除菜单。用鼠标单击菜单以外的任何地方或按【Esc】键。

（3）菜单中的命令项。如图 6-8 所示为一个应用程序的"编辑"菜单。

一个菜单含有若干个命令项，其中有些命令项后面跟有省略号（…），有些命令项前有符号（√）。这些都有特定的含义，见表 6-2。

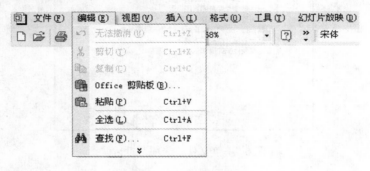

图 6-8　"编辑"菜单

表 6-2　命令项

命　令　项	说　　　　明
颜色暗淡的	命令项目前不可执行
带省略号（…）	执行命令后会打开一个对话框
前有符号（√）	是选择标记。当命令项前有此符号时，表示该命令有效，如果再一次选择，则删除该标记，该命令不再起作用
带符号（·）	在分组菜单中，有且只有一个选项带有符号"·"，当在分组菜单中选择某一个项时，该项之前带有"·"，表示被选中
命令名后带下画线的字母	按下组合键直接执行相应的命令，而不必通过菜单进行操作
带符号（▼）	当鼠标指向时，会弹出一个级联菜单
向下的双箭头	菜单中还有许多命令没有显示。当用鼠标指向它时，会显示一个完整的菜单

2．工具栏及其操作

大多数 Windows XP 应用程序都有工具栏，工具栏上的按钮在菜单中都有对应的命令。当移动鼠标指针指向工具栏上的某个按钮时，稍停留片刻，应用程序将显示该按钮的功能名称。用户可以用鼠标把工具栏拖放到窗口的任意位置，或改变排列方式。

6.2.5　剪贴板和剪贴簿查看器

剪贴板（Clipboard）是 Windows 为不同应用程序实现信息交换所提供的工具之一。剪贴板实际上是内存中一块存放信息的临时存储区。剪贴板不但可以存储正文，还可以存储图像、声音等其他信息。通过它可以把各文件的正文、图像、声音粘贴在一起形成一个图文并茂、有声有色的文档。

剪贴板的使用：先"复制"或"剪切"到剪贴板这个临时存储区，然后在目标应用程序中将插入点定位在需要放置信息的位置，再使用应用程序的"编辑→粘贴"命令将剪贴板中信息粘贴到目标应用程序中。

特例：复制整个屏幕或窗口到剪贴板。

复制整个屏幕：按键盘上的【Print Screen】键，整个屏幕被复制到剪贴板上。

复制当前窗口：先将窗口选择为活动窗口，然后按【Alt+Print Screen】组合键。

剪贴簿查看器是 Windows XP 特有的应用程序，其功能主要有两个：①查看剪贴板的信息；②把剪贴板上的内容存储在可以永久保存的剪贴簿页中，与其他用户共享。

剪贴板与剪贴簿页的区别是：剪贴板的信息是临时的，当用户复制或剪切其他信息后剪贴板中原有的信息不再存在，而剪贴簿页中的信息可以永久保存。另外，剪贴板的内容虽然可以保存到单个剪贴板文件（clp）中，但是不能与其他人共享，而剪贴簿页可以共享。

启动剪贴簿查看器的方法是：执行"开始"→"运行"命令，在"打开"文本框中输入"clipbrd"即可，如图 6-9 所示。

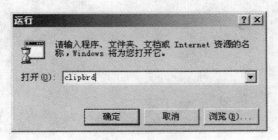

图 6-9　"运行"对话框

1．将剪贴板的内容保存到本地剪贴簿

可以将复制到剪贴板中的内容保存到剪贴簿页，操作步骤如下：

（1）在"剪贴簿查看器"中，单击"本地剪贴簿"窗口。

（2）执行"编辑"→"粘贴"命令。

（3）在"页面名称"文本框中，输入剪贴簿的名称。要将该页提供给其他用户使用时，应选中"立即共享"复选框。

2．将剪贴簿页中的内容复制到剪贴板上

单击要复制的本地剪贴簿页，然后执行"编辑"→"复制"命令，就可以将本地剪贴簿页的信息复制到剪贴板上，而后再粘贴到其他地方。

3．共享本地剪贴簿页面

（1）在本地剪贴簿窗口中，单击要共享的剪贴簿页。

（2）在"共享剪贴簿页"对话框中，当用户试图将页面链接到文档时，应选定"连接时启动应用程序"复选框；要以最小化图标方式运行程序，则应同时选中"连接时启动应用程序"

和"运行最小化"复选框；要控制组用户对页的访问，应通过"权限"按钮进行授权。

6.2.6　Windows XP 的帮助系统

Windows XP 提供了功能强大的帮助系统，用户可以通过以下几种方法获得任何项目的帮助信息。

1. 通过"开始"菜单中"帮助和支持"命令打开帮助系统

执行"开始"→"帮助和支持"命令，出现如图 6-10 所示的"帮助和支持中心"窗口。窗口中列出了四个大标题，并且各自分列了多个小标题，通过单击任一个标题，能够直接获得特定的某一种帮助。

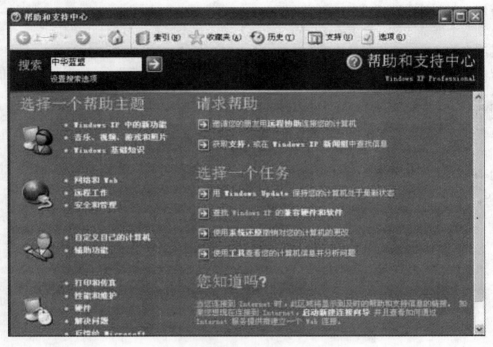

图 6-10　"帮助和支持中心"窗口

2. 从对话框直接获取帮助

Windows XP 窗口所有对话框的标题栏上都有一个被称为"这是什么"的"？"图标。通过这个图标，可以直接获取帮助。操作步骤：在任何一个对话框中，单击对话框右上角的"？"；单击要了解的项目；在屏幕的任意位置单击鼠标即可关闭弹出的帮助窗口。

3. 通过应用程序的"帮助"菜单获取帮助信息

Windows 应用程序一般都有"帮助"菜单。使用应用程序的"帮助"菜单，可以得到有关该应用程序的帮助信息。

6.2.7　磁盘管理和维护

1. 磁盘格式化

新的磁盘在使用之前一定要进行格式化（除非出厂时已经格式化了），而用过的磁盘也可以格式化。如果对旧磁盘进行格式化，将删除磁盘上的原有信息。因此在对磁盘（尤其硬盘）进行格式化时要特别慎重。

磁盘可以被格式化的条件是：磁盘不能处于写保护状态，磁盘上不能有打开的文件。

格式化磁盘（这里以软盘为例）的操作步骤如下：

（1）在软盘驱动器中插入要格式化的软盘；

（2）在"我的电脑"窗口中选定要格式化的磁盘；

（3）执行"文件"→"格式化"命令，如图 6-11 所示。

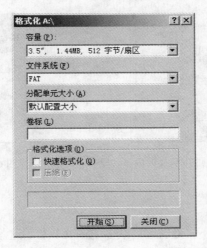

图 6-11　"格式化"软盘对话框

容量：只有格式化软盘时才能选择磁盘的容量。

● 文件系统：文件系统是指文件命名、存储和组织的总体结构。Windows XP 支持三种文件系统：FAT、FAT32 和 NTFS。软盘只能选择 FAT。

● 分配单元大小：文件占用磁盘空间的基本单位，一般使用默认值。

● 卷标：一个软盘为一个卷，硬盘可以划分成一个或一个以上的逻辑驱动器，每一个逻辑驱动器盘也称为一个卷，每一个卷都可以有自己的名称。

如果选定快速格式化，则仅仅删除磁盘上的文件和文件夹，而不检查磁盘的损坏情况。快速格式化只适用于曾经格式化过的磁盘并且磁盘没有损坏的情况。

在"Windows 资源管理器"中，"文件"菜单没有"格式化"命令，但是快捷菜单中有"格式化"命令。

2．磁盘扫描程序

若要检测、诊断和修复磁盘的错误，可以使用磁盘扫描程序，该程序还可以检查用 DriveSpace 和 DoubleSpace 等工具压缩过的磁盘。操作步骤如下：

（1）打开"我的电脑"，单击要进行扫描的磁盘图标，如"D:"盘，单击鼠标右键，在弹出的快捷菜单中执行"属性"命令。

（2）在"本地磁盘（D：）属性"对话框中单击"工具"标签，在如图 6-12 所示的对话框中单击"开始检查"按钮，弹出"检查磁盘"对话框，如图 6-13 所示。在对话框中有两个复选框，选择"自动修复文件系统错误"：将自动修复磁盘中所有损坏的文件系统；选择"扫描并试图恢复坏扇区：系统将自动检查磁盘中的坏扇区，并恢复坏扇区中的数据内容。

（3）单击"开始"按钮。

（4）完成后，单击"确定"按钮即可。

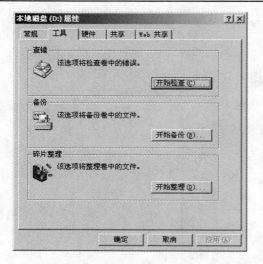

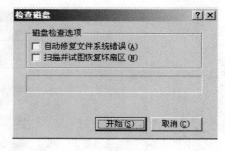

图 6-12　"本地磁盘（D：）属性"对话框　　　　　　　　图 6-13　"检查磁盘"对话框

6.2.8　中文输入法

在 Windows XP 操作系统下，可以运行众多的中文软件，这些中文软件都会有中文的输入方法。而 Windows XP 提供了多种不同的中文输入法，如全拼输入法、五笔字形输入法等。

1．添加或删除中文输入法

在安装中文版 Windows XP 时，系统会自动安装美式英文输入法和全拼输入法、双拼输入法、智能 ABC 输入法、郑码输入法、区位输入法等中文输入法。

如果用户要添加 Windows XP 默认的输入法时，可按以下步骤进行安装：

（1）在任务栏的系统信息区中找到输入法指示器，单击鼠标右键，弹出快捷菜单，从中选择"设置"命令，在"设置"选项卡有效时，单击"添加"按钮，弹出如图 6-14 所示对话框。

（2）单击"添加"按钮，在打开的如图 6-15 所示的"输入语言"下拉列表框中选择要添加的中文输入法。

（3）单击"确定"按钮。

要删除输入法，则单击"删除"按钮，其操作方法与添加类似。

2．切换输入状态

在输入文本时，先选择要使用的输入法，可通过单击任务栏上的输入法指示器图标，在弹出的菜单中进行选择，也可以通过快捷键进行切换，例如中/英文输入法切换可使用【Ctrl+空格键】组合键，各种中文输入法间切换可使用【Ctrl+Shift】组合键。

当切换到中文输入法状态时，屏幕上便会显示一个输入法状态框，如图 6-16 所示。输入法状态框可通过按住鼠标左键进行拖动，放置到用户满意的位置即可。

- 中/英文输入法切换：在英文输入法状态下显示的图标为 **A**。
- 状态方式：表示当前所使用的输入法名称。
- 全角/半角切换：表示为半角方式，表示为全角方式。
- 中/英文标点切换：如图 6-16 所示为中文标点状态，单击可切换为英文标点状态。
- 软键盘开/关切换：单击鼠标左键，弹出软键盘，如图 6-17 所示；单击鼠标右键，可打开软键盘快捷菜单，如图 6-18 所示。

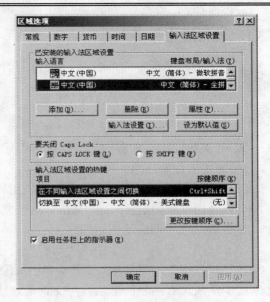

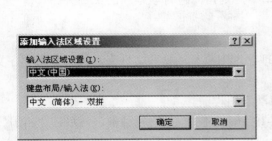

图 6-14　"添加输入法区域设置"对话框　　　　　　图 6-15　"区域选项"对话框

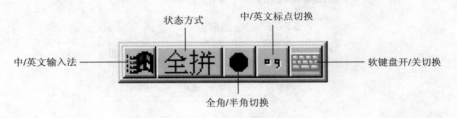

图 6-16　输入法状态框

图 6-17　软键盘

图 6-18　软键盘快捷菜单

6.3　Windows XP 的程序管理

在 Windows XP 中，常见的应用程序文件的扩展名为 COM、EXE、PIF 和 BAT。Windows XP 提供的图形用户界面应用程序大都是 EXE 文件，而命令提示符界面下的外部命令既有 EXE 文件，也有 COM 文件。

6.3.1　运行应用程序

启动应用程序有多种方法，下面介绍几种最常用的方法：

（1）直接双击桌面上的应用程序图标。

（2）通过"开始"菜单启动应用程序，其操作步骤如下：

① 执行"开始"→"程序"命令。

② 如果想要运行的程序不在"程序"子菜单中，则指向包含该程序的文件夹。

③ 单击应用程序名。

（3）通过浏览驱动器和文件夹启动应用程序。

可以使用"我的电脑"或"Windows 资源管理器"浏览驱动器和文件夹，找到应用程序文件，然后双击它即可启动应用程序。

（4）使用"开始"菜单中的"运行"命令启动应用程序。

执行"开始"→"程序"命令，弹出如图 6-19 所示的"运行"对话框，然后在"打开"文本框中输入含有路径的应用程序文件名，或者通过"浏览"按钮寻找应用程序即可。

图 6-19　"运行"对话框

6.3.2　退出应用程序

退出应用程序的常用方法有下列几种：

（1）单击应用程序窗口右上角的"关闭"按钮。

（2）在应用程序的"文件"菜单中选择"关闭"命令。

（3）双击应用程序窗口上的控制菜单框。

（4）单击应用程序左上角的控制菜单框，弹出控制菜单，单击"关闭"按钮。

（5）按【ALT+F4】组合键。

（6）当应用程序不再响应用户的操作时，可按【Ctrl+Alt+Delete】组合键后"结束任务"。

6.3.3　创建和使用应用程序的快捷方式

快捷方式提供了一种简便的工作捷径。一个快捷方式是一种特殊类型的文件，它与用户界面中的某个对象相连。每一个快捷方式用一个左下角带有弧形箭头的图标表示，称之为快捷图标。快捷图标是一个连接对象的图标，它不是这个对象本身，而是指向这个对象的指针。

可以为任何一个对象建立快捷方式，并可以随意将快捷方式放置于 Windows XP 中的任意位置，若想快速访问某个应用程序，可在桌面或"开始"菜单中创建快捷方式。下面详细介绍在桌面上创建应用程序快捷方式的几种方法，而在其他位置建立快捷方式的操作方法可从中参考。

创建桌面快捷方式的操作方法：

（1）打开"我的电脑"或"资源管理器"窗口（单击窗
口" 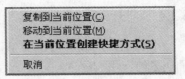 "按钮使窗口处于非全屏显示，以方便操作），选定
要创建快捷方式的程序名或文档名，按下鼠标左键将其拖到
桌面空白处放开鼠标后，这时弹出如图 6-20 所示的快捷菜
单，从中选"在当前位置创建快捷方式"即可。

图 6-20　"创建快捷方式"快捷菜单

（2）打开"我的电脑"或"资源管理器"窗口（单击窗口" 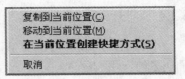 "按钮使窗口非全屏显示），
选定要创建快捷方式的程序名或文档名，在按下鼠标左键拖动的同时按住【Ctrl+Shift】组合键
不放，将其拖到桌面即可（若拖到"开始"按钮，可不按【Ctrl+Shift】组合键）。

（3）在桌面空白处单击鼠标右键，弹出快捷菜单，选择"新建"→"快捷方式"或执行"我
的电脑"窗口中的"文件"→"新建"→"快捷方式"命令，弹出如图 6-21 所示的"创建快
捷方式"对话框。

在"请键入项目的位置"文本框中，输入要创建快捷方式的文件名称；或者通过"浏览"按
钮选择要创建快捷方式的文件，然后单击"下一步"按钮，弹出如图 6-22 所示的"选择程序文件
夹"对话框，在"请选择存放该快捷方式的文件夹"窗口中选择目标位置，例如"桌面"，单击"下
一步"按钮，在图 6-23 中"键入该快捷方式的名称"处输入相应内容并单击"完成"按钮。

提示： 如果将快捷方式创建在"启动"组中，则启动 Windows XP 时会自动运行。

图 6-21　"创建快捷方式"对话框

图 6-22　"选择程序文件夹"对话框

图 6-23　"选择程序标题"对话框

6.3.4 "开始"菜单

事实上，一般用户使用 Windows XP 是从"开始"菜单出发的。"开始"菜单向用户提供了众多的应用程序入口，以方便各种程序的启动。用户可对"开始"菜单进行设置。方法是在任务栏中单击鼠标右键，从弹出的快捷菜单中选择"属性"命令，弹出如图 6-24 所示的"任务栏和「开始」菜单属性"对话框，便可以实现菜单风格选择、菜单项的添加和删除等操作，具体操作步骤如下：

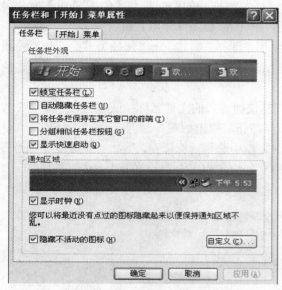 

图 6-24　"任务栏和「开始」菜单属性"对话框　　　　图 6-25　"「开始」菜单"选项卡

1. 改变"开始"菜单的风格

单击"「开始」菜单"选项卡，打开"「开始」菜单"选项卡，如图 6-25 所示。选中"「开始」菜单"单选按钮，则使用 Windows XP 风格的"开始"菜单；选中"经典「开始」菜单"单选按钮，则使用经典风格的"开始"菜单。

2. 自定义 Windows XP "开始"菜单

为了帮助用户更好地使用"开始"菜单，系统允许用户根据自己的需要和喜好自定义"开始"菜单。操作步骤如下：

（1）在"「开始」菜单"选项卡中，单击"自定义"按钮，打开"自定义「开始」菜单"对话框，选择"常规"选项卡，如图 6-26 所示。

（2）在"常规"选项卡中，包括 3 个设置区域：

① 为程序选择一个图标大小：可以选择在"开始"菜单中显示的图标样式，系统默认为大图标。

② 程序：可以指定在"「开始」菜单"中显示的常用程序的快捷方式的个数，系统默认为 6 个。

③ 在「开始」菜单上显示：可以选定或取消"Internet"和"电子邮件"前的复选框，从而选择在"开始"菜单中是否显示网络应用程序。也可以从"Internet"和"电子邮件"右侧的下拉列表中选择浏览网页和收发电子邮件的其他方式。浏览网页的方式有 Internet Explorer 和

MSN Explorer，收发电子邮件的方式有 Hotmail、MSN Explorer 和 Outlook Express。

图 6-26 "常规"选项卡

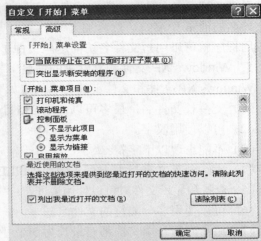

图 6-27 "高级"选项卡

（3）打开"高级"选项卡，如图 6-27 所示。在"高级"选项卡中，包括 3 个设置区域：

① 「开始」菜单设置：可以选择响应鼠标的方式和新程序的显示方式。

② 「开始」菜单项目：可以选择在"开始"中显示的菜单项目以及某些项目的显示方式。

③ 最近使用的文档：默认情况下，在"开始"菜单中没有"我最近的文档"菜单项，如果希望显示这一项，选定"列出我最近打开的文档"复选框即可。当"我最近的文档"的子菜单中列出的文件记录太多时，可以单击"清除列表"按钮，删除所有记录。

（4）完成所有设置后，单击"确定"按钮即可保存设置。

6.4 Windows XP 的文件管理

文件是有名称的一组相关信息的集合，所有的程序和数据都是以文件的形式存放在计算机的外存储器（如磁盘）上。任何一个文件都有文件名，文件名是存取文件的依据。Windows XP 采用树形结构以文件夹的形式组织和管理文件。文件夹相当于 DOS 操作系统中的目录。

Windows XP 利用"资源管理器"和"我的电脑"来管理存储在计算机中的文件和文件夹。用户可以根据自己的习惯和要求来选择这两种工具中的一种。在本节中，我们主要介绍文件和文件夹的基本概念，以及"Windows 资源管理器"的使用。

6.4.1 文件和文件夹

在 Windows XP 中，文件是指被赋予名字并存储于磁盘上的信息集合；文件夹（也称为目录）是用于存储文件或子文件夹的一种特殊类型的文件，其作用是管理所包含的文件和文件夹。当磁盘格式化后，系统自动地在盘中创建一个文件夹，称为根文件夹。根文件夹下可以创建若干个文件和若干个文件夹，每个文件夹下又可创建若干个文件和若干个下一级子文件夹，形成树形（层次形）的文件夹结构。

Windows XP 支持长文件名，即可以使用长达 215 个字符作为文件名或文件夹名，其中还可以包含空格。为了保持兼容性，具有长文件名的文件和文件夹还有一个对应于 DOS 使用的

"8.3"形式的短文件名。例如：长文件名"计算机文化基础教程.DOC"和"计算机文化基础上机指导.DOC"，它们对应的短文件名分别为"计算机～1.DOC"和"计算机～2.DOC"，即选择长文件名的前 6 个字符，然后加上一个"～"符号，再加上一个数字所得。这样 MS-DOS 及其应用程序就可以用短文件名访问这些文件了。

1．Windows XP 文件和文件夹的命名

Windows XP 文件和文件夹的命名约定如下：

（1）支持长文件名，最多可以使用 215 个字符（包括空格）。

（2）可以使用汉字。

（3）不能出现以下字符："、\ ／：　 * ？ " ＜ ＞ |"。

（4）不区分英文字母大小写。例如：FILE1.DOC 和 File1.doc 表示同一个文件。

（5）查找和显示文件时可以使用通配符："*"代表一串任意字符，"？"代表一个任意字符。

（6）可以使用多分隔符的文件名。

（7）通常，每一个文件都有最长为 3 个字符的文件扩展名，用以标识文件类型。

6.4.2　启动"Windows 资源管理器"窗口

启动"Windows 资源管理器"通常有以下 3 种方法：

（1）执行"开始"→"所有程序"→"附件"→"Windows 资源管理器"命令。

（2）右击"开始"按钮，在弹出的快捷菜单中选择"资源管理器"命令。

（3）右击"我的电脑"图标，在弹出的快捷菜单中选择"资源管理器"命令。

启动"Windows 资源管理器"后，出现如图 6-28 所示的窗口。

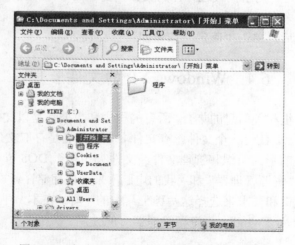

图 6-28　启动"Windows 资源管理器"后的窗口

"Windows 资源管理器"窗口上部有标题栏、菜单栏、工具栏和地址栏等，窗口底部是状态栏。窗口中部分为两个区域：左窗格和右窗格。左窗格为目录栏，显示计算机资源的结构组织；右窗格为内容栏，显示左窗格中选定对象所包含的内容。

6.4.3　资源管理器窗口的操作

1．显示或隐藏工具栏

执行"查看"→"工具栏"命令，显示如图 6-29 所示的子菜单，使用其中的"标准按钮"、

"地址栏"和"锁定工具栏"选项可以分别打开或关闭相应的工具栏。

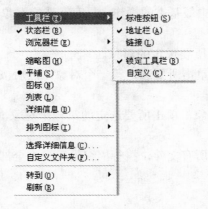

图 6-29　工具栏子菜单

2．移动分隔条

使用鼠标拖曳分隔条可以改变左、右窗口的大小。

3．浏览文件夹中的内容

在左窗格中选定一个文件夹时，右窗格就显示该文件夹中所包含的文件和子文件夹。若在左窗格中该文件夹的左边有一个带"＋"号的方框，则表示该文件夹包含下一层的子文件夹，当单击某文件夹左边含有加号"＋"的方框时，就会展开该文件夹，并且"＋"变成"－"，展开后再次单击，则将文件夹折叠，并且"－"变成"＋"。也可以用双击文件夹图标或文件夹名的方法，展开或折叠下一层文件夹。

（1）改变文件和文件夹的显示方式。文件和文件夹有"缩略图"、"平铺"、"图标"、"列表"和"详细信息"5 种显示方式，如果要改变显示方式，可直接在"查看"菜单中选择"缩略图"、"平铺"、"图标"、"列表"或"详细信息"命令，或通过标准工具栏中的"查看"按钮实现。

提示： 使用"详细信息"方式显示文件和文件夹时，若发现文件名等某项内容在窗口中不能完全显示时，可修改显示的列宽度，方法是用鼠标左右拖动某一列标题右侧的边界。

（2）排列文件和文件夹的图标。将资源管理器中的文件按照一定的规则排列起来，可以使文件的查看更加容易。Windows XP 提供了 4 种不同的规则来排列文件，即分别按名称、大小、类型或修改时间。具体的操作步骤是：单击菜单"查看"下的"排列图标"子菜单，在子菜单中选择"名称"、"大小"、"类型"或"修改时间"中的任一项，便可实现文件或文件夹的排序。

如果在"查看"菜单下的"排列图标"子菜单中选定了"自动排列"选项，则移动图标后，系统自动以行、列对齐方式逐行逐列连续显示图标。

（3）修改其他查看选项。使用"工具"菜单中"文件夹选项"可设置其他的查看方式。例如，是否显示所有的文件和文件夹；隐藏还是显示已知文件类型的扩展名；使用 Windows 传统风格还是允许使用 Web 内容等。

6.4.4　管理文件和文件夹

"Windows 资源管理器"的主要功能是管理文件和文件夹。由于 Windows 采用树形结构组织计算机中的本地资源和网络资源，因此操作起来非常方便。

1．选定文件和文件夹

选定对象是 Windows XP 中最基本的操作。只有在选定对象后，才可以对它们执行进一步的操作。

（1）选定单个对象，单击所要选定的对象。

（2）选定多个连续对象，单击所要选定第一个对象，然后按住【Shift】键不放，单击最后一个对象。

（3）选定多个不连续的对象，单击所要选定的第一个对象，然后按住【Ctrl】键不放，单击剩余的每一个对象。

（4）选定当前文件夹下的所有文件，执行"编辑"→"全部选定"命令或按【Ctrl+A】组合键。

2．搜索文件或文件夹

计算机上的文件或文件夹分散在磁盘的各个地方中，如要查找一个特定的文件或文件夹时，应使用 Windows XP 所提供的"搜索"程序，如图 6-30 所示，在其中设置搜索条件，搜索所需要的文件或文件夹。具体操作方法如下：

图 6-30　"搜索结果"窗口

（1）执行"搜索"程序。执行"资源管理器"中的"文件"→"开始"→"搜索"命令，或者直接单击"搜索"按钮都可以启动"搜索"程序。

（2）设置文件查找条件。

● "全部或部分文件名"文本框：指定所要查找的文件或文件夹的名称，可以使用通配符"？"和"*"；如果要指定多个文件名，则可以使用分号、逗号或空格作为分隔符，例如，"*.DOC；*.BMP；*.TXT"。

● "文件中的一个字或词组"文本框：输入文件中所包含的部分文字，以此可查找不知道文件名的文件。

● "在这里寻找"下拉列表框：指定文件查找的位置。

（3）执行文件查找。设置了查找条件后，单击"搜索"按钮执行搜索。搜索结束时，在"搜索结果"窗口左边显示查找的结果。

搜索结束后，用户如果要保存搜索结果，可以执行"文件"→"保存搜索"命令，在打开的"保存搜索"对话框中指定保存的文件名即可。

3．创建新文件夹

创建新文件夹的方法是：在左窗格中选定创建新文件夹所在文件夹，执行"文件"→"新建"→"文件夹"命令，或在右窗格中空白处单击鼠标右键，在弹出的快捷菜单中执行"新建"→"文件夹"命令。这时在右窗格中会出现一个临时名称为"新建文件夹"的文件夹，输入新文件夹的名称，按【Enter】键或用鼠标单击其他任何地方。

4．复制文件或文件夹

复制文件或文件夹有以下两种方法：

（1）菜单法：选定要复制的文件或文件夹，执行"编辑"→"复制"命令；打开目标盘或目标文件夹，执行"编辑"→"粘贴"命令。

（2）鼠标拖曳法：按住【Ctrl】键不放，用鼠标将选定的文件或文件夹拖曳到目标盘或目标文件夹中。如果在不同驱动器间复制，可不必使用【Ctrl】键。

5．移动文件或文件夹

移动文件或文件夹的方法与复制操作相似：

（1）菜单法：选定要复制的文件或文件夹，执行"编辑"→"剪切"命令；打开目标盘或目标文件夹，执行"编辑"→"粘贴"命令。

（2）鼠标拖曳法：按住【Shift】键，同时用鼠标将选定的文件或文件夹拖曳到目标盘或目标文件夹中。如果是在同一个驱动器上移动，不必使用【Shift】键。

提示：在进行移动或复制操作时，可用鼠标拖曳法，在拖曳过程中，若有"＋"出现，则意味着为复制，否则为移动。而当文件在不同驱动器上拖曳时，会出现"＋"，这时按【Shift】键可使"＋"消失；当文件在相同驱动器上拖动时，没有"＋"出现，这时按【Ctrl】键可使"＋"出现。

6．删除文件或文件夹

当文件或文件夹不再需要时，可将其删除以节省磁盘空间，具体操作方法如下：

（1）选定要删除的文件或文件夹。

（2）选择以下几种操作之一：

① 执行"文件"→"删除"命令。

② 直接用鼠标将选定的文件或文件夹拖到"回收站"。

③ 单击鼠标右键，在打开的快捷菜单中选择"删除"命令。

④ 单击工具栏上的"删除"按钮。

⑤ 直接按键盘上的【Delete】键。

提示：如果删除文件时按住【Shift】键，则文件或文件夹将从计算机中删除，而不保存到回收站中，即不可被恢复。

7．恢复被删除的文件和文件夹

在进行管理文件或文件夹时，难免会由于误操作而将有用的文件或文件夹删除。放在"回收站"的文件或文件夹，并没有被彻底删除，若需要还可将它们恢复到原位置。

当一个文件或文件夹刚刚被删除后，如果还没有进行其他操作，可使用"编辑"菜单中的"撤销删除"命令恢复。如果执行了其他操作，则必须通过"回收站"恢复。

使用"回收站"恢复文件或文件夹的操作步骤是：打开"回收站"；选择要恢复的文件或文件夹；执行"文件"→"还原"命令。

注意：

（1）如果被恢复的文件所在的原文件夹已经不在了，Windows 将重建该文件夹，然后将文件进行恢复。

（2）以下三类文件被删除后没有被送到"回收站"中，所以被删除以后是不能被恢复的：

● 可移动磁盘（如软盘）上的文件；

● 网络上的文件；

● 在 MS-DOS 方式中被删除的文件。

（3）当用户选择了"回收站"以后，"文件"菜单上就增加一条"清空回收站"命令，可以使用该命令清空回收站中所有的文件，从此以后再也不能恢复这些文件。

8．发送文件或文件夹

在 Windows XP 中，可以直接把文件或文件夹发送到软盘、"我的文档"或"邮件接收者"等地方。

发送文件或文件夹的方法是：选定要发送的文件或文件夹，然后执行"文件"→"发送到"命令，最后选择发送目标。

9．更改文件或文件夹的名称

（1）选择需要换名的文件或文件夹。

（2）执行"文件"→"重命名"命令或用鼠标指向文件名并单击左键。

（3）输入新的名称，然后按【Enter】键。

10．查看或修改文件和文件夹的属性

在"Windows 资源管理器"中，可以方便地查看文件和文件夹的属性，并且对它们进行修改。其操作步骤如下：

（1）选定要查看或修改属性的文件或文件夹。

（2）执行"文件"→"属性"命令，打开如图 6-31 所示的对话框。

图 6-31　相关文件的属性

（3）修改文件或文件夹的属性。选择"常规"选项卡，如果设置"隐藏"属性，则在
"Windows 资源管理器"不显示出来；如果设置"只读"属性，则删除时需要一个附加的确认，
从而减少了因误操作而将文件删除的可能性。

6.5　Windows XP 控制面板

控制面板是用来对系统进行设置的一个工具集。用户可以根据自己的爱好更改显示器、键
盘、鼠标器、桌面等硬件的设置，以便更有效地使用。

启动控制面板的方法很多，最常用的有下列 3 种：

（1）在"Widows XP 资源管理器"左窗格中，单击控制面板图标。

（2）执行"开始"→"控制面板"命令。

（3）在"我的电脑"窗口中，单击控制面板图标。

控制面板启动后，出现如图 6-32 所示窗口。

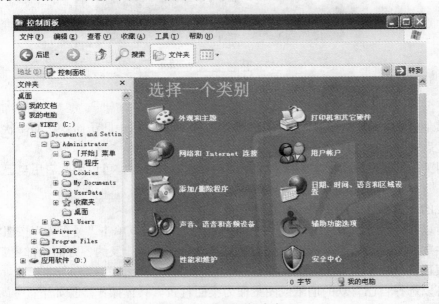

图 6-32　"控制面板"窗口

6.5.1　显示器

在控制面板中单击"外观和主题"图标，再单击"显示"图标，打开如图 6-33 所示的"显
示 属性"对话框，桌面的大多数显示特性都可以通过该对话框进行设置。"显示 属性"对话
框中共有 5 个标签，下面将逐一介绍。

1．"主题"选项卡

"主题"是桌面背景、任务栏、窗口样式和一组声音的综合。在"主题"下拉列表框中系
统提供了以下 5 种选择。

（1）Windows XP：系统默认使用的主题，在桌面上只有一个"回收站"图标，桌面的色
彩靓丽明快。

（2）Windows 经典：这是以前版本 Windows 操作系统中一直采用的传统形式的桌面主题，

以供习惯旧样式的用户选用。

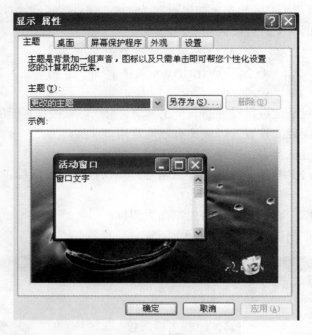

图 6-33　"显示 属性"对话框

（3）其他联机主题：当用户已经与 Internet 连接时，可以由此访问默认的微软网站下载更新的桌面主题。

（4）浏览：如果用户的硬盘中存储了其他的桌面主题文件，可以由此启用自己喜欢的桌面主题。

（5）我的当前主题：用户当前使用的主题。

用户可以在"示例"区域中浏览不同主题的效果，还可以单击"另存为"按钮将修改后的主题保存并重新命名。单击"应用"按钮系统自动将主题所涉及的各方面全部更新。

2．"桌面"选项卡

用户可以选择自己喜欢的墙纸或图案作为桌面背景。具体操作步骤如下：

（1）在如图 6-34 所示的"背景"列表框中选择一幅背景图片。

（2）用户如果要使用自己的图片或 HTML 文档，则可以单击"浏览"按钮，弹出"浏览"对话框，从中选中作为背景的图片或 HTML 文档，单击"打开"按钮，此图片文件就添加到"选择背景图片或 HTML 文档作为墙纸"列表框中了。

（3）选择好某一图片后，在"位置"列表中选择墙纸的排列方式。墙纸的排列方式有下列 3 种。

● 居中：把墙纸放在桌面的中央。

● 平铺：把墙纸铺满整个桌面。

● 拉伸：把单个墙纸横向拉伸，以覆盖整个桌面。

（4）单击"确定"按钮。

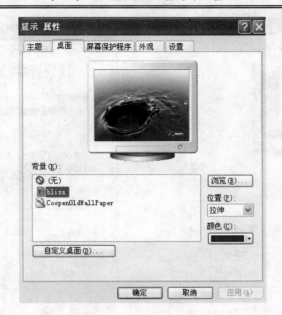

图 6-34 "桌面"选项卡

3．"屏幕保护程序"选项卡

屏幕保护程序是用户在一段指定的时间内没有使用计算机时，屏幕上出现的移动位图或图片。使用屏幕保护程序可以减少屏幕的损耗并保障系统安全。而且屏幕保护程序还可以设置密码保护，从而保证只有本人才能恢复屏幕的内容。

单击"屏幕保护程序"选项卡，如图 6-35 所示，可以设置和修改屏幕保护程序。

选择屏幕保护程序的方法是：在"屏幕保护程序"列表中，选择一个屏幕保护程序；设置等待时间；如果要全屏幕查看屏幕保护程序的效果，则单击"预览"按钮，预览时移动鼠标或按任意键，动画会立即消失；如果要优化屏幕保护程序，则单击"设置"按钮；如果要设置密码，则选定"在恢复时使用密码保护"复选框，屏幕保护程序密码与登录密码相同；最后单击"确定"按钮。

当计算机的闲置时间达到指定的值时，屏幕保护程序将自动启动。要清除屏幕保护的画面，只需移动鼠标或按任意键。在默认情况下，Windows 只装入有限的几种屏幕保护程序。

单击"电源"按钮，打开"电源选项 属性"对话框，如图 6-36 所示。默认情况下。台式计算机选用"电源使用方案"中的"家用/办公桌"方案，用户可以在"关闭监视器"和"关闭硬盘"下拉列表框中选择更短的时间。如果计算机在指定的时间内没有任何操作，系统则会自动关闭显示器和硬盘，这种措施比使用屏幕保护程序更加节省电量。当笔记本电脑无法连接电源，只能使用蓄电池供电时，设置电源使用方案可以明显延长笔记本电脑的使用时间。

4．"外观"选项卡

单击"外观"选项卡，出现如图 6-37 所示的对话框，用户可以在其中选择自己喜欢的外观方案，并且修改外观方案中各个项目的颜色、大小和字体等属性。

- "窗口和按钮"下拉列表框：有"Windows XP 样式"和"Windows 经典样式"两个选项。
- "色彩方案"下拉列表框：针对两种"窗口和按钮"样式列出了不同的选项，当用户选择了 Windows XP 样式时，只有"默认（蓝）"、"橄榄绿"和"银色"3 种；当用户选择了 Windows 经典样式时，则有多种丰富的色彩方案。

图 6-35 "屏幕保护程序"选项卡

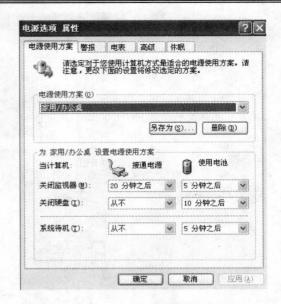

图 6-36 "电源选项 属性"对话框

图 6-37 "外观"选项卡

● "字体大小"下拉列表框：有 3 种选择，"正常"、"大"和"特大"。

在选项卡上部的预览框中会随时根据用户的设置显示新的外观，以便用户选择使自己视觉最舒服的色彩与字体的搭配。

单击"效果"按钮，打开"效果"对话框，如图 6-38 所示。用户可以选中任何一个复选框，为外观添加某种特殊效果。还可以在下拉列表框中选用"淡入淡出效果"或"滚动效果"，使桌面更加生动活泼。

单击"高级"按钮，打开"高级外观"对话框，如图 6-39 所示。在"项目"下拉列表框中列出了用户可以设置的外观组件，涉及外观的所有具体的细节。用户可以选中任意一项，然后在"大小"、"颜色"和"字体"下拉列表框中选择自己喜欢的搭配，系统依然提供了预览框方便用户选择。

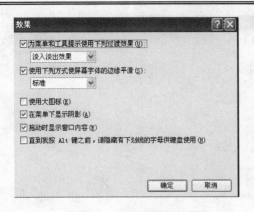

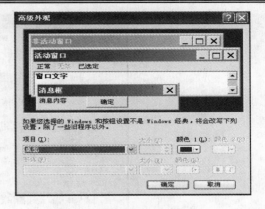

图 6-38　"效果"对话框　　　　　　　图 6-39　"高级外观"对话框

5．"设置"选项卡

单击"设置"选项卡，可以对显示器的颜色和显示器的分辨率等进行设置。颜色和分辨率的设置依据显示适配器类型的不同而有所不同。

6.5.2　键盘和鼠标

1．键盘

控制面板向用户提供了设置键盘的工具。打开控制面板窗口，选择"打印机和其他硬件"→"键盘"图标，就可以对键盘进行设置，如图 6-40 所示。

图 6-40　"键盘 属性"对话框

- "速度"选项卡：用于设置出现字符重复的延缓时间，重复速度和光标闪烁速度。
- "硬件"选项卡：用于设置有关的硬件属性。

2．鼠标

在 Windows 中，鼠标是一种极其重要的设备，鼠标性能的好坏直接影响到工作效率。双击控制面板上的"鼠标"图标，出现如图 6-41 所示的"鼠标 属性"对话框，在该对话框中可以对鼠标进行设置。

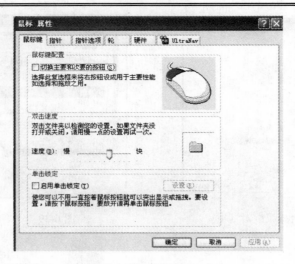

图 6-41　"鼠标 属性"对话框

- "鼠标键"选项卡：用于选择左手或右手使用鼠标，以及调整鼠标的双击速度。当选择了左手使用鼠标时，鼠标左、右按钮的功能被交换。
- "指针"选项卡：用于改变鼠标指针的大小和形状。
- "指针选项"选项卡：用于设置鼠标指针的移动速度。
- "轮"选项卡：用于设置滚动滑轮一个齿格滚动的行数。
- "硬件"选项卡：用于设置有关的硬件属性。

6.5.3　打印机

Windows XP 的打印特性有了较大的提高，特别是新增了"添加打印机"向导，使用户可以方便而迅速地安装新的打印机。另外，Windows 在后台打印文档时，只需将文档发送到打印机，就可以返回继续工作。

1．安装打印机

（1）双击"控制面板"中的"打印机"图标，出现"打印机"窗口。

（2）双击"添加打印机"图标，出现"添加打印机向导"对话框。

（3）根据屏幕上的提示进行操作。

（4）如果要打印测试页，首先应确认打印机已打开并且处于准备状态。

（5）安装完成后，打印机的图标将出现在"打印机"文件夹中，用户可以随时使用这些打印机。

2．打印文档

打印机安装成功后，用户可以随时打印文档了。打印文档有以下两种方法：

（1）如果文档已经在某个应用程序中打开，则执行"文件"→"打印"命令打印文档。

（2）如果文档未打开，则将文档从"Windows 资源管理器"或"我的电脑"中拖曳到"打印机"文件夹中某个打印机。

打印文档时，在任务栏上将出现一个打印机图标，位于时钟的旁边。该图标消失后，表示文档已打印完毕。

3．查看打印机状态

在文档的打印过程中，可以用鼠标右键单击任务栏上紧挨着时钟的打印机图标查看打印机状态。如果要取消或暂停要打印的文档，就选定该文档，然后用"文档"菜单中的相应命令完成操作。打印完文档后，该图标自动消失。

4．更改打印机设置

更改打印机设置的方法是：首先在"打印机"窗口中选定要更改设置的打印机，然后执行"文件"→"属性"命令，弹出"打印机属性"对话框，根据需要进行设置。

更改打印机属性会影响所有打印的文档。如果只想为单个文档更改这些设置，应使用"文件"菜单中的"页面设置"或"打印机设置"命令。

6.5.4　添加/删除硬件

计算机系统除了基本配置外，还会有一些如调制解调器、CD-ROM 驱动器、打印机、网络适配器等硬件设备。若添加了这些设备，都需要在 Windows XP 系统中安装相应的驱动程序并作适当的配置。而 Windows XP 支持"即插即用"功能，这使得用户安装或卸载新硬件变得简单易行。对于非"即插即用"设备用户也能通过控制面板中的"添加/删除硬件"进行手工安装或卸载设备。

"即插即用"是指由 Intel 开发的一组规范，它允许计算机自动检测和配置设备并安装适当的设备驱动程序。从理论上来说，真正的即插即用需要三个前提：支持即插即用的 BIOS，支持即插即用的硬件和支持即插即用的操作系统。Windows XP 是支持即插即用的操作系统，目前绝大部分计算机的 BIOS 也是支持即插即用。

对于即插即用设备，只要根据生产厂商的说明将设备连接到计算机上，然后打开计算机电源启动计算机，Windows XP 将自动检测新的"即插即用"设备，并安装必要的驱动程序、更新系统并分配资源，必要时插入含有相应驱动程序的软盘或 Windows XP 安装光盘即可。

卸载即插即用设备通常也不需要使用"添加/删除硬件"向导。只要断开即插即用设备同计算机的连接即可，但可能需要重新启动计算机。

非即插即用设备的卸载或安装需要使用"添加/删除硬件"向导，按照屏幕提示进行操作，具体操作步骤如下：

（1）先安装好新的硬件设备，并以 Administrator 或 Administrators 组成员的身份登录系统。

（2）双击控制面板中的"添加/删除硬件"图标，进入"添加/删除硬件"向导。

（3）根据向导的提示进行操作。

6.5.5　安装和删除应用程序

在使用计算机的过程中，常常需要安装、更新或删除已有的应用程序。在 Windows XP 的控制面板中，有一个添加/删除程序的工具。用户可以使用它快速安装应用程序或删除应用程序，操作方法是：在控制面板中单击"添加/删除程序"图标，弹出如图 6-42 所示的窗口。

1．更改或删除应用程序

（1）如果在"添加或删除应用程序"对话框中列出要更新或删除的应用程序，表示该应用程序已经注册了，只要选定该程序，然后单击"更改或删除程序"按钮就可以了。

（2）如果没有显示出该程序，则应检查该程序所在的文件夹，查看是否有名称为 Remove.exe 或 Uninstall.exe 的卸载程序。

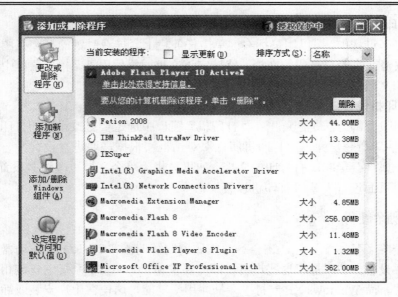

图 6-42　　"添加或删除程序"窗口

2．安装应用程序

安装应用程序的步骤如下：

（1）在"添加或删除程序"窗口，选择"添加新程序"按钮，弹出"添加/删除程序"窗口。

（2）如要从光盘或软盘添加程序，则单击"光盘或软盘"按钮；如要从 Microsoft 添加程序，则单击"Windows Update"按钮。安装程序将自动检测各个驱动器，对安装盘进行定位。

3．安装和删除 Windows XP 组件

若要安装和删除 Windows XP 组件，则操作步骤如下：

（1）在"添加或删除程序"窗口中，单击"添加/删除 Windows 组件"按钮，进入"Windows 组件"向导。

（2）在组件列表框中，选定要安装的组件复选框，或者清除要删除的组件复选框。

（3）单击"下一步"按钮，根据向导完成 Windows 组件的添加或删除。

提示： 如果最初 Windows XP 是用光盘安装的，计算机将提示用户插入 Windows XP 安装盘。

6.6　实用工具程序

在 WindowsXP 中的"附件"程序组中，附带了一系列实用工具程序，它包含了很多应用程序，如"画图"、"记事本"等，这些应用程序都很方便且实用。

6.6.1　画图

Windows XP 提供的画图程序是一种位图绘制程序，可以用来创建简单或者精美的图画。这些黑白或彩色绘图可以作为桌面背景，或者粘贴到另一个文档中。该应用程序还可以用来查看和编辑扫描的相片。执行"开始"→"所有程序"→"附件"→"画图"命令，启动画图程序，如图 6-43 所示。下面介绍一些常用的操作：

1．将图片用作桌面背景

（1）保存图片。

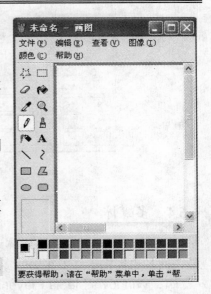

（2）如果执行"文件"→"设置为墙纸（平铺）"命令，则用重复的图片将整个屏幕覆盖，如果执行"文件"→"设置为墙纸（居中）"，则将图片位于屏幕中央。

2．在当前图片中插入位图

（1）在工具箱中，单击□后拖动指针，定义要放置位图的区域。

（2）执行"编辑"→"粘贴来源"命令，插入位图文件。

（3）按住鼠标左键将位图拖到所需位置，然后单击选定区域外部。

3．翻转或旋转图片或对象

（1）在工具箱中，单击□以选择矩形区域，或者单击✂以选择任意形状的区域。

图 6-43　画图程序

（2）按住鼠标左键，围绕要翻转或旋转的项目画上一个框。

（3）执行"图像"→"不透明处理"命令，确定是应用不透明背景还是应用透明背景。

（4）执行"图像"→"翻转/旋转"命令，在弹出的对话框中选择水平翻转、垂直翻转或以一个角度翻转。

4．复制或粘贴图片的一部分

（1）在工具箱中，单击□以选择矩形区域，或者单击✂以选择任意形状的区域。

（2）按住鼠标左键，拖动指针，定义要复制的区域。

（3）执行"图像"→"不透明处理"命令，确定是应用不透明背景还是应用透明背景。

（4）执行"编辑"→"复制"命令。

（5）执行"编辑"→"粘贴"命令。

（6）将选定内容拖动到新位置。

6.6.2　写字板

"写字板"具有丰富的字体、众多的排版功能和方便的对象嵌入功能，是一个实用的文字编辑程序，主要用于一些简短的文字录入，以可以输入图片、图像和数字数据等信息。

"写字板"的启动方法是：执行"开始"→"所有程序"→"附件"→"写字板"命令。

由于写字板的功能及用法与第 7 章介绍的 Word 较类似，所以此处对"写字板"程序不作更多的论述。

6.6.3　计算器

执行"开始"→"所有程序"→"附件"→"计算器"命令，可以打开计算器程序。计算器有两种类型：标准计算器和科学计算器，如图 6-44 所示。

两种类型计算器的切换方法：执行"查看"→"标准型"或"科学型"命令。其中标准计算器用于简单的算术运算，科学计算器用于各种较为复杂的数学运算，包括指数运算、三角函数运算等。它的使用方法与平常所有的计算器大体相同。

图 6-44　标准计算器和科学计算器

6.6.4　多媒体

Windows XP 是支持多媒体计算机的高性能计算机，不仅有比较完善的多媒体设备管理功能，而且也提供了许多实用的多媒体程序。

1．Windows Media Player

Windows Media Player 是一通用的多媒体播放机，可用于接收当前流动格式制作的音频、视频和混合型多媒体文件。Windows Media Player 不仅可以播放本地的多媒体类型文件，而且可以播放来自 Internet 或局域网的流式媒体文件。Windows Media Player 支持扩展名 AVI、ASF、RMI、WAV、WMA、WAX、MPG、MPEG、M1V、MP2、MP3、MPA、MPE、MID、RMI 等的文件。即当双击文件图标或通过 Web 页中的链接打开具有这些扩展名之一的文件时，Windows Media Player 将自动启动。

启动"Windows Media Player"的方法是：执行"开始"→"所有程序"→"附件"→"娱乐"→"Windows Media Player"命令。"Windows Media Player"窗口如图 6-45 所示。

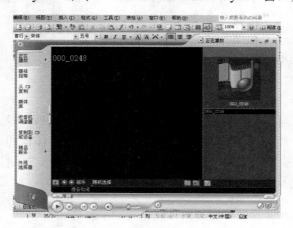

图 6-45　"Windows Media Player"窗口

2．录音机

"录音机"是用于数字录音的多媒体附件。它不仅可以录制、播放声音，还可以对声音进行编辑及特殊效果处理。在录制声音时，需要一个麦克风，大多数声卡都有麦克风插孔，将麦克风插入声卡就可以使用"录音机"了。

启动"录音机"的方法是：执行"开始"→"程序"→"附件"→"娱乐"→"录音机"命令，打开"声音-录音机"窗口，如图 6-46 所示。

图 6-46　"声音-录音机"窗口

练 习 题

1. 在 Windows XP 中，怎样区别窗口和对话框？
2. 简述 Windows XP 中文件是如何组织的。
3. 快捷方式和文件有什么区别？
4. 绝对路径和相对路径有什么区别？
5. 在"Windows 资源管理器"中，如何复制、删除、移动、文件和文件夹？
6. 简述格式化与快速格式化的区别。
7. 简述 Windows 回收站的作用和还原文件的操作步骤。

第 7 章　文字处理软件 Word 2003

Office 2003 是全世界使用最广泛的办公自动化软件包，它包括 Word 2003、Excel 2003、Power Point 2003、Outlook 2003、Access 2003、FrontPage 2003 等几个部分。

Word 2003 是一个优秀的字处理软件，利用它可以制作公文、报表、信函、传真、报纸以及书刊等文档，还可在文中插入图形、图片、表格等对象，从而编排出图、文、表并茂的文档。Word 最大的特点是所见即所得，也就是说，屏幕显示与打印效果一致，从而实现了编辑过程的直观性。Word 中提供了个性化和针对性极强的系列工具栏，轻松的人-机对话环境、实现了操作的便捷高效、充分体现了它易学好用的特点。

本章的学习目标与要求：

1. 熟悉 Word 2003 的环境，掌握菜单、视图、工具栏的使用。
2. 掌握文档的新建、打开、编辑、保存、复制、合并操作。
3. 掌握字符格式、段落格式和节格式的设置。
4. 掌握表格的制作与修饰、数据的排序与计算。
5. 掌握图形等对象的插入，对象的格式编排。

7.1　Word 2003 基础知识

Microsoft 公司自推出 Word 以来，不断对 Word 进行改进和升级，随着 Word 版本的升级，其功能得到不断强化。版本之间保持向下兼容，即低版本 Word 生成的文档可在高版本的 Word 中进行处理。图形用户界面（GUI）越来越友善，大部分的操作都可通过工具栏或快捷菜单来完成，这些都充分体现了 Word 的独具匠心。

7.1.1　Word 2003 的安装

在安装 Office 2003 时，Word 作为其中的一个应用程序，可由用户选择安装。具体安装方法如下：Office 2003 的安装程序"setup.exe"在安装光盘的目录下，运行该程序并根据屏幕提示输入用户信息和产品序列号，安装向导将引导你一步步完成安装过程。

7.1.2　Word 2003 的启动

（1）执行"开始"→"程序"→"Microsoft Word"命令，即可启动 Word 2003 应用程序。

（2）在桌面上建立 Word 2003 的快捷方式，双击桌面上 Word 2003 的快捷图标，即可启动 Word。

7.1.3　Word 2003 的用户界面

成功启动 Word 后，出现 Word 的编辑窗口，如图 7-1 所示。

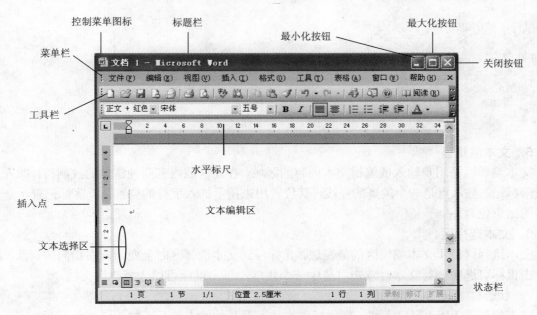

图 7-1 Word 2003 窗口

1. 标题栏

标题栏左端是应用程序窗口控制菜单图标，单击该图标打开此菜单，可完成窗口最大化、最小化、移动、改变大小、关闭操作。双击控制菜单图标可关闭 Word 窗口。

标题栏中部显示应用程序的名称（Microsoft Word）以及该窗口正在编辑的文档名。

标题栏右侧三个按钮分别是：最小化、还原、关闭按钮。

2. 菜单栏

菜单栏分别为"文件"、"编辑"、"视图"、"插入"、"格式"、"工具"、"表格"、"窗口"和"帮助"。当用户单击某菜单名时，就会显示此菜单的命令列表，鼠标单击某一命令项即执行此项操作。当菜单命令灰暗时，表示该命令当前不可用，如我们未选定文本或图像时，"编辑"菜单中的"复制"命令就处于不可用状态。Word 2003 使用折叠菜单，最近不常用的菜单命令常被隐藏起来，须打开折叠标志。

3. 工具栏

Word 为用户设计了多组工具栏，每组工具栏上包含若干命令按钮，分别用各种图标来表示。用户单击某工具栏上的图标按钮，即执行该按钮的功能。

Word 默认显示两种工具栏，即"常用"工具栏和"格式"工具栏。显示或关闭工具栏可通过"视图"菜单下的"工具栏"子菜单，若想显示某工具栏，只需用鼠标单击相应的命令项，选项前即出现 ，若隐藏某工具栏，只需再次单击该工具栏命令项。对工具栏的操作也可以右击"菜单栏"或"工具栏"，在弹出的快捷菜单中进行选用。

4. 标尺

标尺分为水平标尺和垂直标尺两种，可用来查看正文、图片、表格以及图文框的高度和宽度，特别是水平标尺（如图 7-2）常用于调整页边距、段落缩进和精确调整表格定位制表符等。

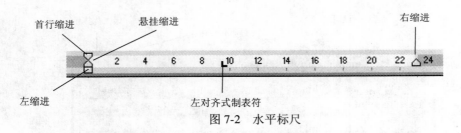

图 7-2　水平标尺

5．文本编辑区

文本编辑区是用户输入或编辑文本内容的区域。在此区域内有两种常见的控制符：插入点和段落标记。插入点是一个闪烁的竖线，其位置用来指示插入字符的位置；段落标记表示一个段落的结束位置。

6．文本选择区

文本选择区位于文本编辑区的最左边，光标移到文本选择区时会变为向右指向的箭头。此时单击鼠标可选中一行文本，双击可选中一个段落，三击鼠标可以选择整篇文档。

7．状态栏

状态栏位于 Word 窗口底部，提供插入点位置及其他状态信息，如图 7-3 所示。

图 7-3　状态栏

7.1.4　Word 2003 的退出

（1）单击 Word 窗口右上角的"关闭"按钮。

（2）双击窗口左上角的系统菜单。

（3）执行"文件"→"退出"命令项。

（4）按【Alt+F4】组合键。

编辑文档后退出系统时，系统提示是否保存文本，如图 7-4 所示。单击"是"按钮保存并退出，如果编辑的是新建文档，单击"是"按钮会弹出"另存为"对话框；单击"否"按钮不保存并退出；单击"取消"按钮放弃退出操作。

图 7-4　是否保存

7.2　文档的管理

7.2.1　创建新文档

当启动 Word 时，若用户没有指定要打开的文档，则 Word 将自动打开一个名为"文档 1"的新文档，在此窗口中用户可以输入正文。

用户也可以使用 Word 提供的丰富模板创建新文档，单击常用工具栏上的"新建"按钮即使用通用模板创建新文档，执行"文件"→"新建"命令，在当前窗口右侧打开"新建文档"任务窗格，如图 7-5 所示，在该任务窗格中可选用合适的模板。

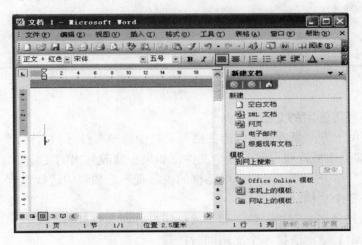

图 7-5　"新建"文档任务窗格

打开 Word 或用 Word 常用工具栏上的"新建"按钮时，实质上 Word 使用默认的文档模板"Normal.dot"创建新文档。

所谓文档模板是一种特殊的文件类型（其扩展名为.DOT），其内容是文本、图形、格式编排的框架，用户可以以某个模板为模型创建类型相同的多个文档。图 7-5 的任务窗格告诉我们，选用模板的方法是执行"文件"→"新建"命令。

7.2.2　打开文档

打开文档是指将磁盘中的文档装入计算机内存，并显示在文本编辑区。在 Word 程序中打开文档的方法有 3 种。

1. 利用"文件"菜单的"打开"命令

利用常用工具栏上的"打开"即⿴按钮或执行"文件"→"打开"命令，将出现如图 7-6所示的"打开"对话框，在对话框中的左侧定义了 5 个查找文件的起始位置："我最近的文档"、"桌面"、"我的文档"、"我的电脑"和"网上邻居"，这使用户更加快捷地找到所需的文件。同时还可以用"打开"按钮的下拉菜单选择打开文件的方式（"以只读方式打开"、"以副本方式打开"等）。在对话框的右上方设有一个"工具"下拉菜单，可以方便地对文档进行查找、删除、重命名以及查看属性等操作。在"查找范围"列表中选择打开文件的路径，"文件夹与文件列表框"中将显示选定路径的文件夹与文件列表。"文件类型"用来对"查找范围"列表中指定路径文件夹的文件列表进行过滤显示。双击中部列表中的某一文件即打开此文件。

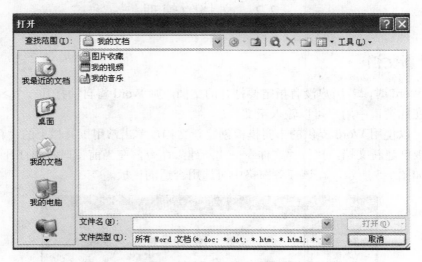

图 7-6　　"打开"对话框

2．快速打开最近使用的文档

在"文件"菜单下方的最近使用过的文档列表栏中选择要打开的文档。默认情况下，在"文件"下拉菜单底部列出最近使用过的四个文件，如果想修改列出的文件数（0～9），可以使用"工具"→"选项"命令，在"选项"对话框的"常规"选项卡中进行设置。

3．同时打开多个文档

Word 中可以打开多个文档，除了可多次使用打开命令打开多个文档，还可以在"打开"对话框中借助【Ctrl】键，选择多个文档同时打开。

7.2.3　文档的保存

编辑文档的过程中，一个重要的环节就是保存。所谓保存就是将内存（易失性存储器）中正在编辑的内容以文件的形式存放到计算机的外存储器中，从而实现长期保存的目的。

1．原地、原名、原类型保存文件

我们经常要打开已有的文本进行编辑并在编辑后用新内容覆盖原有内容，Word 通过"保存"命令来实现这一功能。"保存"命令就是常用工具栏中的"📄"图标，也可使用 "文件"→"保存"命令来完成。

2．"另存为"功能

"另存为"也是经常用来保存文本的命令，它是"文件"菜单中的一个命令项，执行此命令后会弹出如图 7-7 所示的"另存为"对话框。"另存为"可对打开的文本另选位置、另起文件名、另选择类型保存，其功能是在保持原文件不被修改的前提下，将编辑后的文本另外保存。这一功能也可用来复制文件。例如打开名为"X 专业 2008 级教学计划.doc"的文档，在此基础上进行修改并以文件名"X 专业 2009 级教学计划.rtf"另存，即可实现文档"X 专业 2008 级教学计划.doc"保持原样，不被修改。对新建文档进行第一次"保存"时，弹出的是"另存为"对话框，提示用户选择位置、文件名、文件类型，此时系统默认的保存位置是"我的文档"。

图 7-7 "另存为"对话框

3．保护文档

Word 2003 为用户提供下列 3 种方式的文档保护："打开文件时的密码"、"修改文件时的密码"、"建议以只读方式打开文档"。保护文档的操作步骤如下：执行"文件"→"另存为"命令，屏幕显示如图 7-7 所示的"另存为"对话框，在"另存为"对话框中单击"工具"下的"安全措施"选项，屏幕弹出如图 7-8 所示的"安全性"对话框。在"安全性"对话框中完成以上 3 种方式的文档保护设置。

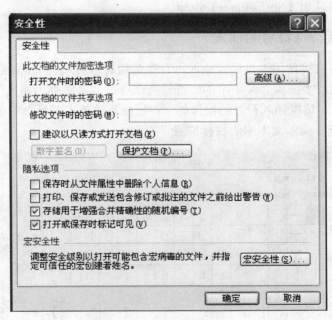

图 7-8 "安全性"对话框

7.2.4 文档的拼接与分割

1．文档的拼接

当打开某个文档后，可能需要在该文档中插入另一个文档的部分内容或全部。当想插入另一个文档的部分内容时，可将两个文档同时打开，先从一个文档中选取要复制或移动的文本区域，进行"复制"操作（使用常用工具栏上的"复制"按钮或"编辑"菜单中的"复制"命令，也可以使用快捷键【Ctrl+C】），将其复制到剪贴板上，然后从"窗口"菜单中选择另一个文档，将插入点移动到目标位置，执行"粘贴"操作即可把剪贴板中的内容粘贴过来。若想插入另一文档的全部内容，首先将插入点置于目标位置，然后执行"插入"→"插入文件"命令，在弹出的对话框中选择要插入的文件，单击"确定"按钮。

2．文档的分割

文档分割是指将一个已打开的文档分成两个或多个文档。在原文档中选择要复制或分割出去的文本区域，然后执行"复制"或"剪切"命令，将其送入剪贴板中。单击常用工具栏上的"新建"按钮，在打开的新文档窗口中执行"粘贴"操作，剪贴板中的内容即被粘贴到新文档中，保存新文档为目标文件。

7.3　文本录入与编辑

7.3.1　输入文本

Word 2003 应用程序新建文档后，在文本编辑区的左上角闪烁着光标，随文本的输入插入点光标从左向右移动。Word 具有自动换行功能，当输入文本到行尾时，系统会自动换行，当输入到段落结尾处，另起一段时，应按【Enter】键，结束当前段落，显示段落标记。有时在段内想强行换行，则可使用【Shift+Enter】快捷键。

7.3.2　标点符号及特殊符号的输入

一般标点符号可直接使用键盘进行输入，有些常用符号可用 Windows 提供的软键盘进行输入。特殊符号可执行"插入"菜单中的"符号"命令，屏幕将弹出如图 7-9 所示"符号"对话框。使用"符号"对话框插入符号的操作如下：鼠标直接单击对话框中的符号，再单击"插入"按钮，即可将符号插入文本中的目标位置。

图 7-9　"符号"对话框

7.3.3　文档的编辑操作

1．插入与改写文本

要插入或改写文本首先要定位光标，闪烁的光标即插入点。定位光标最常用的方法是移动鼠标光标至目标位置，单击即可，也可使用键盘上的光标键来改变光标的位置。光标键除"上"、"下"、"左"、"右"外，常用的还有：

　　　　【Home】：将光标移动到行首

　　　　【End】：将光标移动到行末

　　　　【PgUp】：向上翻一页

　　　　【PgDn】：向下翻一页

　　　　【Ctrl+Home】：光标移动到文首

　　　　【Ctrl+End】：光标移动到文末

Word 文本录入时有插入（Insert）和改写(Replace)两种状态。插入状态为默认状态，此状态下，在插入点输入文本时，插入点右侧的所有文本均往右移。改写状态下，在插入点输入文本时，插入点右侧的字符将被新录入的字符取代。

插入状态和改写状态的转换可用鼠标双击状态栏中的"改写"框或按【Insert】键来实现。

2．分段与两段合并

将一段分为两段的操作：将光标定位到需分段处，按【Enter】键。

将两段合并成一段的操作：将光标定位到需合并的两个段落中间的段落标记前（后），按【Delete】键（【Back Space】键）。

3．选择文本

在 Word 中，很多操作都是针对文本的某个区域进行的。在对某区域进行操作前，必须选定文本。

（1）使用鼠标选定文本

首先移动鼠标，将鼠标光标移动到要选定的文本开始处，按住鼠标左键不放，拖动鼠标将光标移至要选取区域的结尾，释放鼠标左键即可，此时所选定的文本以反白显示，即在黑色背景上显示为白色字符。

选定一个汉字或一个英文单词，可将定位光标移至要选定的字或英文单词处，然后双击鼠标左键，该字或单词以反白显示，在一个段的任意位置处快速地三击鼠标左键，可选中该段。

若要选择一行或多行，可以用上述的方法将定位光标定位在行首，再按住鼠标，拖动鼠标至行尾。或者按下述方法选定文本：将定位光标移至要选定的行的左边文本选择区，等出现右上箭头光标时，单击鼠标左键，则选中该行；将鼠标置于文本选择区，按下鼠标左键向上或向下拖放可选择连续的多行；此外，鼠标置于文本选定区双击可选全段，三击可选全文。

（2）使用键盘选定文本

可使用方向键移动定位光标至要选定的文本开始位置，按住【Shift】键不放，同时用右箭头键移动反白显示至要选定的文本的结尾即可。

若要选定一行或多行，可将定位光标移至第一行的行首，然后按住【Shift】键的同时按光标键可进行选定文本操作。

（3）使用扩展模式选择文本。按【F8】键激活扩展选取模式，此时状态栏中的"扩展"呈黑色显示，利用光标键移动，可选定任意长度文本。另外，连续按【F8】键，可产生不同的效果：连续按两次【F8】键可选择插入点处的单词；连续按 3 次【F8】键可选择插入点处的单句；连续按 4 次【F8】键可选择一个段落；连续按 5 次【F8】键可选择一个节；连续按 6 次【F8】键可选择整个文档。按【Esc】键即可取消扩展选取模式。

4．删除与恢复

【Del】键用来删除选定区域内容或光标右边字符，【Back Space】键用来删除选定区域内容或光标左边字符。

如果进行了错误的删除操作，可以使用常用工具栏上的"撤销"按钮来取消删除，"恢复"是"撤销"的相反动作。

5．移动和复制文档中选定信息

移动选定信息是指将信息从原来位置删除并将其插入到另一个新位置。复制选定信息是指将信息从原来位置备份插入到另一个新位置。

（1）使用剪贴板移动或复制文本

选定要移动的文本，再打开 Word 窗口的"编辑"菜单，执行"剪切"或"复制"命令，或者单击"剪切"或"复制"工具按钮，选定的文本将被剪切或复制到剪贴板中。下一步将定位光标移到目标位置，最后执行"编辑"菜单中的"粘贴"命令，或者单击"粘贴"工具按钮，Word 将把剪贴板上的文本插入到插入点。

（2）使用鼠标拖放移动或复制文本

首先选定要移动或复制的文本，而后将光标定位在选定文本内部的任意位置，按住鼠标左键（复制须同时按住【Ctrl】键），拖动鼠标至目标位置，释放鼠标左键，Word 将把选定的内容移动或复制到新位置。用户拖动鼠标时，鼠标光标的下部将出现一个灰色的小方框，同时出现一条由灰点组成的短竖线指示插入点的位置。

用户必须注意复制与移动的区别：复制是将选定的内容作一个副本放到用户需要的位置上，选定的内容仍在原位置上不变；移动是将选定的内容直接移到用户需要的位置上去，原位置上选定的内容已经删除，不再存在。

6．查找与替换操作

使用 Word 编辑文档时，用户经常需要寻找文档中的部分信息（关键词）并定位光标于此。对于一个长文档，用户不必为了查找一个单词或一个词组而从头到尾地阅读文档，可以使用 Word 的查找功能。如果在编辑文档的过程中成批出现某一错词时，Word 的替换功能可一次性将文中这一错词全部更正。

（1）查找

要在整个文档中查找指定的单词或词组，执行"编辑"→"查找"命令，弹出如图 7-10 所示的"查找和替换"对话框，然后在"查找"对话框中的"查找内容"项中输入用户希望查找的单词或词组，最后单击"查找下一个"按钮，Word 将自动查找用户输入的单词或词组，Word 把第一个找到的单词或词组反白显示，再次单击"查找下一个"按钮，可找到下一个匹配的单词或词组。

在查找窗口中有很多选项，用户可以选择这些选项来缩小查找的范围，例如，要在光标所在的段的前面查找单词"Computer"，并且要区分大小写，可以执行"编辑"→"查找"命令，然后在"查找"对话框中的"查找内容"项中输入"Computer"，单击"高级"的下拉箭头，并选择搜索列表中的"向上"项，选择"区分大小写"复选框，最后单击"查找下一个"按钮。Word 将在光标所在的段的前面查找单词"Computer"，一旦找到，屏幕将停止滚动，反白显示该单词。

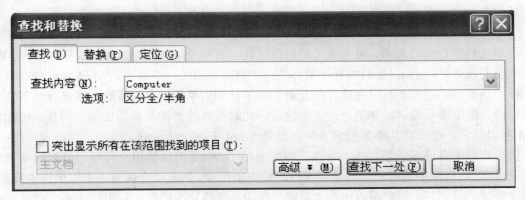

图 7-10　"查找和替换"对话框

　　无论何时，只要用户使用查找命令，Word 就会记住查找窗口中的每一个选项的设置，下一次使用查找功能时，这些设置仍然被选取。

　　（2）替换

　　Word 中具有用别的单词或词组来替换文档中某个特定的单词或词组的功能。例如，把一个文档中的一个人名替换为另一个人名，或者把一个文档中的某个口头用语或误用的单词用一个更精确的单词来替换等。

　　要替换文档中某个单词或词组，用户可执行"编辑"→"替换"命令，出现替换窗口，替换窗口内的选项基本上与查找窗口的内容相同。用户可在"查找内容"项中输入要替换的单词或词组，然后在"替换为"选项中输入替换后的单词或词组，若选择"全部替换"，Word 将把该文本中所有与"查找内容"匹配的单词或词组替换为"替换为"项内的内容。也可以选择"查找下一个"来显示查找到的信息，由用户根据上下文决定替换或者不替换，若要替换，则选择替换窗口的"替换"选项；若不替换，则选择"查找下一个"，来查找下一个匹配的信息。

　　与查找命令一样，替换命令也保持上一次替换命令的选项，在下一次使用替换命令时，默认采用上一次的各个选项的设置。

　　Word 一般查找或替换指定的确定文本。但是，有时候需要 Word 来查找指定信息较少的单词，为了放宽查找范围，查找命令和替换命令允许查找内容中包括通配符"？"或"*"号。如果 Word 在查找文本时看到一个"？"号，它就假定所有的字符都能匹配。例如，要查找"b?",当找到"bay"、"boy"、"buy"时，就会停下来。"？"表示任何字符（包括数字、符号和标点符号），它们都可以出现在"？"所在的位置上，但只替代一个字符。Word 也支持通配符"*"。当 Word 查找文本时看到一个"*"号，即表示"*"号位置上可出现任意个数的任何字符。例如，如果查找"b*y"，除了找到"bay"、"boy"、"buy"外，对于单词"body"、"beauty"，同样可以找到。在使用通配符进行查找前，必须选中"查找"对话框中的"模式匹配"复选框。

　　另外，用户还可以查找对 Word 很特殊但又不能直接在查找替换命令中输入的字符。例如，要查找后面紧跟着一个制表符的单词"表"，用户可以在"查找内容"项中输入"表"，然后单击"查找"对话框底部的"特殊字符"按钮，在列表中选择"制表字符"，在"查找内容"项的"表"的后面会加上"^t"，"^t"表示制表符。

　　7. 拼写检查

　　拼写检查器检查用户的英文拼写与其主词典相冲突的情况。另外，用户也可以建立一个自制词典供 Word 使用。自制词典中可输入 Word 不太熟悉的姓名、其他固有名词，以及其他不太常见的专业名词等。

（1）检查和改正拼写

要对文档进行拼写检查，可先选定检查的区域——整个文档、部分文档或一个单词（Word 默认从当前段开始检查），然后执行"工具"→"拼写和语法…"命令，Word 就可自动检查选定区域的英文单词拼写。当拼写检查器发现它所不认识的单词时，拼写检查器就会停下来显示拼写窗口，指出拼写错误，并提出改正的建议，此时可以改正该单词。如果单词是正确的，而 Word 不识别它，可以将其添加到词典中，以便 Word 下一次认识它。

拼写窗口中有许多选项。在"建议"项中显示了 Word 提供给用户与拼写错误的单词相近的单词，用户可以从中选择适当的单词来改正原先的错误。如果用户认为原来的单词拼写正确，且用户要经常用到它，用户可以单击"忽略"按钮，忽略这次检查；若用户认为文档中所有该单词都正确，可以单击"全部忽略"按钮来忽略文档中所有对该单词的检查；如果确实是拼写错误，可以选择全部更改，将文档中的所有该单词全部改正过来。如果用户更改了某个单词，立即又觉得更改错了，可以选择"撤销上次操作"来恢复上次的更改，Word 将在当前屏幕上恢复上次的修改，并反白显示。用户可以通过选择"选项"来使用自己的词典或调整拼写选项。

其实，在用户输入单词时，Word 就对其进行拼写检查，若在 Word 默认的词典中找不到该单词，Word 将把该单词加上红色波浪线，以示其错误。用户此时可将鼠标移至该单词，然后单击鼠标右键，在显示的快捷菜单中选择"全部忽略"命令，使 Word 忽略对该单词的拼写检查，或选择"添加"命令，将该单词添加到 Word 默认的词典中。用户还可选择"拼写"命令，屏幕将显示"拼写"对话框，用户可在该对话框中对该单词的拼写作出选择。

（2）使用自制词典检查拼写

用户可按自己的需要建立多个自制词典，在任何时候都可以使用一个或多个自制词典来检查文档中的拼写。

用户可以在拼写过程中通过"拼写"对话框选择"选项"来建立自制词典，也可以执行 Word 窗口的"工具"→"选项"命令，在弹出的"选项"对话框中单击"拼写和语法"选项卡，如图 7-11 所示，并单击"自定义词典"按钮打开如图 7-12 所示的"自定义词典"对话框来建立自制词典。

在"自定义词典"对话框中，用户可以单击"添加"按钮来添加 Word 检查拼写时使用的词典。添加了一个新的自制词典后，在"自定义词典"列表中将始终显示它。用户可以把选定的自定义词典作为 Word 文档打开，然后编辑该词典。Word 会提醒用户确认是否要将自定义词典作为 Word 文档打开以进行编辑。当用户不再需要使用某个词典时，可单击"删除"按钮，将选定词典从"自定义词典"列表中删除，在删除之前，用户必须取消左边的复选框。

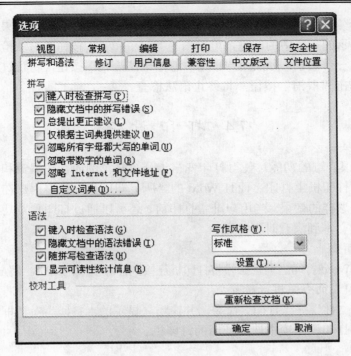

图 7-11　"选项"对话框

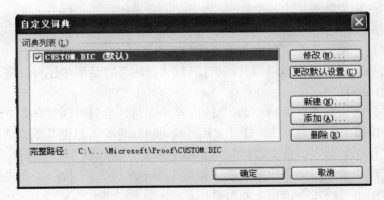

图 7-12　"自定义词典"对话框

　　用户还要对词典的语言进行格式化，选择一个自定义词典，然后在"语言"的下拉列表中选择语种。

　　当用户选定了自定义词典后，还要清除"选项"对话框中"建议"项的"仅依据主词典"复选框，否则 Word 将只使用词典来检查拼写。

　　（3）检查语法

　　使用 Word 的语法检查器可以识别不符合语法、风格、用法和标点的一般英文句子。语法检查器指出它认为不正确的句子，有时还对改正提出一些建议。

　　在缺省情况下进行，语法检查时，可先选定检查的文本，然后执行"工具"→"语法"命令，Word 将在选定范围内检查语法。若不选定文本，Word 默认为从当前段开始检查。

　　当出现语法窗口时，用户可以将文档中反白显示的句子改为基于"建议"项的句子。或者用户可以不理会建议，单击"忽略"按钮。如果语法检查器发现在反白显示的句子中存在另一个问题，Word 将该句子反白显示在"语法"对话框的"句子"项中；如果用户不理会当前的问题，以及反白显示的句子中的问题，可单击"下一个句子"按钮，语法检查器将跳过当前的句子，开始检查下一个句子；如果用户单击"忽略语法规则"按钮，将跳过整个文档中遇到的语法问题。用户单击"取消"按钮，将终止语法检查。

7.4 打 印 设 置

Word 有许多很先进的功能，使得打印变得十分容易。例如，在编辑和格式编排文本时，不必知道将在何种打印机上打印，而且 Word 的"所见即所得"使得用户在屏幕上看到什么效果在打印时就获得这样的效果。当用户准备打印前，还可以通过打印预览功能先浏览打印的模拟效果，然后调整文本到满意时再打印。

1．打印机设置

在第一次使用 Word 打印之前，必须将打印机连接到计算机或网络中。用户可使用"开始"→"设置"→"打印机"命令来进行设置。

用户可执行"文件"→"打印"命令，并在随之显示的"打印"对话框中单击"属性"按钮，以及设置有关打印机的项中选择使用的打印机。

2．打印预览

打印前，用户可以执行"文件"→"打印预览"命令或者单击标准工具栏上的"打印预览"按钮来查看打印的模拟效果。

3．打印文档

用户可以执行"文件"→"打印"命令来打印文档。

在对话框的第一行显示被激活的打印机接口。"打印"对话框中还有许多其他选项，我们举例说明如何使用各选项。

比如，需要打印文档"example1.doc"的内容共 3 份，且只打印所有的奇数页。用户可以这样操作：首先按前面所讲的方法，打开文档"example1.doc"，且使其成为活动文档，然后执行"文件"→"打印"命令，在"打印"对话框中的"打印内容"项中选择"文档"，在"页面范围"项中选择"全部"单选按钮，在"份数"项中选择"3"份，并在"打印"项中选择"奇数页"，最后单击"确定"按钮，即可打印。

7.5 文档格式的编排

为使所编文本更加美观，格式的设置是很必要的。Word 2003 强大的格式编排功能，能使用户精确地选择文本输出时的格式，达到满意的效果。

Word 有 3 种格式编排的单位：字符、段落和节。

节是文档的一部分，编辑文本时，用户插入了一个分节符，否则 Word 将文档视为一个节。在其中用户可以设置一定的页面格式。当要改变诸如行号、栏数或页眉和页脚等选项时，可重新开始一个新节。用户可以执行"插入"→"分隔符"→"分节符"命令来设置文档的节。

7.5.1　字符的格式编排

　　Word 字符格式主要有字体、字形、字号、颜色和效果等。字符格式化首先必须选定要格式化的字符，然后在"格式"工具栏上单击相应按钮来设定常用格式。若设置比较完善的字符格式可以使用"格式"菜单中的"字体"命令加以设置，如图 7-13 所示。

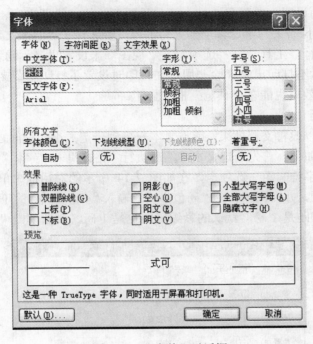

图 7-13　"字体"对话框

1．选择字体

　　字体指的是字符的形状，每一种字体都有一个名称，例如，汉字的宋体和黑体，英文的 Arial、Times New Roman 等。字体的设定在选中字符后通过格式工具栏上的"字体"列表框来进行设定，也可通过图 7-13 来进行设置。

2．设置字形

　　Word 对每种字体提供了四种字形来修饰它，即常规、倾斜、加粗、加粗倾斜。字形的设定在选中字符后通过格式工具栏上的字形 **B** _I_ 按钮来进行设定，也可通过图 7-13 来进行设置。

3．设置字号

　　字号是指字的大小。Word 将字号从大到小分为 16 级，最大字号为"初号"，最小字体为八号。初号并不是 Word 中最大的字，我们还可以直接使用"磅值"来表示字的大小，它的取值范围是 1～1638。字号的设定在选中字符后通过格式工具栏上的字号列表框 五号 　进行操作，也可通过图 7-13 来进行设置。

4．改变字体的风格和效果

　　除了改变字体、字形及字号外，用户还可以改变字符效果，如颜色、下划线、着重号、阴影、阳文等。

　　（1）改变字符的颜色：在选中字符后单击格式工具栏上的"字体颜色" **A** ·列表的下拉箭头，在"颜色"列表中选择字符的颜色，也可通过图 7-13 来进行设置。如选择"自动"，则使用默认的前景正文色。

（2）下画线的设定：设定下画线一般直接使用格式工具栏上的"下划线"列表 **U** ▾，在"下划线"项中选择添加下画线及下画线的样式等。

（3）给字符加着重号：加着重号要通过"格式"菜单中的"字体"对话框进行设置，进一步操作参照图 7-13。

（4）"效果"项的设置：参照图 7-13，还可设置删除线、隐藏文字、上标、下标、阴影、空心、阳文、阴文、小写/大写字母、全部大写字母，若选择了"隐藏文字"，该字符将只显示在屏幕上（用户可执行"工具"→"选项"→"视图"来设置"显示隐藏文字"，否则在屏幕上也不显示），打印时不打印出来（除非用户在打印时设置了打印隐藏文字）。

用户设定选项的效果也能在"预览"框中显示。

5．改变字符间距

调整字符间距可以改善文档效果，或将文本安排到一定大小的空间之中。例如，将字符间距加宽到 4 磅的操作如下：首先选定文本，然后执行"格式"→"字体"命令，在弹出的"字体"对话框中单击"字符间距"选项卡，在如图 7-14 所示的对话框中单击"间距"项的下拉列表，选择"加宽"项，并在同一行的"磅值"项中输入"4"。加宽字符间距的磅值范围为 0～1584），默认的加宽间距是 1 磅，默认的紧缩间距也是 1 磅，最后单击"确定"按钮。

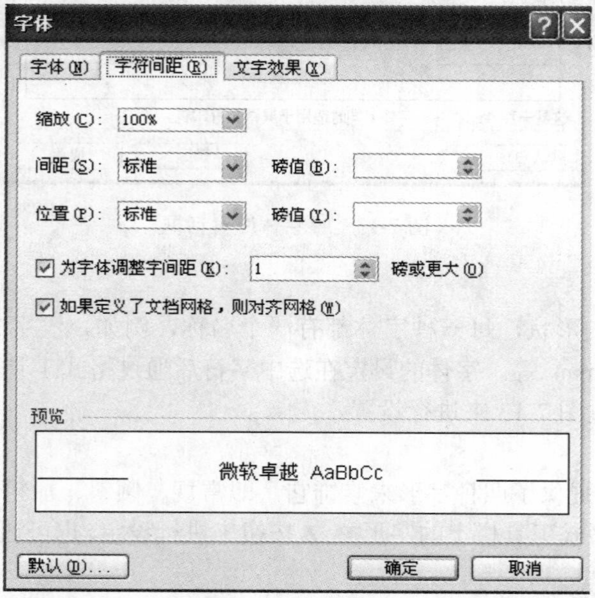

图 7-14　"字符间距"选项卡

"缩放"是指在不改变字符高度的情况下，改变字符的宽度。设定字符缩放可通过格式工具栏上的"字符缩放"列表 ⋈ ▾ 来设置，也可通过图 7-14 进行设置。

6．动态效果

给字符设定动态效果可通过执行"格式"→"字体"命令进行设置，在"字体"对话框中，选择"文字效果"选项卡进行设置，如图 7-15 所示。

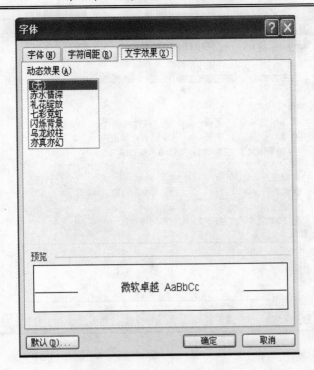

图 7-15　字符动态效果

7.5.2　段落的格式设置

Word 中的段是指字符及其最后的段落标记组成的集合。段落标记不仅标识一个段落和结束，还存储着这个段落的格式设置信息。移动或复制段落时必须连同段落标记一起移动或复制，这样才能保持段落的原有格式。段落标记是不可打印的字符，用户在按下【Enter】键时插入。用户若删除了一个段落标记，也就删除了它保存的所有段落格式信息，当出现这种情况时，被删除段落标记的段落将采用下一个段落的格式。同样，如果用户移动了段落标记，段落的格式也会变化。为了避免误删或移动一个段落标记，在编辑时，用户应该将段落标记显示在屏幕上。显示段落标记的操作步骤如下：执行 "视图" → "显示段落标记" 命令。

1. 段落缩进

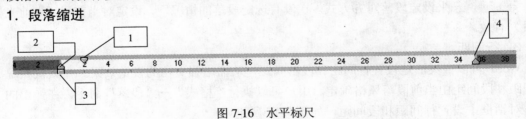

图 7-16　水平标尺

段落缩进包括：左缩进、右缩进和特殊格式（首行缩进、悬挂缩进）。用户可以使用鼠标拖放标尺上的各类缩进命令按钮（如图 7-14）完成段落缩进的设置，图 7-16 中，1-首行缩进，2-悬挂缩进，3-左缩进，4-右缩进；也可执行 "格式" → "段落" 命令打开 "段落" 对话框来进行设置，如图 7-17 所示。

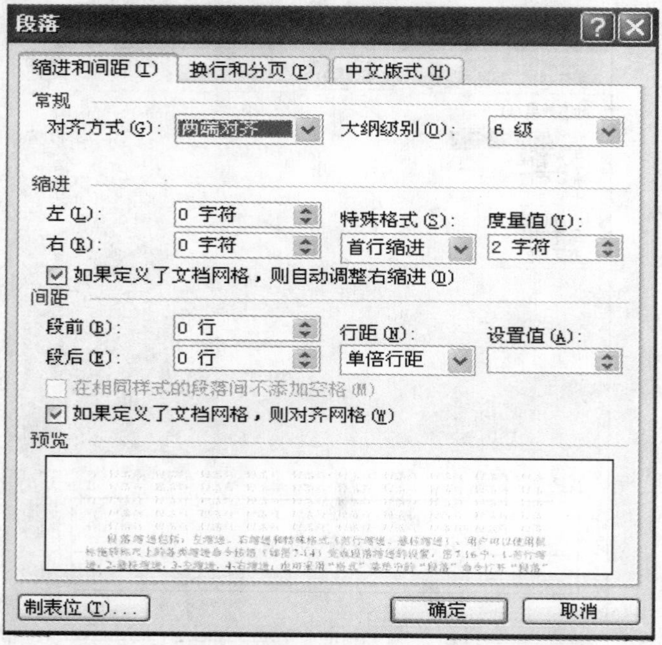

图 7-17 "段落"对话框

例如，要将整个段左边缩进 2 厘米，右边缩进 2 厘米，并且第一行缩进 1 厘米。用户可在"段落"对话框中单击"缩进和间距"选项卡，然后在"缩进"项中的"左"项的编辑框中输入"2"在"右"项的编辑框中输入"2"，在"特殊格式"项中选择"首行缩进"，并在右边的"度量值"项中输入"2"，最后单击"确定"按钮，Word 将对当前段按用户设置的格式进行编排。

2．段落对齐

Word 的段落对齐功能可以将段落左对齐、右对齐、居中、两端对齐或分散对齐。用户输入的文本默认采用"两端对齐"，除非用户对段落对齐方式已做了重新设定。段落的对齐方式可执行"格式"→"段落"命令，然后选择"缩进和间距"选项卡，单击"对齐方式"列表的下拉箭头，选择段落的对齐方式，如图 7-17 所示。用户也可以选择格式工具栏上的对齐按钮 ▓▓▓ ▓▓▓ ▓▓▓ ▓▓▓ 来设定段落对齐方式。在没有选定段落的情况下，设定对当前段（当前光标所在段）有效。

3．行间距

Word 可以很灵活地设置行间距和段落间距，从而增强文档的视觉效果。在默认状况下，行间距和段间距由当前段落风格确定。用户可以执行"格式"→"段落"命令，在弹出的"段落"对话框中设置行间距和段间距，如图 7-17 所示。

例如，要使当前段与前一段之间的间距为 1 行，与后一段之间的间距为 2 行，段内的行距为 1.5 倍行距。首先执行"格式"→"段落"命令，再选择"缩进和间距"选项卡，然后在"间距"项的"段前"的编辑框中输入"1"，在"段后"的编辑框中输入"2"，单击"行距"项的下拉箭头，并选择"1.5 倍行距"项，在"段落"对话框的"预览"框中，可以看到设置后的段落的样子，最后单击"确定"按钮，所选段落或当前段即获得新的段落格式。

4．换行和分页

有时用户要求将相连的几个段显示在同一页中，用户可以执行 "格式"→"段落"命令，在弹出的对话框中选择“换行和分页”选项卡来设置段的分页，如图 7-18 所示。

段落
缩进和间距 (I)
换行和分页 (P)
中文版式 (H)
分页
孤行控制 (W)
与下段同页 (X)
段中不分页 (K)
段前分页 (B)
取消行号 (S)
取消断字 (D)
预览
制表位 (T)...
确定
取消

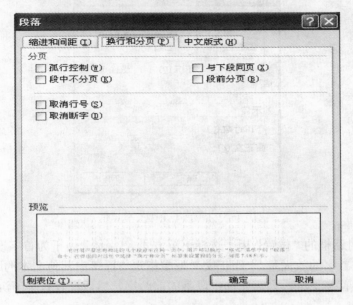

图 7-18　“换行和分页”选项卡

如果要求把当前段放到下一页，可选择“段前分页”复选框，Word 将在该段之前插入一个硬分页符，将其放到下一页上去。

如果要求当前段与下一段保持在一起不分开，可选择“与下段同页”复选框，Word 将禁止在该段及其下一段之间使用分页符。

如果要保持当前段在一页上而不跨越两页，可选择“段中不分页”复选框，Word 将禁止在段落内使用分页符。

用户还可以选择“孤行控制”复选框，使 Word 自动控制不在页的顶端打印段落的最后一行（页首孤行）。或自动控制不在页的底部打印段落的第一行（页尾孤行）。

5. 首字下沉

在报刊杂志中经常看到段落的第一个字放大数倍，用以引起注意，这就是首字下沉功能，效果如图 7-19 所示。

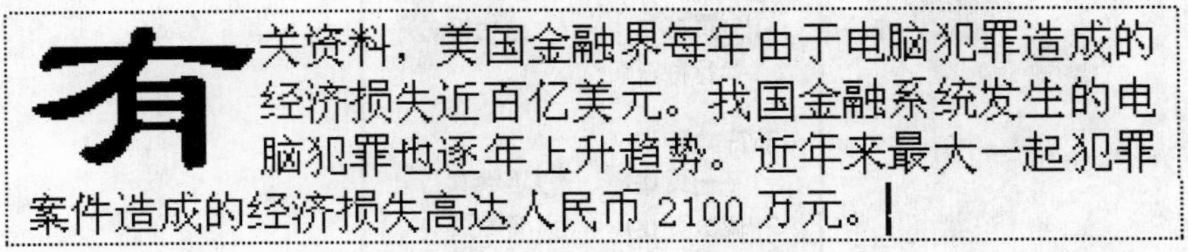

有关资料，美国金融界每年由于电脑犯罪造成的经济损失近百亿美元。我国金融系统发生的电脑犯罪也逐年上升趋势。近年来最大一起犯罪案件造成的经济损失高达人民币 2100 万元。

图 7-19　设置首字下沉后的效果

设置首字下沉的操作如下：首先切换到页面视图，再将插入点置于要设置首字下沉的段落，执行“格式”→“首字下沉”命令，打开“首字下沉对话框”，如图 7-20 所示。

图 7-20　"首字下沉"对话框

"首字下沉"对话框的"位置"用于选择下沉方式,"字体"用于为首字设置首字字体,"下沉行数"用于指定首字的放大量,"距正文"框中指定与段落中其他文本的距离。如果想设置段落的前两个字为首字下沉,只需先选中段落的前两字,然后设置首字下沉即可实现。

7.5.3　节的格式编排

在 Word 中,节是文档的部分,除非用户插入分节符,否则 Word 将整篇文档视为一个节。用户可以在节中指定分栏、页眉和页脚、页码、页边距以及纸张类型等。

1．将文档分节

大多数情况下,一个文档的各页使用相同的格式。但有时候用户在一个文档中需要采用几种不同的页面格式。例如,一个报表的封面、序言与表格可采用不同的打印方向。Word 允许用户将一个文档分节,然后对每一节设置不同的格式。

对文档分节的操作如下:先将插入点移到想要分节的位置,然后执行"插入"→"分隔符"命令,出现如图 7-21 所示的"分隔符"对话框,根据需要,在"分节符类型"中选择不同选项。

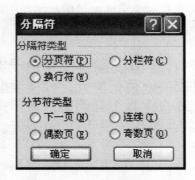

图 7-21　"分隔符"对话框

选择"下一页",分节后的第二节将从新的一页开始;选择"连续", Word 用新节的文本填满前一节的最后一页,如果前一页有报版样式栏,Word 将对齐分节符上面的各栏,然后在该页中填入新节。选择"奇数页",分节后的下一节将从下一奇数页开始,这一选项经常用于设置新章节从奇数页开始。完成图 7-21 的设置后单击"确定"按钮,即返回文档窗口,Word

在插入点之上插入双虚线（普通视图会清楚地显现）来标记上一节的结束，并且将插入点移到下一节。

分节符和其上的文本及对象共同构成节，它保存有此节格式。删除一个分节符，就意味着删除了在此分节符以上正文的节格式，这节正文便继承下一节的格式特征。

当有多个节时，可以通过复制分节符来复制节格式。分节符被粘贴在新位置时，分节符以上的正文继承此分节符的格式设置。

2．使用页眉和页脚

Word 允许用户在每页的顶部和底部设置页眉和页脚，并可以随时改变其格式内容。页眉页脚一般含有发文的文号、单位、日期、时间、文件总页数、当前页码等信息。页眉和页脚内容多时可有数行，少时往往仅包括页码。

创建页眉和页脚是很方便的：执行"视图"→"页眉和页脚"命令，Word 将弹出如图 7-22 所示的页眉和页脚工具栏。

图 7-22　页眉和页脚工具栏

此时用户可在页眉区或页脚区编辑页眉或页脚。单击"切换页眉和页脚"按钮 ，可在页眉区和页脚区之间切换。

例如，要为文档创建一个奇偶页不同的页眉，奇数页显示当前日期，偶数页显示页码。操作如下：执行"视图"→"页眉/页脚"命令，此时文档窗口内的文字和图形暗淡显示，页眉区和页脚区由不可打印的虚线围住。然后单击"页眉/页脚"工具栏上的"页面设置"按钮 ，在"页面设置"对话框中选择"版式"选项卡，并在"页眉和页脚"项中选择"奇偶页不同"复选项，单击"确定"按钮，退回到编辑页眉和页脚状态。此时光标在"奇数页页眉"虚框内，用户单击"日期域"按钮 ，在页眉虚框中将插入当前的日期。然后单击"显示下一项"按钮，屏幕切换到下一个页眉即偶数页页眉。在偶数页页眉中单击鼠标，将光标移至该页眉，然后单击页眉/页脚窗口工具栏的"插入页码"按钮 ，Word 将在偶数页中插入该页的页码。设置完成后，可单击工具栏上的"关闭"按钮，回到文档编辑状态，此时，页眉将暗淡显示，奇数页显示当前日期，偶数页显示页码。

在页眉或页脚编辑框中，用户可以像在段落中一样设置字符或段落的格式。例如，设置字符的字体和字号，改变段落的对齐方式等。

用户还可以通过增大或减小上页边距的下页边距的大小，调整文档中文本与页眉或页脚之间的距离。最后单击"页眉和页脚"工具栏的"关闭"按钮，返回到文本编辑状态。

3．添加页码

如果用户仅需要页码作为节的页脚或页眉，可直接执行"插入"→"页码"命令，在如图 7-23 所示的"页码"对话框中单击"格式"按钮设置页码的格式。

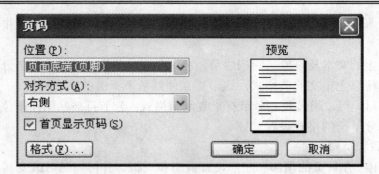

图 7-23　"页码"对话框

例如，要将页码作为页脚设置在每页的底部居中，并显示为中文的一、二、三。可在"页码"对话框中单击"位置"项的下拉箭头，并在列表中选择"页面底端（页脚）"，在"对齐方式"下拉列表中选择"居中"，然后单击"格式"按钮，在"页码格式"对话框中的"页码格式"项的下拉列表中选择"一、二、三"项，最后单击"确定"按钮，返回"页码"对话框，再在"页码"对话框中单击"确定"按钮。Word 将按用户的设置在页面底部显示页码。

4．插入脚注或尾注

脚注和尾注对文档中的文本进行注释、加备注或提供引用。在同一文档中可以既有脚注也有尾注。例如，用户可以应用脚注进行详细的注释，应用尾注列出引文出处。

用户可以添加任意长度的注释文本，并且可以对注释文本设置格式，还可以打印文档中不同位置的注释，以及自定义注释引用标记和注释分隔符（分隔文档文本与注释文本的直线）。每个注释都有两部分：上标和注释引用标记。用户可以在文档中插入注释引用标记，然后在注释窗口中输入注释文本。Word 将自动编号，并设置注释的位置。

在普通视图中，注释显示在注释窗格中；在页面视图中，注释显示在文档中要打印的位置上。

要插入脚注，首先要将文本光标插入点移到用户插入脚注的位置，然后再执行"插入"→"引用"→"脚注和尾注"命令，屏幕上将弹出"脚注和尾注"对话框，如图 7-24 所示。

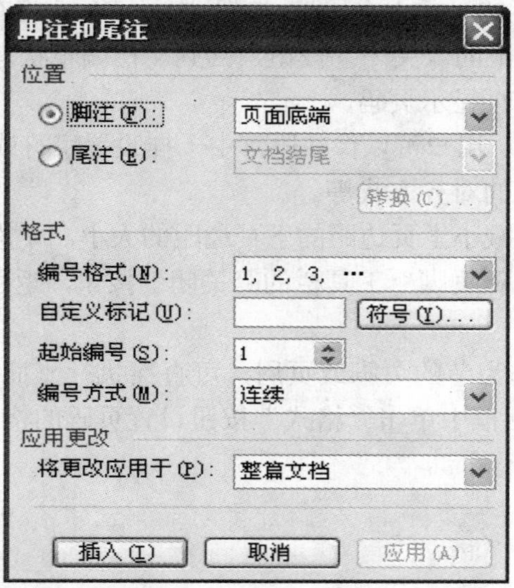

图 7-24　"脚注和尾注"对话框

　　例如，要设置一个每页独立编号的脚注，由 Word 自动编号，并以英文小写字母 a,b,c…为注释引用标记。具体操作如下：执行"插入"→"引用"→"脚注和尾注"命令，在"脚注和尾注"对话框中选中"脚注"单选按钮，在"编号格式"项的下拉列表中选择"a,b,c…"项，在"编号方式"项中选择"每页重新编号"单选按钮，最后单击"确定"按钮。Word 将插入注释引用标记，将光标移到注释文本中。如果文档以普通视图显示，Word 还将打开一个注释窗格，用户可在注释窗格中设置脚注、脚注分隔符等内容，还可以单击窗格上的"关闭"按钮以关闭注释窗格。

　　删除脚注引用标记即可删除脚注。如果删除了自动编号的脚注，Word 会对文档中其余的脚注重新编号。执行"视图"→"脚注"命令，然后双击要删除的注释引用标记，可将光标移至文档中该注释的引用标记处，最后删除该引用标记，即可删除该注释文本。用户不能通过删除普通模式下的注释窗格中的文本或页面模式下的注释文本来删除脚注，必须在文档窗口中删除引用标记。

5．将页面分栏

　　用户可以将整篇或部分文档设置成多栏格式，以改变文档的外观。Word 对包含插入点的节应用栏格式，如果还没有将文档分节，那么整个文档就是一节，栏格式将影响整个文档。如果用户已经在文档中插入分节符，在分栏前要将插入点设置在要分栏的节中。

　　如果要给选定的文本设置分栏，Word 将在选定的文本开头和结尾插入分节符，并且只为这一新节中的文本设置分栏格式。

　　设置分栏的操作如下：首先选定进行分栏设置的文本区域，执行"格式"→"分栏"命令，弹出如图 7-25 所示"分栏"对话框。在对话框中设置栏数、栏间距及决定是否在栏间显示分隔线。

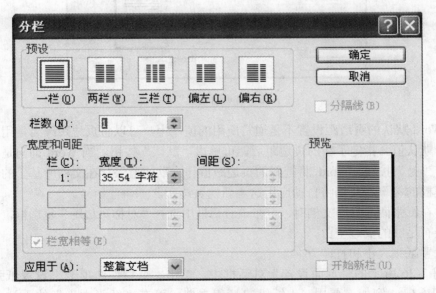

图 7-25　"分栏"对话框

6．分页

　　分页就是根据需要重新开始一个新页。操作方法如下：将插入点置于要求分页的地方，执行"插入"→"分隔符"命令，在"分隔符类型"项中选择"分页符"，最后单击"确定"按钮。如果在普通模式下，Word 将在屏幕上显示一条间距较小的点线来指明强制分页符。Word

将自动调整文本以适应新的分页符。

要删除分页符，可将文本光标插入点移至分页符的下一行，然后用退格键来删除它。

7．页面设置

最常用的页面设置就是设置纸张的大小和页边距。页边距指正文到页面边缘的距离。用户可以执行"文件"→"页面设置"命令，弹出的"页面设置"对话框如图 7-26 所示。

（1）设置页边距

首先将插入点设置于要改变其页边距的节中，然后参照如图 7-26 所示的"页面设置"对话框，选择"页边距"选项卡，用户可在当前的选项中设置文档的页边距。

图 7-26　"页面设置"对话框

如果 Word 默认的页边距设置不是通常所用的值，用户可以将页边距改为常用的值，并把它们设置为默认值。指定了新的页边距后，可单击"默认"按钮，当 Word 询问是否更改页边距时，单击"是"按钮，Word 将把新的页边距值作为默认值保存在文档所基于的模板中。今后基于该模板的每一新文档将自动应用这一新的页边距。

如果要在纸张两面打印文档时，可在该对话框中选择"对称页边距"复选框，以确保打印后装订时能有足够的页边空白。

（2）设置纸张大小和打印方向

在如图 7-26 所示的"页面设置"对话框中，单击"纸型"选项卡来设置纸张的大小和打印机打印方向。例如，要用 A4 纸纵向打印文档，可在"纸张大小"的下拉列表中选择"A4 210 毫米×297 毫米"，在"方向"项中选取"纵向"单选按钮，最后单击"确定"按钮。

（3）设置文档网格

执行"文件"→"页面设置"命令，在弹出的"页面设置"对话框中单击"文档网格"选项卡，弹出如图 7-27 所示对话框。根据对话框的提示设置每行字符数及每页行数。

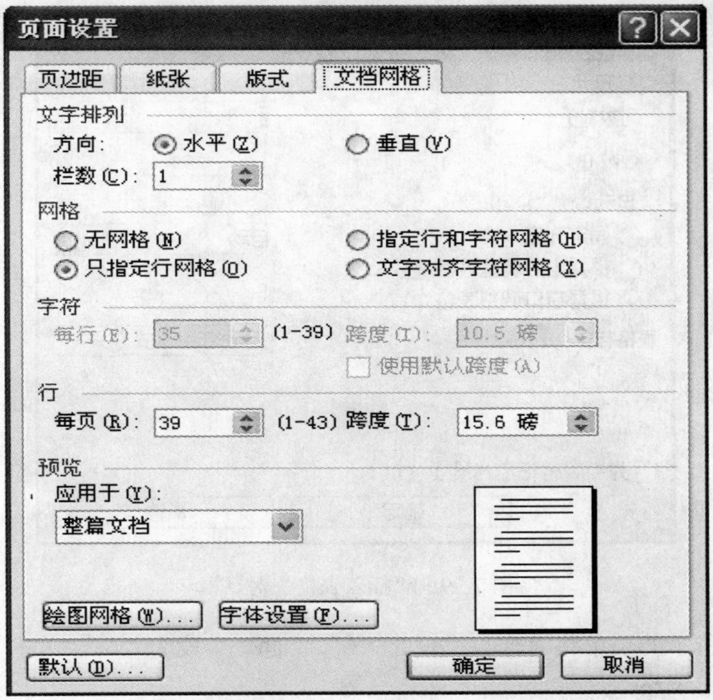

图 7-27　"页面设置"对话框

7.6　制　作　表　格

Word 允许用户在文档中使用表格。下面以创建如图 7-28 所示的表格为例，介绍制表及编辑表格。

产量　品名	产量（万台）				合计（万台）
	一季度	二季度	三季度	四季度	
电视机	15.8	16.4	16.9	17.2	
DVD	8.2	9.1	9.6	10.7	
空调机	14.6	25.8	20.1	18.6	
洗衣机	10.1	10.3	12.9	14.6	

图 7-28　样例表格

1．创建表格

创建表格通常采用两种方法：一种是使用菜单；另一种是使用工具栏（不建议手工画表）。用菜单建立样例表格的操作如下：执行"表格"→"插入"→"表格"命令，弹出如图 7-29 所示的"插入表格"对话框。

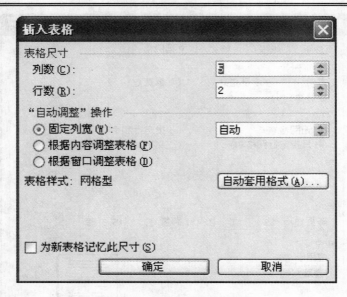

图 7-29 "插入表格"对话框

按如图 7-28 所示的要求将"列数"设为"6","行数"设为"6",单击"确定"按钮,即插入如图 7-30 所示表格。

图 7-30 样例完成(一)

第二种方法操作如下:单击常用工具栏上的插入表格按钮█,并按下鼠标向右下方拖动,当提示"6×6 表格"时松开鼠标,即插入与图 7-30 相同的表格。

2. 在表格中定位插入点

(1)鼠标光标单击某单元格。

(2)使用光标键:上、下、左、右。

(3)使用组合键:【Tab】、【Shift+Tab】、【Alt+Home】、【Alt+End】、【Alt+PgUp】、【Alt+PgDn】等。

3. 录入和编辑表格内容

创建了一张表格后,用户就可以向表格中输入文本。将文本光标移到要输入文本的单元格处,然后输入文本,其输入方法与输入普通文本一样。当输入文本的长度超过列宽时,Word 自动进行整字换行,并自动扩大行高。依照图 7-28 在刚刚建立的表格中输入对应的内容,如图 7-31 所示。

产量品名					合计（万台）
	一季度	二季度	三季度	四季度	
电视机	15.8	16.4	16.9	17.2	
DVD	8.2	9.1	9.6	10.7	
空调机	14.6	25.8	20.1	18.6	
洗衣机	10.1	10.3	12.9	14.6	

图 7-31　样例完成（二）

4．编辑表格

（1）选定表格的单元格、单元格区域、行、列或整个表格

在对表格编辑的过程中，我们常要选定表格的单元格、单元格区域、行、列或整个表格。

选定单元格：将鼠标光标置于单元格的左下方，当光标出现实心的右上箭头时单击鼠标即选定这个单元格。

选定单元格区域：鼠标光标指向待选单元格区域的某一角时，按下鼠标拖放，即要选定一矩形区域。

选定行：将鼠标光标移至该行的左侧文本选定区，待出现右上箭头光标时，单击鼠标左键即选定一行。按下鼠标向下拖放可选多行。用户也可以将插入点移至待选行的任一单元格中，然后执行"表格"→"选定行"命令来选定该行。

选定列：将鼠标光标移至表的最上边的边界线上，待出现向下黑色箭头时，单击即选定一行。按下鼠标左键拖放可同时选定多列。用户也可以将插入点移至待选列中的任一单元格，然后执行"表格"→"选定列"命令来选定该列。

要选定整张表格，可将鼠标移至表格左上方，待出现选定表格标志时单击即选中整个表格。也可采用另一种方法选定整个表格：将插入点置于表格的任一单元格，执行"表格"→"选定"→"表格"命令来选定整张表格。

选定单元格区域后，可以改变选定区域的格式。比如，字体、字符颜色，对齐方式等。

（2）添加、删除行或列

当用户建了一张表格后，还可以很方便地随时在该表格上添加或删除行、列或单元格。

插入行：先将光标移至表格中，然后执行"表格"→"插入"→"插入行"命令，Word将在光标所在行前面插入一空行；要插入列，可先选定插入列的后一列，然后执行"表格"→"插入"→"插入列"，Word 将在选定列的前面插入一空列。

删除行或列，同样先将文本光标移到表格内要删除的行或列，执行"表格"→"删除"→"删除列"命令。

（3）调整行高和列宽

改变行高和列宽最简单的方法是将鼠标移到该行或列框线处按下鼠标拖放。用户常常需要只改变一个单元格的宽度，使用鼠标拖放的操作方法如下：首先选定该单元格，然后将鼠标移到该单元格右边界线，待光标变为双向箭头时，按住鼠标左键，拖动至用户想要该列边界线所在的位置，释放鼠放左键，该单元格的边界线将移到新位置。此时，该单元格所在的列宽将不再对齐。

改变行高和列宽也可使用菜单进行操作，操作步骤如下：选定行或列后右击鼠标，弹出如

图 7-32 所示的"表格属性"对话框。选择行或列选项卡，输入行高或列宽的值，单击"确定"按钮即完成设置。

"表格属性"对话框也可用于设置表格的对齐、缩进和环绕方式，还可用于单元格属性的设置。

图 7-32　"表格属性"对话框

（4）合并与拆分单元格

合并单元格是指将所选的单元格合并成一个单元格。拆分单元格则是指将选定的单元格划分为若干小的单元格。合并与拆分单元格可通过表格和边框工具栏上的工具按钮"▦ ▤"来完成。第二种方法是使用菜单，用菜单完成单元格的合并与拆分的操作如下：执行"表格"→"合并单元格"或"拆分单元格"命令。

（5）表格边框和底纹的设定

表格边框和底纹的设定一般通过"表格和边框"工具栏来完成，如图 7-33 所示。

图 7-33　"表格和边框"工具栏

添加边框的操作如下：首先选定待设边框的表格（或表格的一部分），然后在表格工具栏上选择"线型"、确定线宽、设定框线颜色、最后确定框线的应用范围。

添加底纹：选定待设底纹的表格（或表格的一部分），然后在表格工具栏上单击"底纹颜色"按钮右侧的下拉箭头，选用合适的底纹。

在图 7-31 的基础上完成图 7-28 样例的操作：选中 a1，a2（表格的单元格是有名称的，列按 a、b、c……编号，行按 1、2、3……编号，a1 为表格左上角的第一个单元格），单击工具栏上的"合并单元格"按钮；接着设定斜线：线型选"单实线"，线宽"0.5 磅"，应用范围选"斜下框线"；接下来设计"产量"和"品名"：通过空格键将"产量"移到单元格右侧、通过【Enter】键将"品名"定位于第二行。选中 b1：e1 单元格，执行"合并单元格"命令，输入"产量（万台）"，单元格对齐方式选用"中部居中"。选中 f1、f2 单元格，执行"合并单元格"操作，选用单元格对齐方式为"中部居中"。分两次选中表头部分并设置 15%灰色底纹。选定整个表格，选用 2.25 磅单实线作为外框，0.5 磅单实线作为内框。选定第三行并选用 0.75 磅双实线作为上框线。

（6）表格自动套用格式

Word 提供多种风格的表格格式以供用户调用。设置自动套用格式的方法是：先将光标移至表格内，然后执行"表格"→"表格自动套用格式"命令，屏幕将弹出如图 7-34 所示的"表格自动套用格式"对话框。用户可以在对话框中的"格式"项中选择满意的风格来装饰文档中的表格，并可以使用该对话框中的其他选项来设置表格的风格。当用户对选择的表格风格满意时，单击"确定"按钮。

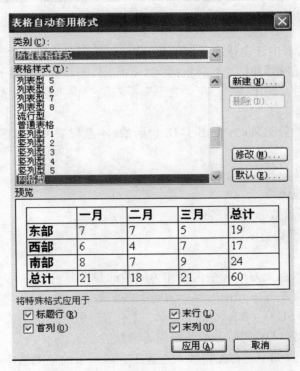

图 7-34 "表格自动套用格式"对话框

5. 表格中的数据处理

（1）表格内容的排序

在"表格"菜单中选择"排序"命令，可实现对表格中数据进行排序。执行排序命令后，会弹出"排序"对话框，如图 7-35 所示。

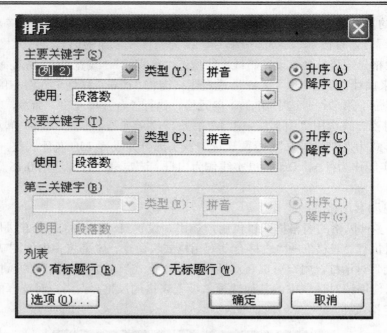

图 7-35 "排序"对话框

在"排序依据"列表中选定排序依据的列，Word 最多允许以 3 个列作为排序依据，只有在前面的"排序依据"值相同时，"然后依据"才起作用。"类型"框用于选择排序依据，包括："笔画"、"拼音"、"数字"、"日期"。在"类型"框右侧提供"递增"、"递减"供用户选用。

（2）表格中常用的计算

Word 表格在进行数据处理时，列出了 18 种函数，本教材要求大家掌握其中最常用的 4 种，它们分别是：

SUM——求和函数。

MAX——求最大值函数

MIN——求最小值函数

AVERAGE——求平均值函数

常用的公式参数：

ABOVE——将插入点上方单元格内容作为函数的参数。

LEFT——将插入点左方单元格内容作为函数的参数。

单元格名称——如 SUM（B2，C2：F10），其中逗号用于列出不相连的单元格作为函数，冒号用于将相连的矩形区域中的若干单元格作为函数的参数。

使用函数的操作步骤如下：首先将插入点置于存放结果的单元格中，执行"表格"菜单中的"公式"命令，弹出如图 7-36 所示的"公式"对话框，在"公式"文本框中输入计算公式（或者在"粘贴函数"框中选择一个函数，该函数将出现在公式框中）。"数字格式"框中选择数据输出格式；还有很关键的一步是正确输入函数的参数；最后，单击"确定"按钮，将得到统计结果。

现在我们完成图 7-28 样例表格中的"合计"运算：将插入点置于 F3 单元格，单击"表格"菜单中的"公式"命令，在如图 7-36 所示的公式对话框中将"粘贴函数"列表选为"SUM"，修改参数为"LEFT"，最后单击"确定"按钮。将 F3 单元格的内容分别复制到 F4、F5 、F6，选中 F 列，单击功能键【F9】即完成整个表格的运算任务。

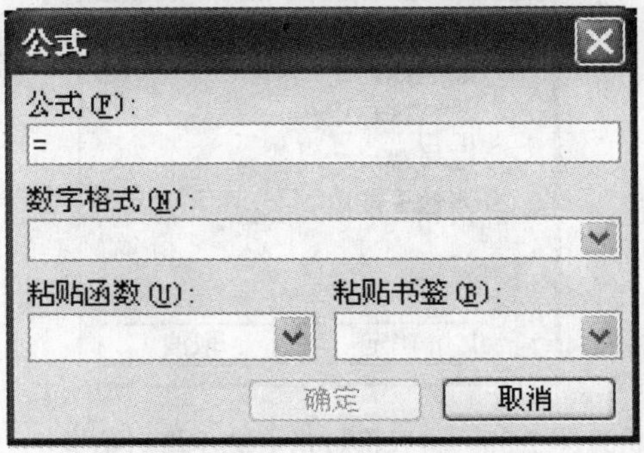

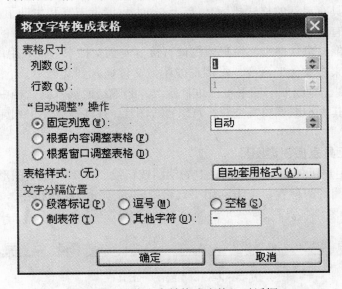

图 7-36　"公式"对话框

6．表格和文本的相互转换

（1）将文本转换为表格

Word 可将文本转化成表格，但文本中必须含有某种分隔符（逗号、制表符、段落标记等）。

图 7-37　"将文字转换成表格"对话框

转换步骤：选定需要转换的文本后，执行"表格"→"转换"→"将文字转换成表格"命令，弹出如图 7-37 所示的"将文字转换成表格"对话框，根据具体情况完成设置，最后单击"确定"按钮。

（2）将表格转换成文字

将表格转换成文字的操作步骤如下：先选定表格，然后执行"表格"→"转换"→"将表格转换成文字"命令，屏幕上将弹出如图 7-38 所示的"表格转换成文本"对话框。在对话框中选择合适的"文本分隔符"，然后单击"确定"按钮。

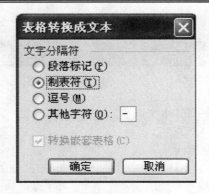

图 7-38　"表格转换成文本"对话框

7.7　图 文 混 排

图文混排是 Word 的强大功能之一，Word 支持插入多种格式的图形、图像文件，插入后的图形、图像等对象具有灵活的格式排版功能，这很大程度上丰富和生动了 Word 文档。

一般图文混排有三种方法：①利用 Word 中的绘图工具，直接在编辑的文本中绘制图形；②从网络或图形图像编辑软件中将图形或图像直接复制到文档中；③利用"插入"→"图片"→"剪贴画"或"来自文件"命令，把图形或图像文件插入到文档中。

使用 Word 绘图工具绘制的图形可以进行修改、删除；而插入到文档中的图片，用户在文档窗口中可以改变其大小或调整其位置，若想修改图片，往往需要使用相应的图形图像处理软件进行编辑。

1．利用绘图工具直接创建图形

在 Word 中，用户可使用绘图工具栏中的绘图按钮绘制图形。绘制图形的操作如下：将插入点定位到需插入图片的位置，单击常用工具栏中的 按钮（绘图按钮），窗口下方将出现如图 7-39 所示的"绘图"工具栏。

| 绘图(D) ▼ | 自选图形(U) ▼ ＼ ＼ □ ○ ⊞ ⚙ ⚛ ⚙ ⚙ ⚙ | ♦ ▼ ✎ ▼ A ▼ ≡ ≡ ≒ ▮ ▮ |

图 7-39　"绘图"工具栏

使用该绘图工具栏中的工具按钮可以中直接绘图。如粗细不同的直线、曲线、方框、椭圆框、箭头等，还可对图片添加文字、填充各种颜色等操作。

2．利用"插入"菜单插入已有图片文件

Word 中还可直接利用其他工具软件生成的图形、图像。例如，要在当前文档中插入一幅用 Windows 画图程序绘制的图片"South.bmp"，该图片存储在 C 盘的"My Documents"文件夹中。用户可以这样操作：先将光标移到文档中要插入图片的位置，执行 "插入"→"图片"→"来自文件…"命令，待出现如图 7-40 所示的"插入图片"对话框时，在"查找范围"项中选择"C:"，在其下的列表中双击"My Documents "文件夹，然后在"文件类型"列表中选择"Windows 位图"，在"文件名"列表中将显示 C:\ My Documents 文件夹中的所有扩展名为".bmp"的文件，在其中选择"South.bmp"，最后单击"插入"按钮。

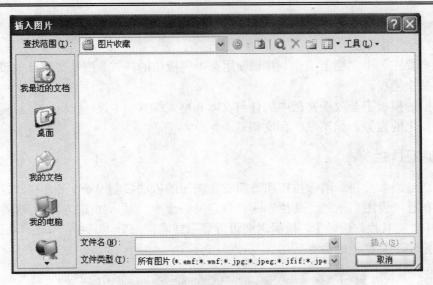

图 7-40　"插入图片"对话框

7.8　定制 Word

Word 是一种易学易用的应用软件。用户很容易掌握它的大部分设置和选项，定制 Word 体现个性化的用户设置是很有必要的。

7.8.1　使用模板

Word 的文档模板提供一种省时省力的方法，以形成一个最终文档或定制一个特殊类型的文档。Word 提供多种模板帮助用户工作，用户也可以修改这些模板或创建自己的模板。

一个文档模板包含以下元素：第一，当用户创建新文档时，模板直接提供该类文档共性部分，如信件、备忘录或报告中固定化的文字和图形；第二，包含所有段落中使用的标准格式的样式，包括字体、字形、字号等；第三，包含标准文本和插入图形，如公司标记或地址的图文集；第四，可自动完成编辑和格式编排功能的宏；第五，为宏和命令分配菜单和键。Word 通常把文档模板保存在以"*.DOT"为扩展名的文档中。

1．修改模板

用户也可以像修改普通 Word 文档一样，修改一个模板以适合自己的需要。其方法如下：执行"文件"→"打开"命令，在"打开"对话框中的"文件类型"列表中选择"文档模板"，找到要修改的模板，然后单击"确定"按钮。进入模板编辑状态后，实施内容的编辑和格式编排。完成模板的修改后，单击常用工具栏中的"保存"按钮，或执行"文件"→"保存"命令，Word 将把用户的修改保存在原模板中。

2．创建模板

用户也可以创建一个新的模板适应自己的需要。创建模板的操作如下：首先打开一个模板，然后对其进行修改后，最后使用"文件"→"另存为"命令，将修改后的模板更名保存。

用户还可以执行"文件"→"新建"命令创建一个新的模板。在"新建"对话框中选择一种格式最为类似的模板，并在"新建"项中选取"模板"单选按钮，单击"确定"按钮；对打开的模板进行编辑，直到符合用户的要求为止；最后执行"文件"→"另存为"命令，保存修改过的模板。

3．为文档选用模板

如果用户要在一个文档上工作，并想使用某个模板中的样式、图文集或其他设置，可指定该文档选用某个模板。

选用不同的模板不会改变文档中的任何文本和格式编排。不过，选用一个新模板将改变由当前模板所指定的设置，如菜单、图文集等。

7.8.2　定制工具栏

用户可通过添加按钮、消除按钮和重新安排按钮的方法定制 Word 工具栏。定制工具栏的操作如下：执行"视图"→"工具栏"→"自定义"命令，显示如图 7-41 所示的"自定义"对话框。选中"工具栏"选项卡，根据需要设置显示或隐藏部分工具栏；单击"命令"选项卡，用鼠标拖放定制工具栏上的命令按钮。

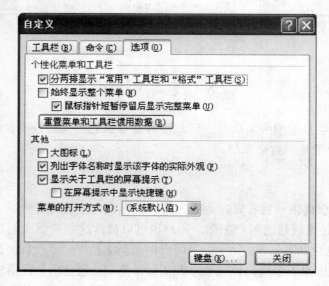

图 7-41　"自定义"对话框

7.8.3　设置启动选项

用户可通过修改控制程序运行方式的各种内部设置来定义 Word，Word 在每次启动时就检测这些设置，并能在任何时候修改它们。设置的方法是：执行"工具"→"选项"命令，显示如图 7-42 所示的"选项"对话框。例如，改变文档保存的默认位置为"D:\HJC"的操作如下：在"选项"对话框中选中"文件位置"标签，单击"更改"按钮，在弹出新对话框的"文件夹"列表中输入"D：\HJC"，单击"确定"按钮。Word 默认的文件保存位置为 C:\My Documents 文件夹。

7.8.4　存储设置

为确保工作时不会出现因死机或断电造成数据丢失，Word 提供了自动保存设置。设置方法如下：执行"工具"→"选项"命令，在弹出如图 7-42 所示的"选项"对话框中单击"保存"选项卡，设定"自动保存时间间隔"值，建议保留默认值"10 分钟"。如果是编辑软盘中较长的文档，建议将"自动保存时间间隔"设为"30 分钟"，否则计算机频繁地保存将严重影响继续编辑。用户保存文档之前，自动保存的文档以特殊的格式和位置储存，如果此时发生断电或其他故障，重新启动 Word 后，Word 将打开所有自动保存过的文档以便用户保存。这样，用户丢失的信息仅仅是最后一次自动保存后修改文档的内容。

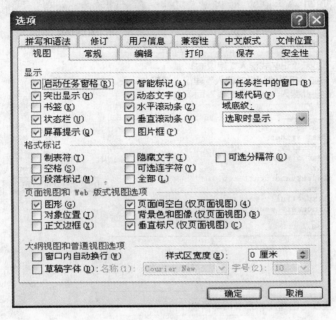

图 7-42　"选项"对话框

如果用户想要在保存新版本时保存前一个版本的备份，可选择"保留备份"复选框，Word 将保存文档的当前版本，并且用带有".BAK"扩展名的文件保留文档的上一个版本。

用户可以选择"快速保存"项，Word 只将修改部分追加保存到已有文件。快速保存的缺陷是文档较大，浪费存储空间。例如，打开一个含有 1000 个字符的 Word 文档，删除 500 字符，快速保存后生成的文档比原文档还大。

7.9　Word 的高级使用

Word 除了具有上述的众多功能外，还有在文档中使用图表、创建格式信件、对文档和文件的管理等许多强大的功能，这些功能为用户在使用 Word 时尽可能地提供方便，下面进行介绍。

7.9.1　图文集的使用

用户可以把一段文字、一个图形或者文字与图形的组合（比如，一个公司的名称和标记）存储为图文集词条。当用户需要这些图形和文字时，不必每次都重复输入这些文字。

例如，在某一个文档中经常用到"发展中国家"这样一个词条，可以将这个词条存储为图文集词条供以后使用。操作方法如下：首先在文档中录入"发展中国家"并选中它，然后执行"插入"→"自动图文集"→"自动图文集"命令，屏幕上将出现如图 7-43 所示的"自动更正"对话框。在对话框中单击"添加"按钮，"发展中国家"即加入自动图文集词条。

如果用户正在使用非 NORMAL.DOT 的模板，用户可以选择自动图文集词条的有效范围，如对所有文档有效还是只对当前模板的文档有效。现在就可在文档中快速录入词条，方法如下：输入"发展"后屏幕提示"发展中国家"，按【Enter】键，即输入该词条。

图 7-43　　"自动更正"对话框

7.9.2　使用宏

宏是预先录制好的 Word 命令和动作的组合，当我们需要重复性完成复杂操作时，宏为我们提供良好的解决方案。能帮助用户更快、更有效地工作。

1. 录制宏

录制宏的操作方法如下：执行"工具"→"宏"→"录制新宏"命令，屏幕弹出如图 7-44 所示的"录制宏"对话框。在对话框中录入宏名后单击"确定"按钮，即进入录制宏状态。注意，宏名中不要使用空格、逗号或句号，然后在"说明"框中为该宏输入一简短的说明"练习使用宏"。接着可将宏作为一个菜单项放到菜单中，或将宏作为一个工具栏上的按钮放到工具栏上，用户还可为宏指定快捷键。

这时，屏幕上将显示出一个小"录制宏"窗口，内有停止宏录制和暂停宏录制两个按钮。此时，用户可按顺序执行最大化屏幕的操作：选择 Word 窗口的"视图"菜单的"工具栏"子项，隐藏所有工具栏，再选择"视图"菜单的"标尺"子项，隐藏标尺，至此，已经执行完最大化屏幕的所有操作，也就是宏要包括的所有命令。可以停止宏的录制了，可单击"宏录制"窗口的停止宏录制按钮，或者双击状态栏上的"录制"以结束宏的录制。

用户可以执行宏来测试录制的宏是否正确。在执行宏之前，应该先保存文档，以避免产生意外的结果。

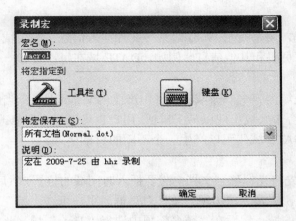

图 7-44　"录制宏"对话框

2．执行宏

用户可以使用"宏"命令来执行宏，如果用户要经常使用某一宏，那就有必要为它指定一个工具栏、菜单或快捷键，这样就可以直接运行宏了。

例如，要执行前面录制的宏，可以选择 Word 窗口的"工具"菜单的"宏"子项，在如图 7-45 所示的"宏"对话框中的"宏名"文本框中输入"maxscreen"或在"宏名"列表中选择"maxscreen"，然后单击"运行"按钮，Word 将运行宏"maxscreen"的内容，即隐藏格式栏、标尺栏、工具栏，使文档最大化显示。

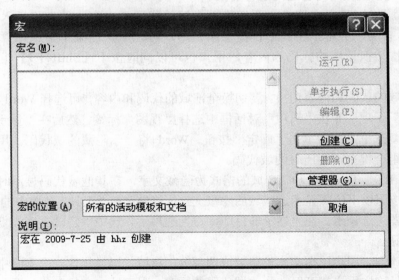

图 7-45　"宏"对话框

因为曾给该宏指定子菜单，所以也可以单击菜单来运行该宏。可选择"视图"菜单的"最大化屏幕"子项，该子项即为宏"maxscreen"指定的菜单名，用菜单执行的结果与用"宏"命令执行的效果完全一样。

7.9.3　使用域

域是一种特殊代码，用来指示 Word 给某一文件插入信息。利用域，可以在文件中添加和自动更新文本、图像、页码和其他信息。例如，DATE 域在每次打印一个特定文件时插入当前日期。

通常用户看到的是域内容——即域在文件中产生的文本或图像。当用户将插入点置于域内容中时，可以让这些内容带底纹出现以易于辨认。用户也可以查看和修改域代码以更新域内容。比如，用户可以改变 DATE 域代码以产生一个不同的日期格式。

1．插入域

要插入时间域，首先将光标移到文档中想要插入时间域的位置，然后选择 Word 窗口的"插入"菜单的"域"子项，屏幕上将出现"域"对话框。用户可在"域"对话框的"分类"项中选择"日期和时间"类的域，然后在"域名"项中选择"Time"域，此时按下【F1】键，可得到该域类型的相关信息，最后单击"确认"按钮以插入域，Word 将在光标插入点处插入当前的时间。

用户同样可以用这种方法插入其他的域，但不能通过在域类型和指令外输入大括号"{}"来创建域。

2．查看域代码或域内容

查看域有两种方法：查看域代码和查看域内容。域代码是显示在域字符"{}"之间的指令，如"{author}"。域内容是代码所指的文本或图形，如时间域内容"1997 年 4 月 17 日"。Word 允许文档中的域在域代码内容之间进行切换。

（1）单个域代码和内容切换。要切换单个域的代码和内容，首先将插入点置于域中，然后单击鼠标右键，屏幕上将显示快捷菜单，用户可以从快捷菜单中选择"切换域代码"命令，Word 将切换该域的代码和内容，用户也可以同时按下【Shift+F9】组合键来切换域代码。

（2）全部域的代码和内容切换。要切换全部域的代码和内容，可选择 Word 窗口的"工具"菜单的"选项"子项，并在"选项"对话框中选择"视图"标签。然后在"显示"选项下，选中"域代码"复选框，最后单击"确定"按钮。Word 将显示隐藏的域代码。用户也可同时按下【Alt+F9】组合键来切换所有的域代码。

Word 中，RD、TA、TC 和 XE 域的格式为隐藏文字，在其他域代码显示时，它们并不出现，用户可以按照以下步骤显示这些域的隐藏文字：首先选择"工具"菜单中的"选项"子项，然后选择"视图"选项卡。在"显示非打印字符"选项下，选中"隐藏文字"复选框，最后单击"确定"按钮。

在编辑文本时，用户可把文本窗口分成两部分，将域代码显示在一个窗格中，域内容显示在另一窗格中，这样用户就可以在修改域代码的同时，观察域内容的变化，而不必在代码和内容之间反复切换。

3．更新域

更新一个域要求 Word 执行该域中的指令并产生一个新的域内容。用户可以一次更新一个域，也可以一次更新所有的域，用户还可以在打印文档时选择更新所有的域。

例如，要更新插入的时间域，可将插入点置于时间域中，然后按下【F9】键，Word 将显示最新的时间，也可以将鼠标置于域中，然后单击鼠标右键，并从快捷菜单中选择"更新域"

子项来更新域，如果需要更新文档中所有的域，可选择"编辑"菜单中的"全选"子项，然后按下【F9】键。如果【F9】键无效或 Word 发出警告声，则说明该域已被锁定。

用户也可让 Word 在打印文档时自动更新域。打印前用户应先设置打印的更新域选项。首先选择"工具"菜单的"选项"子项，然后在"选项"对话框中选择"打印"标签，并在"打印选项"选中"更新域"复选框，Word 将在打印时自动更新域。

4．锁定域

如果用户需要临时禁止 Word 更新某个域，以保留该域当前的内容，可将该域锁定。例如，文档中若带有一个用于计算的域，可通过该域锁定，保存计算结果，若更新一个锁定的域，Word 将发出警告声。

要锁定一个域，首先将插入点置于域中，若需要在锁定前更新某域，可按【F9】键，然后同时按下【Ctrl+F1】组合键，Word 将锁定该域，使得该域无法更新。

用户可对一个域解锁，首先将插入点置于域中，然后同时按下【Ctrl+Shift+F1】组合键，Word 将对该域解锁，使用户能够更新该域。

7.9.4　使用艺术字体

当用户对以上这些字符的效果处理还不十分满意时，可以使用 Word 的艺术字体。Word 的艺术字体是 Word 的一个内嵌程序，它能使用户对文本进行艺术加工。

要使用艺术字。可按如下步骤操作：首先将文本光标插入点定位在文档中用户想要使用艺术字的位置，接着执行"插入"→"图片"→"艺术字"命令，然后在随之出现的如图 7-46 所示的"艺术字库"对话框中选择一种"艺术字"样式，单击"确定"按钮，在弹出的"编辑'艺术字'文字"对话框中编辑文字。"编辑'艺术字'文字"对话框如图 7-47 所示。

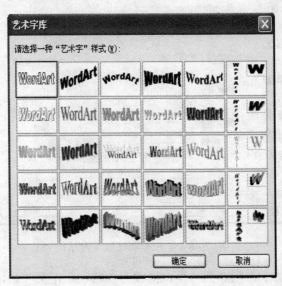

图 7-46　"艺术字库"对话框

要删除艺术字。可以单击该文本，待出现框架后按【Delete】键，即可删除该文本。

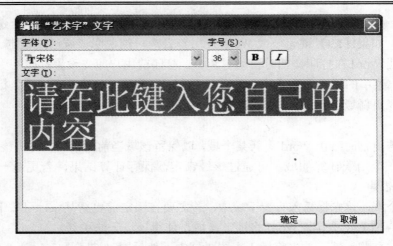

图 7-47　"编辑'艺术字'文字"对话框

7.9.5　增加边框和底纹

用户可以给文字、段落、节、全文增加边框和底纹，突出某些特定的段落，使其更为醒目。执行"格式"→"边框和底纹"命令，弹出"边框和底纹"对话框，如图 7-48 所示。

图 7-48　"边框和底纹"对话框

例如，要给当前段加上带阴影的边框，框线为 3 磅，距正文 4 磅，且给该段加上底纹。用户可以执行"格式"→"边框和底纹"命令，在"边框和底纹"对话框中选择"边框"选项卡，然后在"预设"项中单击"阴影"图样，在"线型"项中选择"3 磅"，此时在"边框"显示框中将显示设置的结果。然后单击"底纹"选项卡，再选中"填充"项的"自定义"单选按钮，并在"底纹"图样列表中单击"底纹"选项卡，再选中"填充"项的"自定义"单选按钮，并在"底纹"图样列表中单击"10%"的图样，此时在"预览"框中将显示设置的底纹样式。最后单击"确定"按钮，Word 将按用户的设置显示当前段。

7.9.6　管理文档和文件

写文档时计划和组织一个文档常常是最困难的一项工作。但 Word 提供了许多功能，诸如编写文档的提纲和索引、管理文档的多个修正版等，可以帮助用户构造和跟踪文档，简化了用户的工作。

1．建立文档提纲

组织一个文档，尤其是长文档时，最好能准备一个文档提纲。使用 Word 能很容易地构造一个多层的提纲，然后将提纲作为写文档时的方案来使用，或者在文档提纲中填充详细内容。

在 Word 中一般使用大纲视图来建立文档提纲。大纲视图是为建立提纲而明确构造的一个编辑环境，它提供了分配和修改标题级的选项。

若要选择大纲视图，可执行"视图"→"大纲"命令，或者单击水平滚动条左边的大纲。

用户可以在大纲视图中用标题样式建立大纲并组织文档结构，使文档具有统一的外观。在大纲视图中，Word 显示出大纲工具栏，它能帮助用户快速完成建立大纲的任务，如修改显示各种标题句柄级别等。

要建立提纲，就要将段落和文本组织到递增的级中。这些级通常基于 Word 标准的 9 个标题风格：标题 1 是主要的一级标题，标题 2 是第一级子标题。用户可通过段落的升级和降级来分配标题级。

用户可通过输入要包括的所有的标题，然后将它们升级或降级到适当的级别来建立提纲，也可以在输入时就为每个标题设置级别。

要建立标题，首先切换到大纲视图下（本节以下内容均默认为大纲视图），输入第一个要包括的标题，然后按【Enter】键，Word 将自动启动一个新的段，其标题级与前一个段的标题级相同。

要输入子标题，可将插入点定位在要降级的标题内或按回车键开始一个新行，然后单击大纲模式工具栏上的降级按钮，Word 就会降级这个标题。按回车键启动一个新行，它的级别与前一行的标题级相同。用户可继续添加可降级子标题，最多可建立 9 级标题。

用户可以很容易地看出一个标题在哪一级。Word 把相同级别的标题左对齐，下一级的标题比上一级向右缩进。因此在屏幕上就可以看出一个标题属于哪一级。用户也可以将文本光标插入点移到要查看级别的标题内，在窗口的格式工具栏上的最左边的编辑框中将显示该标题属于哪一级。

屏幕上的每一个标题的前面均有一个标题记号，通过该标题记号可区分一个标题是否有附属标题。若标题前面有一个加号，表示该标题有附属标题；若标题前面有一个减号，表示该标题无附属标题。

用户可压缩和扩展提纲，使得只有特定的级才被显示。当压缩提纲时，所选的级以及比其级别高的级都将显示；当扩展提纲时，即使是隐藏的级也会显示。

要压缩整个提纲，用户可单击大纲工具栏上相当于用户要显示的最低级标题的按钮，Word 将显示包括该级在内的所有比该级级别高的标题。例如，如果想要显示标题 1 和标题 2，用户可单击级别按钮，Word 将在屏幕上显示第一级和第二级标题。

用户也可以只对提纲的某一部分压缩和扩展。要对提纲的某一部分进行扩展，首先将文本光标插入点定位到该部分的最高级别，然后单击大纲工具栏上的扩展按钮，Word 将把该部分的提纲扩展一级；要对提纲的一部分压缩，首先将文本光标插入点定位到该部分的最高级别，然后单击大纲工具栏上的折叠按钮，Word 将把该部分的提纲压缩一级。

　　要将一个段落移到前一段落的前面，可将文本光标插入点定位在要移动的段落内，然后单击大纲工具栏上的上移按钮，Word 将该段落与它的下一段交换位置，但两者的标题级不变。

　　用户也可以在提纲中编写部分文档。在大纲中，可以输入正文级的段落，这是所有标题级的附属级。

　　要把一个标题降为正文级，可将文本光标定位在该标题内，然后单击大纲工具栏上的正文按钮，Word 在文本中使用普通的风格，并在段落开头放一个小正方形标题记号。用户可以输入任意多的正文。

　　用户可以随时切换到普通视图或页面视图，在这些视图中，文档将保持在大纲视图中的风格。如果选择显示非打印字符，那么在大纲视图中建立的每个标题段落前面会有一个小小的黑色矩形框。

2．建立目录

　　文档中包含的目录能帮助读者迅速找到所要的信息。使用 Word，可以自动地建立一个目录。

　　生成目录也许是完成文档前所做的最后一件事。因此，要生成目录就必须完成文档的所有部分，包括索引，同时还要保证不会因为编辑的变化而频繁更新目录。

　　Word 能够根据用户运用的段落风格自动建立一个目录，用户只要简单地指出要包含在目录中的风格，二级风格附属于一级风格。不管使用什么风格，如果保持文档中使用的风格一致，那么就可以用它来建立目录。

　　（1）如果用户在文档中使用标题级别样式，Word 就可以使用这些标题作为目录的项。用户可以在大纲视图下编写文档，那么提纲的第一条均为标题风格。

　　用户也可以在普通视图或页面视图下编写文档，在输入标题时将其设置为标题风格。要设置为标题风格，可先选定要设置为标题风格的文本，或者将光标插入点定位在要输入标题风格的标题的位置，然后单击格式化工具栏"样式"右边的下拉箭头，在样式列表中选择标题样式，用户可根据需要设置文本的级别。

　　设置好标题风格后，就可以建立目录了。首先确认要用作目录项的标题都使用了标题样，然后将文本光标插入点定位在用户要插入目录的位置，执行"插入"→"索引和目录"命令，用户可在随之出现的"索引和目录"对话框中单击"目录"选项卡，并在其中设置目录格式。

　　用户可在"格式"框中选定需要的目录格式，然后单击"确定"按钮。

　　（2）用非标题样式编撰目录。如果已经为目录项分配非标题样式的样式，那么就可以应用任何所需的样式编撰目录。

　　用非标题样式编撰目录，首先将插入点设置在要插入目录的位置，执行"插入"→"索引和目录"命令，在对话框中选择"目录"选项卡，然后在"格式"框中选定需要的目录格式，并单击"选项"按钮，在"选项"对话框的"可用样式"中查找用于指定的目录层次的样式，再在样式名右边的"目录层次"框中输入 1～9 的数字，对已经使用这一样式编排格式的标题指定目录层次。对于编撰目录时所需的所有样式可重复前面的步骤；对于目录中不包含的样式，可删除与之对应的目录层次号。最后单击"确定"按钮，关闭"目录选项"对话框，在"索引和目录"对话框的"预览"框中将显示用户选定的目录样式。单击"确定"按钮，Word 将编撰目录。

　　（3）更新目录。如果对文档进行修改而影响了分页，可更新整个目录，包括对任何文本及格式的更改，或者只更改页码。

要更新目录，可将插入点设置在要更新的目录中，然后按【F9】键。如果只更新页码，在随之出现的"更新目录"对话框中，可选定"只更新页码"单选按钮，选定这一选项将保留对目录所应用的任何格式；如果更新整个目录，可选定"更新整个目录"单选按钮，最后单击"确定"按钮。

练 习 题

1. 简述用 Word 的替换功能设定文中某一特定名词为特殊格式的方法。
2. 字符的格式包括哪些？
3. 简述 Word 的段落格式。
4. 如何设定 Word 自动保存功能？简述快速保存的优缺点。
5. 样式和模板的优点是什么？
6. 简述行间距和段前、段后间距的区别。
7. 什么是单元格的合并与拆分？
8. 什么是宏？使用宏有什么特点？

第8章 电子表格 Excel 2003

Excel 2003 是 Microsoft Office 2003 的一个重要组件。它是工作在 Windows 95 以上版本中的电子表格软件。

8.1 Excel 2003 概述

8.1.1 Excel 的安装与启动

1. 安装 Excel

（1）在 CD-ROM 中插入 Office 2003 的安装光盘。

（2）运行光盘中的安装程序"SETUP.EXE"。

（3）开始安装后，用户根据安装向导完成 Excel 2003 的具体安装。

2. 启动 Excel

启动 Excel 的常用方法是：执行"开始"→"程序"→"Microsoft Excel"命令。启动成功后，屏幕显示如图 8-1 所示用户界面。

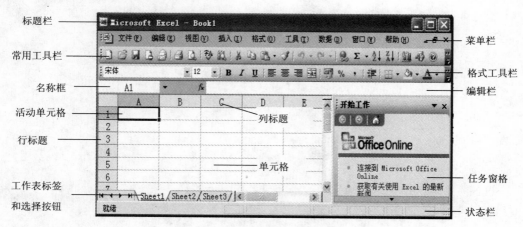

图 8-1　Excel 用户界面

8.1.2 Excel 的界面

Excel 界面如图 8-1 所示，它由 Excel 应用程序窗口和它的文档窗口——工作簿窗口组合而成，当文档窗口最大化时两个窗口合并。用户界面的内容有标题栏、菜单栏、工具栏、编辑栏、工作表、工作表标签、状态栏及滚动条（包括水平和垂直两个方向）等。应用程序窗口包含有标题栏、工具栏、编辑栏和状态栏，而工作簿窗口包含有标题栏、工作表、工作表标签和滚动栏。下面分别介绍 Excel 界面的各项内容。

1. 标题栏

标题栏告诉用户正在运行的程序名称。应用程序窗口和工作簿窗口各有一个标题栏，分别是"Microsoft Excel"，"Book1"。每个标题栏的最右端有 3 个显示按钮，分别是最小化、还原和关闭。

当工作簿窗口最大化时，工作簿窗口的标题栏将合并入 Excel 应用窗口的标题栏中，显示为"Microsoft Excel-Book1"此时工作簿标题栏右端的 3 个按钮移至主菜单栏的右端。

2．菜单栏

菜单栏按功能把 Excel 命令分成不同的菜单组，它们是"文件（F）"、"编辑（E）"、"视图（V）"、"插入（I）"、"格式（O）"、"工具（T）"、"数据（D）"、"窗口（W）"、"帮助（H）"。当菜单项被选中时，弹出一个下拉列表，可以从列表中选用菜单命令。

3．工具栏

Excel 可显示几种工具栏，这些工具栏的使用简化了用户的操作。工具栏中的按钮都是菜单中命令的副本，当鼠标移至按钮后，稍等片刻在按钮右下方会显示命令的含意，工具栏的选择可通过"视图（V）"菜单中的"工具栏（T）"命令来选择，下面仅介绍两种最常使用的工具栏。

（1）"常用"工具栏。"常用"工具栏中为用户准备了访问 Excel 最常用的命令快捷按钮，如"新建文件"、"打开文件"、"保存文件"等按钮。

（2）"格式"工具栏。"格式"工具栏列出格式设置最常用的命令，如字体、字形、字号、字符颜色、对齐方式等。

4．编辑栏

编辑栏给用户提供活动单元格的信息，在编辑栏中用户可以输入和编辑公式。编辑栏左侧是"名称框"，中间是"编辑公式"按钮，右侧是单元格编辑区。

5．工作表

工作簿窗口包含若干张独立的工作表（Sheet）。开始时，窗口中显示第一张工作表"Sheet1"该表为当前工作表。当前工作表只有一张，用户可通过单击工作表标签改变当前工作表。

工作表是一个由行和列组成的表格。行号和列号分别用数字和字母区别。行号由上自下从 1～65536；列标由左到右采用字母编号 A～IV，每张表 256 列。行、列交叉形成单元格。

6．工作表标签

工作表标签通常用"Sheet1"，"Sheet2"……名称来表示。利用工作表的标签可实施对工作表的各类操作。工作簿窗口中的工作表称之为当前工作表。当前工作表的标签为白色，其他标签为灰色，通过单击标签，可以在工作簿内进行工作表间的切换，使被选择的工作表成为当前工作表。

7．滚动条

当数据清单占用工作表较大时，窗口不能完整显示，如何在窗口中查看内容呢？可以使用工作簿窗口右边及下边的滚动栏，使窗口在整张表上移动查看。

8．状态栏

状态栏位于 Excel 窗口的底部，它的左端是信息区，右端是键盘状态区。

在信息区中，显示的是 Excel 的当前状态，例如，当工作表准备接受命令或数据时，信息区显示"就绪"；当在编辑栏中输入新的内容时，信息区显示"输入"；当选取菜单命令或工具按钮时，信息区显示此命令或工具按钮用途的简要提示。

在键盘状态区中，显示的是若干按钮的开关状态，例如，当按【Caps Lock】键时，状态栏中便显示"CAPS"。

8.1.3　Excel 中的工作区

Excel 的工作区就是一张工作表。单元格是电子表格工作的场所。在单元格中用户可以输入字符、数值、公式，以及其他内容。

无论是录入数据还是在使用大部分的 Excel 命令，首先必须选定工作表的单元格或区域。选取的方式有如下几种：

（1）若要选中并编辑某个单元格，则双击该单元格即可。

（2）若要选取一整行或整列，只需要单击行号或列标。

（3）若要选取整张工作表，只需要单击工作表左上角的"全选"按钮（行号和列标交叉处）。

（4）若要选取某个矩形单元格区域，有两种方法。方法一：鼠标光标置于矩形区域的一角的单元格，按下左键沿对角线拖动鼠标至另一角，释放鼠标左键。方法二：把光标移到所要选定的矩形区域的一角的单元格中，单击鼠标，选定起始单元格，按住【Shift】键的同时，将鼠标光标移动到矩形斜对角上单击鼠标即可。

（5）若选取不连续单元格区域，首先按下【Ctrl】键，然后单击需要的单元格或者拖动选定相邻的矩形区域。如果在操作中不按住【Ctrl】键，则前面选中的区域将会消失，而只保留本次选中的区域。

8.1.4　Excel 中联机帮助的使用

1．使用"帮助（H）"菜单

单击"帮助（H）"菜单中的"Microsoft Excel 帮助"命令，屏幕显示如图 8-2 所示的"Excel 帮助"窗口，其中有"搜索"和"目录"两项，用户可根据需求按系统提示进行相应操作。

图 8-2　"Excel 帮助"窗口

2．使用"常用"工具栏中的帮助按钮"⊚"

用户也可以直接单击"常用"工具栏中的帮助按钮"⊚"来显示"Excel 帮助"窗口，进行相应操作。

8.1.5　退出 Excel

要退出 Excel 系统有多种方法，这里仅介绍最简单的一种：单击 Excel 应用程序窗口中标题栏最右端的"关闭"按钮。

8.2　创建和编辑工作表

进入 Excel 系统，总是打开一个新的工作簿"Book1"，Book1 中的 Sheet1 显示在屏幕上，开始时它是一张空的工作表。

8.2.1　创建工作表

创建工作表就是在工作表中输入数据。工作表的任何单元格中都可输入数据，输入的数据保存在活动单元格中，当按下【Enter】键或单击"✔"按钮时，表示确认本次输入的内容。单元格接受两种基本类型的数据：常数和公式。常数主要有字符，数字和日期等。本节主要介绍常数的输入。

1．输入文字

在 Microsoft Excel 中的文字通常是字符或者是任何数字和字符的组合。任何输入到单元格内的字符集，只要不被系统解释成数字、公式、日期、时间和逻辑值，Excel 一律将其视为文字。在 Excel 中输入文字时默认为左对齐方式。

输入由数字组成的字符时，一般在数字字符串前加单引号，例如：输入"123"数字字符串，应输入"123"；也可将单元格设为"文本单元格"再输入文本性质数字，方法如下：选中单元格或单元格区域，单击"格式"菜单中"单元格"子菜单，在弹出的对话框中选择"数字"选项卡，在"分类"项中选中"文本"，打开如图 8-3 所示的"单元格格式"对话框。单击"确定"按钮后，在设为"文本单元格"的单元格中输入的数字将作为文本看待，不能作为数值参加常规运算。

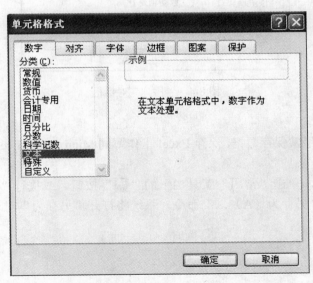

图 8-3　"单元格格式"对话框

2．输入数字

数字的输入类似于字符的输入，但确认后的值是右对齐，若输入的数字太长，Excel 在单元格中以科学记数法显示，公式栏中，最多只能显示 15 位的数字。

3．输入日期和时间

日期型数据可按"年-月-日"或"月-日"输入，也可按"年/月/日"或"月/日"等形式输入。时间型数据可按"时：分：秒"或"时：分"输入。例如，要输入日期 1996 年 5 月 1 日，可在选中的单元格中输入"1996-5-1"或"1996/5/1"。

4．输入的自动化

当鼠标移至任一选中的单元格区域的右下角时，指针由空心"十"字形变为实心，称之为"填充柄"，利用"填充柄"可向单元格输入系列数据，自动填充的数据可以是等差级数，也可以是文字后面跟等差级数。

例如，在 A1：A20 区域中输入系列数据 1，3，5……。其操作步骤如下：先在 A1，A2 中分别输入"1"和"3"，然后选取区域 A1：A2，拖曳"填充柄"到 A20 单元格。

中文版 Excel 根据中国的传统习惯，预先设有星期、月份、季度、甲乙丙等序列，用户只需输入第一项，然后拖动"填充柄"即可自动填充系列数据。

Excel 还允许用户利用"工具（T）"菜单中的"自定义序列"命令定义自己的序列，扩充到自动填充的序列中去。

若某单元格区域需要更复杂的填充，则在此单元格区域数据区左上角的单元格输入序列的初值，选定此单元格及待填充的区域，执行"编辑"→"填充"→"序列…"命令。屏幕将显示如图 8-4 所示的"序列"对话框，根据要求进行操作即可。

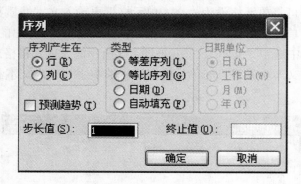

图 8-4　"序列"对话框

5．保存工作簿

用户在操作时须经常保存数据，保存 Excel 工作簿同 Microsoft Office 其他应用软件中保存文档的操作相同。

要保存新工作簿，单击"常用"工具栏上的"📁"按钮，或执行"文件（F）"菜单中的"保存（S）"命令或"另存为（A）…"命令，系统将打开"另存为"对话框，如图 8-5 所示。

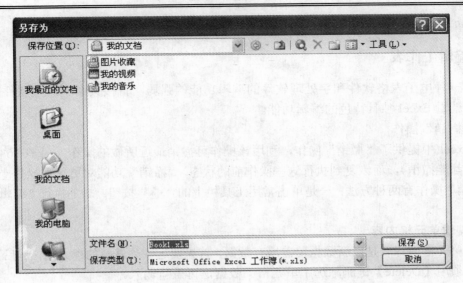

图 8-5 "另存为"对话框

此时，在"保存位置（I）"，"文件名（N）"和"保存类型（T）"文本框内输入有关信息，单击"保存（S）"按钮，Excel 立即保存该工作簿。

6．关闭和打开工作簿

关闭工作簿的操作如下：执行"文件（F）"→"关闭"命令，Excel 将询问用户是否保存修改过的工作簿，根据要求，单击相应的按钮即可关闭工作簿。

打开工作簿的操作如下：执行"文件"→"打开"命令，或单击"常用"工具栏上的"🖾"按钮，屏幕显示如图 8-6 所示的"打开"对话框，寻找需要的文件，单击"打开"按钮或按【Enter】键即可打开工作簿。

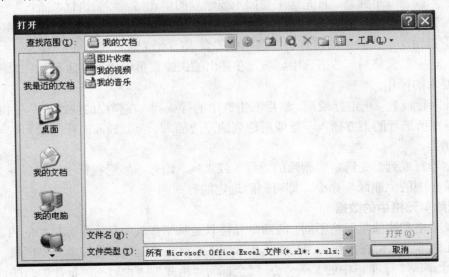

图 8-6 "打开"对话框

7．创建新工作簿

在启动 Excel 时，会自动建立一个名为"Book1"的新工作簿文件。用户在启动 Excel 程序后需要再创建新工作簿时，只需执行"文件"→"新建"命令，或单击"常用"工具栏上的

"□"按钮。新建工作簿名称为"Sheet n"，新工作簿的窗口被设置为当前窗口。

8.2.2　编辑工作表

任何一种电子表格软件和字处理软件的编辑功能的强弱，直接关系到这些软件的生命周期，下面请看 Excel 独具特色的编辑功能。

1．"撤销"操作

在 Excel 中提供了"撤销"操作，利用该操作可撤销最近所做的操作（最多 16 次，不是所有操作都能撤销），而恢复到执行这些操作前的状态。"撤销"功能对更正误操作十分有效。

"撤销"操作有两种方法：一是单击常用工具栏上的" "按钮；二是执行"编辑"→"撤销"命令。

2．编辑单元格内容

编辑单元格内容若是以新数据覆盖原有数据，首先要选中须修改的单元格，然后直接输入数据，无须用【Delete】键删除选中单元格的数据，再重新输入。

若是修改原有数据的部分内容，双击某单元格，进入编辑状态，状态栏中显示"编辑"字样，屏幕上有两个光标，一个是插入点光标，另一个是鼠标光标，插入点光标标志了在它所处的位置可插入或删除字符，编辑完成后按【Enter】键或单击"确定"按钮来确认修改。修改单元格原有数据的部分内容也可用鼠标单击此单元格，而后单击"编辑栏"，在"编辑栏"中完成修改任务。

3．插入和删除单元格、行或列

在对工作表的编辑中，插入，删除是经常使用的操作，当插入单元格后，现有的单元格将发生移动，给新的单元格让出位置，当删除单元格时，其右侧或下方的单元格会发生移动以填补删除的单元格。

（1）插入或删除单元格。首先选中要插入或删除的单元格，然后执行"插入"→"单元格"命令或"编辑"→"删除"命令，打开"插入"对话框或"删除"对话框，进行相应设置后单击"确定"按钮，工作表中的内容将按选项中的要求插入或删除单元格。

另外，选中单元格后，右击选中区域，在弹出的快捷菜单中执行"插入"或"删除"命令，也可完成要求的操作。

（2）插入行或列。选定行或列，然后右击选中的行或列，在弹出的快捷菜单中执行"插入"命令，即可在所选行的上方插入一行或所选列的左边插入一列。插入的行数或列数与选中的行数或列数相等。

（3）删除行或列。先选定要删除的"行"或"列"编号，然后执行"编辑"→"删除"命令或快捷菜单中的"删除"命令，即可删除选定的行或列。

4．清除单元格中的数据

清除单元格和删除单元格不同。清除单元格只是从工作表中移去单元格中的内容、格式和附注，单元格本身还留在工作表上。操作步骤如下：首先选定单元格或单元格区域，然后执行"编辑"→"清除"子菜单中的某一命令（"全部"、"格式"、"内容"、"批注"），即可以实现相应的清除功能。

5．输入单元格批注

单元格除了可以输入内容和设置格式外，还可以附加注解性文字，这些文字称之为单元格批注，当单元格有批注时，它的右上角有一个红点，称之为批注指标。

　　给单元格增加批注的操作如下：选定欲加批注的单元格，执行"插入"→"批注"命令打开"批注"输入框，在"批注"输入框内输入批注内容。单击工作表中其他单元格，退出批注输入框，可看到选定单元格的右上角加了批注红色标志。

　　执行"编辑"→"清除"→"批注"命令，可删除单元格的批注。执行"编辑"→"选择性粘贴"→"批注"命令可复制单元格的批注。

6．复制和移动单元格

　　如果要将单元格复制或移动到同一张工作表的其他位置，同一个工作簿的另一张工作表，另一个窗口或者另一个应用程序中，有以下几种方法可以实现。

　　（1）剪贴板的使用。在 Microsoft Windows 中有一个剪贴板，它是用来保存用户剪切、复制内容的工具，被剪切或复制的信息可以是一段文字或数据，也可以是一幅图形，Windows 的应用程序都可以使用，这些应用程序的"编辑"菜单中会有相应的剪切、复制和粘贴命令。"常用"工具栏也有相应的按钮，系统也有对应的快捷键。

　　下面介绍使用剪贴板的使用。

　　① 选定被复制或移动的区域。

　　② 若是进行"复制"操作，可单击"常用"工具栏上的"🖺"按钮；若是进行"移动"操作，单击"✂"按钮，此时可以看到选中区域的边框变为虚框。

　　③ 将鼠标移至要复制或移动的新位置，在单元格上单击鼠标。

　　④ 单击"🖺"按钮，"复制"或"移动"工作就完成了。

　　（2）鼠标的"拖动"操作。当鼠标指针指向选定区域的边框线上时，鼠标形状由空心"十"字变为箭头。

　　此时按下鼠标左键，拖动箭头形的鼠标到新的位置，松开鼠标即完成单元格内容的移动。若目标单元格有内容时会出现对话框，询问是否替换目标单元格内容，用户可以根据需要进行选择。

　　实现"复制"操作时，先按住【Ctrl】键不放，然后按下鼠标左键，拖动箭头形的鼠标到新的位置，先松开鼠标，后放开【Ctrl】键即可。

7．查找和替换操作

　　编辑过程中经常使用查找和替换功能，在 Excel 中除了可以查找和替换文字外，还可以查找和替换公式附注。利用这些功能，用户能够迅速地查找到除了 Visual Basic 模块外的所有特殊字符的单元格，还可以在一张工作表内的所有单元格或选定区域中，或在一张工作表或工作表组的当前选定区域中，用另一串字符替换现有的字符。

　　（1）查找命令。若需要在整张工作表中进行查找，应选定一个单元格，若只在某区域查找，应先选定区域，查找的字符串可以是在单元格中输入的任何字符，包括文字、数字、日期、运算符和标点符号，查找操作步骤如下：

　　① 执行"编辑"→"查找"命令，打开"查找"对话框。

　　② 在"查找内容"文本框中输入要查找的字符串，最多可输入 255 个字符，然后指定"搜索方式"和"搜索范围"，单击"查找下一个"按钮可开始查找工作。

　　③ 当 Excel 找到一个匹配的内容后，单元格指针就指向该单元格，之后，用户可以决定下一步的操作，若需进一步查找，单击"查找下一个"按钮，否则，单击"关闭"按钮，退出对话框。

　　Excel 中还提供了对公式和附注的查找，在"搜索范围"文本框中选择公式或附注，具体操作方法与查找"值"的操作方法相同。

（2）替换命令。替换命令与查找命令类似，但可更进一步地把查找到的字符串转换成一个新的字符串，以便对工作表进行编辑，执行替换操作的步骤如下：

① 执行"编辑"→"替换"命令，打开"替换"对话框。

② 在"查找内容"文本框中输入要查找的字符串，然后在"替换值"文本框中输入新的数据，最后单击"替换"按钮即可。

③ 若不想替换找到的字符串，可直接单击"查找下一个"按钮，若想将所有被找到的字符串都替换成新字符串，则单击"全部替换"按钮。

8.2.3　窗口的冻结、分割和缩放

Excel 提供两种方法让用户能同时看到多个工作表，还可放大工作表使用户更容易查看，或者缩小它而看到更多的单元格。

1．冻结窗口

当工作表记录较多时，查看到几十行后往往没法看到字段名，同样，滚动十多列后往往又看不到行标题。为了解决这个问题，Excel 提供了冻结窗格功能。行或列一旦冻结后，在滚动其他单元格时，行和列标题仍保留在原处。具体操作步骤如下：

（1）选定要冻结行的下一行或要冻结列的右一列。

（2）执行"窗口"→"冻结窗格"命令，在活动单元格上边出现一条水平实线，在左边出现一条垂直实线，此时，位于实线上面及左边的单元格便冻结在原位置，即它们不受滚动条操作影响。

执行"冻结窗格"命令后，该命令变为"撤销窗口冻结"命令，执行这一命令后工作表将恢复原样。

2．分割窗口

"拆分"是"窗口"菜单下的一个命令，Excel 允许将窗口的单元格区域水平和竖直各拆分为两块，每一块均可以独立显示工作表的不同区域。

3．缩放窗口

默认情况下，Excel 以 100%的比例显示工作表，此时在"常用"工具栏右端旁边的"显示比例"为"100%"。用户可以改变比例，单击向下的箭头选择所需的比例。

8.2.4　打印工作表

Excel 可以在 Windows 下安装的任何打印机中打印出工作表或选择的单元格区域，甚至整个工作簿，执行打印的一般步骤为：首先，在工作表中选择要打印的区域（若打印当前工作表中所有的数据，此步可省略），然后进行以下操作。

1．页面设置

在打印之前，一定要保证页面设置的正确性，页面设置包括页边距，打印比例，分页以及其他选项。具体操作是：执行"文件"→"页面设置"命令，屏幕显示如图 8-7 所示的"页面设置"对话框。对话框中有以下 4 个选项卡。

（1）"页面"：此选项卡根据用户不同的需求选择不同的纸张大小和打印方向（纵向或横向）。此外，还可以在"缩放"框中选择适当的值，让 Excel 按指定的比例打印出电子表格。

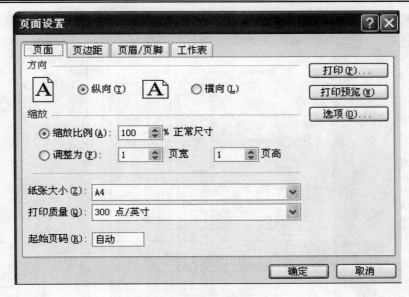

图 8-7　"页面设置"对话框

（2）"页边距"：此选项卡能使用户按需要设置页边距，这里是以数值形式精确描述的。"打印预览"中的"页边距"选项卡以标尺的形式直观地调整页边距。

（3）"页眉/页脚"：此选项卡设置页码、页眉和页脚（每页顶端和底部打印的信息）。用户可以从 Excel 预设的格式中选择，包括姓名、公司姓名、日期和不同格式的页码，也可以单击"自定义页眉"或"自定义页脚"按钮，打开相应的对话框，在其中输入特定的信息（页码、日期、时间、标题或任何用户想输入的文字）。

（4）"工作表"：此标签可以使用户控制是否打印网格线和行号列表，用户会发现一系列复选框，可用来改变输出文档的外观，若表格超过打印纸的大小，可设置重复打印顶端标题行和左端标题行。

此外，"页面设置"对话框中还包括一些打印控制按钮。若单击"选项（O）…"按钮，将打开一个对话框，让用户进一步选择打印质量。

2．打印预览

页面设置完成后，可单击"常用"工具栏上的" "按钮或执行"文件"→"打印预览"命令预览打印效果，此时，窗口中将显示一个打印输出的缩小版，如图 8-8 所示。

打印预览中的"设置"命令并不能设置打印范围，若要调整打印范围，还必须在"页面设置"对话框中完成。

3．设置打印机和打印

如果对"打印预览"中看到的效果还比较满意，可以执行"打印"命令，执行"打印"命令的方法有以下 4 种。

（1）单击"常用"工具栏上的" "按钮；

（2）执行"文件"→"打印"命令；

（3）单击"页面设置"对话框中的"打印"按钮；

（4）单击"打印预览"屏幕中的"打印"按钮。

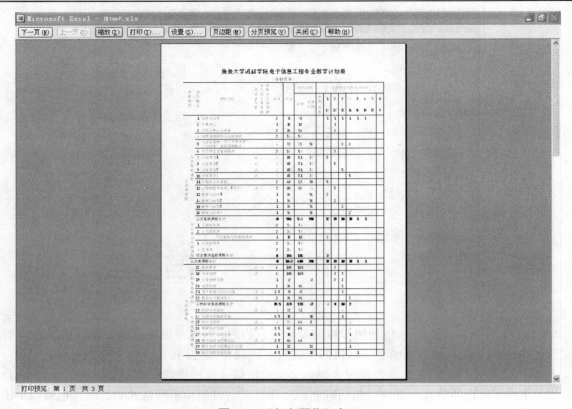

图 8-8　"打印预览"窗口

执行（2）、（3）、（4）方法后，屏幕上将出现如图 8-9 所示的"打印"对话框。

在"打印"对话框中，用户可以根据需要选择项目，在"打印机"下拉列表中，列出了所有在 Windows 下已经安装的打印机。需要的话，从中选择一项，单击"属性"按钮，可以看到一个关于当前打印机设置的对话框。

其他选项可以决定工作表或工作簿的打印范围和份数，单击"确定"按钮，即可开始打印。

图 8-9　"打印"对话框

8.3　格式化工作表

当工作表用于演示或报告时，信息清晰和美观是很重要的。"格式"菜单可以完成各类格式设置，"格式"工具栏上的工具按钮可以帮助用户快速地进行常用的格式设置。

8.3.1　改变行高和列宽

1．列宽的设定

列宽的默认单位是"字符"，初始状态时每个单元格的宽度为 8 个字符，重新设置列宽的操作如下：选中待设置列宽的列后选用下列方法之一完成设置。

（1）执行"格式（O）"→"列"→"列宽"命令，弹出如图 8-10 所示的"列宽"对话框，在对话框中重新设置列宽。

（2）鼠标光标指向此列标题与右侧列标题的分界处双击鼠标，即完成最佳列宽设置。

（3）直接使用鼠标调整行高、列宽。调整列宽的操作步骤如下：

① 将鼠标指针指向要调整列宽的工作表的列编号间的右边框线；

图 8-10　"列宽"对话框

② 当鼠标指针变成一个左右方向各带箭头的实心"十"字时，按住鼠标左键，拖动鼠标，将列宽调整到需要的宽度，松开鼠标左键即可。

2．行高的设定

行高的默认单位是"磅"，调整行高的操作步骤与调整列宽类似，只是鼠标的实心"十"字的箭头是上下方向的。

8.3.2　数字显示格式的设定

Excel 工作表单元格中的数据有丰富的格式，设置数据格式的操作步骤如下：

（1）选定要格式化的单元格或区域；

（2）执行"格式"→"单元格"命令，屏幕上将出现"单元格格式"对话框，选定"数字"选项卡；屏幕显示如图 8-11 所示的对话框；

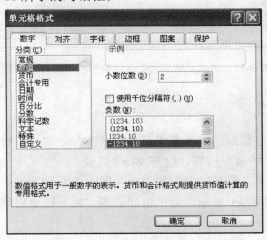

图 8-11　"单元格格式"对话框

（3）在"分类"列表中选择所需要的格式类型，最后单击"确定"按钮。

8.3.3　表格边框的设置

1．取消网格线

在 Excel 空表中会看到灰暗的网格线，其实网格线使我们清楚地观察到表的结构，但是网格线是不打印的。有时为了突出数据清单，我们可以不显示网格线，具体操作如下：执行"工具"→"选项"命令，在弹出的对话框中选中"视图"选项卡，在对话框中取消"网格线"复选框左侧的"√"，就取消了网格线的显示。

2．添加表格边框

用户可以为选定的单元格区域加上边框，使工作表更为美观，加边框有以下两种操作方法。

方法一：选中待设边框的单元格或单元格区域后，单击"格式"工具栏中的边框按钮"▦ ▾"右下方的下拉列表，在列表中选用边框效果。

方法二：执行"格式"→"单元格"命令，打开"单元格格式"对话框，选中"边框"选项卡，出现如图 8-12 所示的单元格格式对话框，在对话框中进行相应设置后单击"确定"按钮。

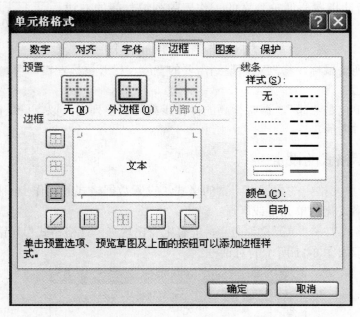

图 8-12　"单元格格式"对话框中的"边框"选项卡

8.3.4　对齐工具的使用

Excel 中常用的单元格数据的对齐方式有：左对齐、居中、右对齐三种格式。设置方法通常使用"格式"工具栏中的命令按钮，这与 Word 类似。

另外，Excel 还提供了"跨列居中"和"合并居中"两种功能：

（1）跨列居中：如图 8-13 所示，为了达到美观，我们应该将数据清单的标题设置为"跨列居中"。

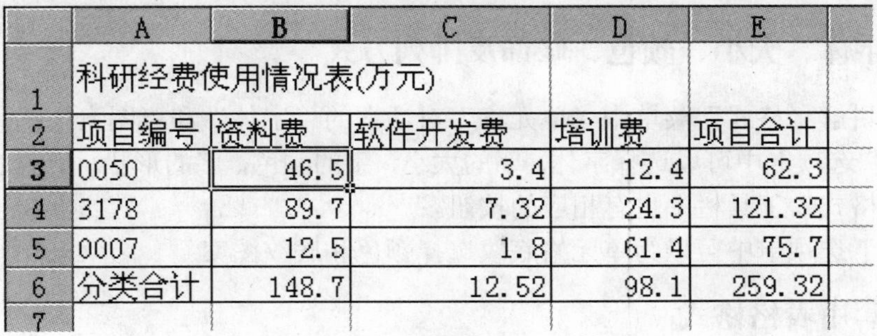

	A	B	C	D	E
1	科研经费使用情况表(万元)				
2	项目编号	资料费	软件开发费	培训费	项目合计
3	0050	46.5	3.4	12.4	62.3
4	3178	89.7	7.32	24.3	121.32
5	0007	12.5	1.8	61.4	75.7
6	分类合计	148.7	12.52	98.1	259.32
7					

图 8-13　练习"跨列居中"素材

设置图 8-13 标题跨列居中的操作步骤如下：首先选中"A1：E1"，然后执行"格式"→"单元格"命令，在弹出的对话框中选中"对齐"选项卡，屏幕弹出如图 8-14 所示的"单元格格式"对话框，在对话框中选中"水平对齐"下拉列表中的"跨列居中"，最后单击"确定"按钮，即完成标题的跨列居中。

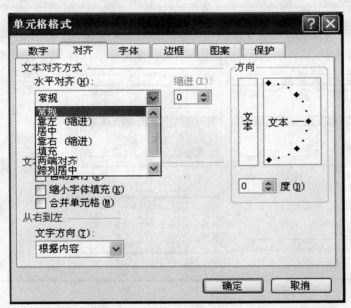

图 8-14　"单元格格式"对话框

（2）合并居中：合并居中即将选中区域单元格合并并设置水平居中。操作步骤前半部分和跨列居中相同，只是在弹出如图 8-14 所示的对话框后，设置"文本控制"为"合并单元格"，"水平对齐"为"居中"。最简单的操作是选定待设置"合并居中"的单元格区域后，单击格式工具栏上的合并居中按钮"■"，即完成合并居中操作。

8.3.5 改变字体、大小、颜色、修饰及排列方式

这一节将讲解"格式"菜单中"单元格"对话框的"字体"和"图案"选项卡。

在"字体"选项卡中可以选择字体，字的大小，字的颜色，字的形状，下画线等字的特性，这些选项在"格式"工具栏中也有相应的按钮。

在"图案"选项卡中可以为单元格底纹选择颜色和底纹图案。

8.3.6 自动套用表格格式

Excel 提供了自动套用格式功能，它将为用户制作的报表格式自动控制套用系统预定的格式，生成美观的报表。自动套用格式的操作如下：选中"数据清单"，执行"格式"→"自动套用格式"命令，屏幕将弹出如图 8-15 所示的"自动套用格式"对话框。在"自动套用格式"对话框中选择格式类型，最后单击"确定"按钮。

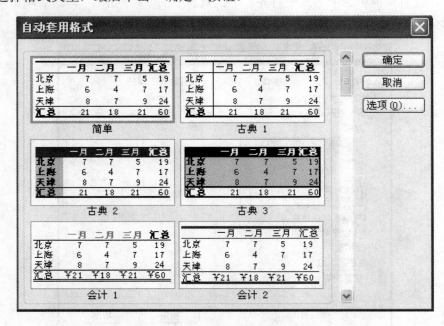

图 8-15　"自动套用格式"对话框

8.3.7 格式复制和删除

1. 格式的复制

要把工作表中的单元格或区域的格式复制到另一单元格区域，可使用"常用"工具栏中的格式刷按钮" "。复制格式的操作步骤如下：首先选取格式源所在的单元格或区域，然后单击" "按钮，最后用鼠标拖放目标单元或区域，完成格式的复制。

若要将某一格式复制到多个目标单元格区域，具体操作步骤如下：选取格式源所在的单元格或区域，然后双击" "按钮，最后用鼠标拖放目标单元或区域，完成格式的复制。

复制格式也可利用"编辑"菜单下的"复制"命令和"选择性粘贴"命令来完成。

2. 格式的清除

清除格式的操作如下：首先选中单元格或单元格区域，然后执行"编辑"→"清除"→"格

式"命令。格式被删除后，实际上仍然保留着数据的通用格式，即文字左对齐，数字右对齐的方式。

8.4　公式和函数的使用

电子表格软件与字处理软件最显著的差别是对输入的数据有强大的计算和数据处理功能。公式是电子表格的灵魂，而函数是 Excel 最精彩的部分，是内置的公式。

8.4.1　求和函数的使用

在表格应用中我们经常要对行和列中的数据进行求和，Excel 常用工具栏上的自动求和按钮"Σ"（即 SUM 函数）大大提高了求和运算的效率。具体操作步骤如下：先选中运算结果所在的单元格（往往是数据行右方或数据列下方的单元格），然后单击"Σ"按钮，它会自动探测到用户需要进行操作的数据区，并把计算结果填入活动单元格。例如，某次我们使用自动求和"Σ"后，编辑栏内生成如下式子："=SUM(F2:F4,C2:E2)"。其中"SUM"代表是求和函数，括号中是此函数的参数，用西文冒号":"连接待求和的矩形区域，西文逗号","实现不规则或不相连的单元格或区域求和。

8.4.2　简单公式的建立

所谓公式，类似于数学中的表达式，以等号（=）开始，内容由单元格引用、函数和运算符组成。

在工作表上创建公式，也就是把公式输入到单元格中。

【例 1】求 B4 到 B7 单元格数值的和，结果存放在 B8 中，操作步骤如下：

- 选取单元格 B8；
- 输入"="；
- 输入公式"B4+B5+B6+B7"；
- 确认后，计算结果显示在单元格中，而公式显示在编辑栏中。

编辑公式最好在编辑栏内进行，方法与编辑字符串的方法相同。

结合填充和公式的复制可以更加高效地使用公式。

公式中可使用的主要有以下几种运算符。

- 算术运用符：+（加），-（减），*（乘），/（除），%（百分比），^（指数）。
- 比较运算符：=（等于），>（大于），<（小于），>=（大于等于），<=（小于等于），<>（不等于）。
- 字符运算符：&（连接）。

运算符的优先级与数学中的优先级相同。

8.4.3　用工作表和单元格引用建立公式

前面我们在求和函数和简单公式中使用了单元格的地址作为参数，称之为引用单元格。公式中引用单元格，既可以逐字输入单元格或区域，也可直接选取单元格或区域。如【例 1】中的公式可以按如下顺序：单击 B4 单元格，输入"+"，单击 B5 单元格，输入"+"，单击 B6 单元格，输入"+"，单击 B7 单元格。

在同一工作簿中，当前工作表中的单元格可以引用其他工作表中的单元格，即三维引用，它使不同工作表之间的数据访问非常方便，工作表的引用格式是：

<工作表名称>!<单元格或单元格区域>

【例2】要把 Sheet3 中 B1 单元格的数据和 Sheet9 中 C2 单元格的数据相加，结果放在 Sheet2 工作表 A1 单元格中。

引用格式：在 Sheet2 的 A1 中输入公式

=Sheet3!B1+Sheet9!C2

在不同工作簿中，当前工作表中的单元格可以引用其他工作簿上的任一工作表中的单元格。

引用格式：

[<工作簿名称>]<工作表的名称>!<单元格或单元格区域名称>

【例3】在工作簿 SP1.XLS 中的 Sheet9 的 F3 单元格中输入公式 "=[SP2]Sheet10!C9*10"。

以上讲的单元格引用是相对引用，绝对单元格引用表示是在单元格中行和列指示前输入 "$"。【例3】中的上述公式可表示为："=[SP2]Sheet3!$B$1+Sheet9!$C$9*10"。

注意：在复制公式时相对引用的单元格地址会相应改变，而绝对引用的参数地址则不发生任何改变。

8.4.4 在公式中使用函数

函数是一些预定义的公式，它们使用一些称为参数的特定数值按特定的顺序或结构进行计算。Excel 有 300 多个函数可用，它包括数学与三角函数、文字函数、逻辑函数、日期与时间函数、统计函数、财务函数、查找和引用函数、数据库函数和信息函数。除此之外，还允许用户建立自定义函数，以适合某些特殊情况的计算。

Excel 函数的一般形式为：函数名（参数 1，参数 2，……）。

函数名说明函数要执行的运算，参数指定函数使用的数值或单元格引用。对于【例1】，可以输入公式 "=SUM（B4：B7）"，其中 SUM 是函数名，区域 B4：B7 是参数。

若在输入公式时遇到函数，可以利用 Excel "常用" 工具栏中提供的插入函数按钮 "　"，单击 "　" 按钮，屏幕上将出现 "插入函数" 对话框，如图 8-16 所示。用户操作时先在 "选择函数" 列表框中选定某类函数，这时对话框下面将提示该函数的功能，然后单击 "确定" 按钮，屏幕显示如图 8-17 所示状态，此时等待用户输入参数，参数编辑框的右边显示系统自动获取的当前参数，用户可根据实际要求修改参数，函数当前值显示在对话框右上角的 "计算结果" 框中。单击 "确定" 按钮即完成插入函数。

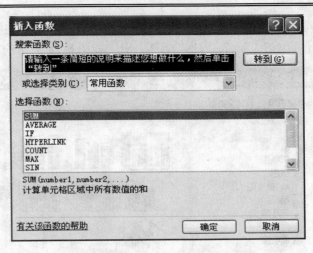

图 8-16　"插入函数"对话框

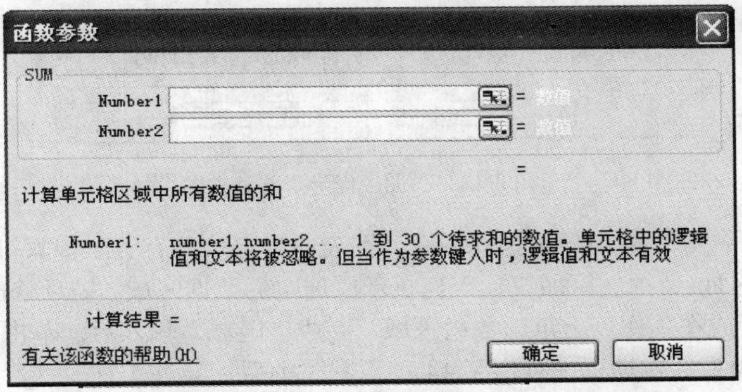

图 8-17　"SUM"函数中"参数设置"对话框

8.5　创 建 图 表

世界丰富多彩，几乎所有的知识都来自于视觉，也许无法记住一连串的数字以及它们之间的关系和趋势，但是可以很轻松地记住一幅图画或者一条曲线。

在 Excel 中图表是指将工作表中的数据用图形表示出来。图表有以下两种形式：

（1）内嵌图表，即将图表作为补充工作数据的说明，显示在同一工作表中，这样，数据和图表可同时打印；

（2）独立图表，即将图表显示在同一工作簿的另一张工作表中，这样，数据和图表只能分别打印输出。

内嵌图表和独立图表都被链接到指定工作表的对应数据，当更新工作表数据时，二者都被更新。

建立图表时可以使用"插入"菜单中的"图表"命令，或单击"常用"工具栏中的图表向导按钮"▦"完成操作。

1．建立图表

（1）在工作表上选取制作图表所要引用的数据。可选取一个数据系列（即一行或一列数据），也可选取几个数据系列；选取的数据区域可以是连续的，也可以是不连续的。

（2）启动图表向导。单击"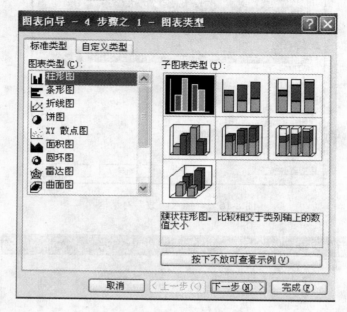"按钮，屏幕上出现如图 8-18 所示的"图表向导"对话框。

图 8-18　"图表向导"对话框

（3）在"图表向导"的引导下建立图表。图表向导窗口共有五个步骤对话框。

● 确认数据区域。"数据区域"输入栏显示原选定的数据区域。若须修改，可重新输入新的单元格的地址，或在工作表上重选数据区域。完成"区域"输入后，单击"下一步"按钮。

● 选择图表类型。对话框中列出了 14 种主图表类型。

● 选择子类型。每一种主图表类型都对应数种子类型。选好子类型后单击"下一步"按钮。

● 选择系列数据在行或列，单击"下一步"按钮。

● 给图表、X 轴、Y 轴加标题：可以输入图表标题和 X 轴，Y 轴的标题，并可选择添加图例。

在使用"图表向导"建立图表的每一步过程中都可以单击"上一步"按钮，回到上一步重新选择，例如，若选择了"柱形图"，当显示结果觉得不满意时，就可回到上一步重新选择图表类型，如选择"条形图"。

2. 编辑图表

在 Excel 中，图表是由许多部分构成的，图表中的图表区、绘图区、数据系列、坐标轴、分类标记、标题、数据标记、网格线、图例、文字框、箭头和趋势线等都是一个个的独立项，称之为图项。图表中的每一个图项都可以进行编辑。

编辑时，首先要选中图表或激活图表。若为嵌入图表，单击图表的空白区，图表被选中。此时，在图表边框上有 8 个小方块。若为独立图表，只需单击独立图表的标签，图表同时被选中和激活。

若操作对象是整张图表。则必须使图表处于选中状态。此时，单击某图项，该图项上或图项四周出现小方块，图项被选中，此时可对该图项进行各种编辑操作，双击某图项，出现对该图项进行格式设置的对话框。

当图表在激活状态下，Excel 菜单栏中的命令会发生变化，如"插入"和"格式"等菜单中的命令变得都与图形有关。快捷菜单因鼠标右键选中的图项不同而命令各异，但都具有图项的格式化及相关命令。

（1）图表的缩放，移动，复制和删除。当嵌入图表在选中状态时，拖曳小方块，可使图表缩小或放大；拖曳图表的任一部分，可使图表在工作表上移动，使用"常用"工具栏上的▓、▓、▓三个按钮，可把图表复制到工作表的其他地方或其他工作表中。

（2）图表系列的删除，增加修改

● 删除系列

最简单的方法是：激活图表，单击欲删除数据系列，然后按键盘上的【Delete】键，即完成系统的删除。

● 增加系列

这里介绍两种增加数据的方法：给嵌入图表增加数据系列。在工作表上选取要增加到图表上的数据系列，然后把指针移到选中区域的边框线上，当指针呈空心箭头时，把数据系列拖曳到图表上即可。给独立图表增加数据系列时，由于数据与图表不在同一张工作表上，独立图表要增加数据系列，不能使用鼠标拖曳数据的方法，只能使用菜单命令，可用"插入"菜单中的"添加数据"命令或"编辑"菜单中的"复制"和"粘贴"命令来实现。这两种菜单命令同样也适用于上述的嵌入图表。

利用"源数据"添加、删除系列

添加、删除系列时，也可右击"图表区"，在弹出的快捷菜单中执行"源数据"命令，屏幕显示如图 8-19 所示的"源数据"对话框。在"系列"中选择"数量"后单击其下的删除按钮，即完成"数量"系列的删除。若执行添加命令，则要对"名称"、"值"、"分类 X 轴标志"设置新的引用关系。

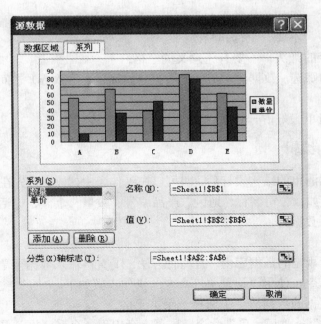

图 8-19　"源数据"对话框

（3）三维调整

改变三维图的仰角、透视值及位置等，可使三维图产生不同的视觉效果。为了获得最佳形象，必须适当地对三维图进行调整。

右击三维图表，然后执行 "设置三维视图格式" 命令，打开 "设置三维图表格式" 对话框。此时，可进行如下调整：上下仰角，左右转角。

8.6　数据管理与分析

建立工作表和图表后，如何管理和使用这些数据呢？一般的数据管理方法是利用数据库管理软件来进行管理。数据库管理软件在排序、检索、汇总等方面功能很强，但在制表，制图计算等方面的功能较弱，Excel 融合了这两方面功能，提供了一整套功能强大的命令集，使得管理数据变得非常容易。

8.6.1　数据清单的创建

在 Excel 中，数据库是作为一个数据清单来看待的，即可直接把清单看作数据库，在一个数据清单中，每一行信息称之为一条记录，每一条记录由若干个数据项组成；每一列代表一个字段，最多可以有 256 列，数据清单的第一行信息是输入字段名。例如，公司的客户名录中，每一条客户信息就是一条记录，它由若干字段（如公司名称，地区，产品，编号，数量，金额，电话，联系人等）组成。

建立数据清单时，应注意以下几点：

（1）每列应包含相同类型的数据，列相当于数据库中的字段，列的最上面一行相当于字段名，字段名要能表示字段的属性；

（2）每行是包含一组相关的数据，行相当于数据库中的记录；

（3）数据清单中，不要有空行和空列；

（4）单元格内容的开头，不要有无意义的空格；

（5）为了排序和筛选，数据清单与其他数据（如标题、落款等）之间，至少留出一个空行或空列；

（6）每个数据清单最好占一张工作表。

8.6.2　数据清单的编辑

当完成了对数据清单的结构设计后，即可以在工作表中建立。首先在工作表的首行依次输入各个字段名称。例如，公司名称、地区、产品编号、数量、金额、电话、联系人，然后在工作表中按照记录输入数据。

1．输入数据

要输入数据至所规定的数据库内，有两种方法：①直接输入数据至单元格内；②执行 "数据" → "记录单" 命令。使用 "记录单" 命令的操作步骤如下。

（1）在想加入数据的数据清单中选择一个单元格。

（2）执行 "数据" → "记录单" 命令，屏幕上会出现一个对话框，单击 "确定" 按钮，出现 "记录单" 对话框。

（3）在各个字段中输入新记录的值，每输完一字段，按【Tab】键进入下一字段，当用户输完所有的记录内容后按【Enter】键或单击"新建"按钮即可加入一条记录，如此重复加入更多的记录，当用户增加完所有的记录后，单击"关闭"按钮。

2．编辑记录

对于数据库中的记录，可以在相应的单元格上进行编辑，也可以对"记录单"进行编辑，其操作步骤如下：

（1）选择数据清单中任何一单元格；

（2）执行"数据"→"记录单"命令，出现一个"记录单"对话框；

（3）单击"上一条"或"下一条"按钮，查找并显示出要修改数据的记录，编辑该记录；

（4）单击"关闭"按钮退出。

3．删除记录

对于数据库中不再需要的记录，可以执行"编辑"→"删除"命令来删除不需要的数据，也可以在"记录单"中单击"删除"按钮完成。当使用"记录单"来删除数据时，不能通过"恢复"按钮或"取消"命令来恢复数据。

8.6.3　数据排序

排序是数据管理中常用的操作，可利用"数据"菜单中的"排序"命令来实现。

（1）在要排序的数据清单中选定单元格。

（2）执行"数据"菜单中的"排序"命令，出现如图 8-20 所示的"排序"对话框。

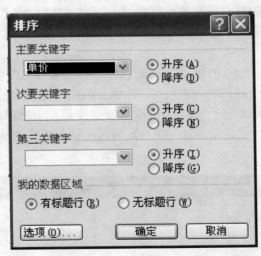

图 8-20　"排序"对话框

（3）在"主要关键字"列表框中，选定重排数据列表的主要列；在"次要关键字"和"第三关键字"列表框中，选定您想用作排序的附加列，对于每一列再单击"递增"或"递减"按钮以指定该列值的排列次序。如果在数据清单中的第一行包含列标记，在"当前数据清单"框中单击"有标题行"按钮，以使该行排除在排序之外；若单击"没有标题行"按钮，则该行也被排序。

（4）单击"确定"按钮，将在工作表的原处显示排序后的结果。

有时需要按四列或更多列数据排序，可以通过重复执行命令达到这一效果，首先按三个最不重要的列来排序，然后按三个最重要的列来排序。

对于数据排序，除了使用"排序"命令以外，还可以利用工具栏上的两个排序按钮："递增"按钮 ↓ 和"递减"按钮 ↓。操作步骤是：选取要排序的范围，单击排序按钮，即可以完成任务。

若要使数据库内的数据在经过多次排序后，仍能恢复到原来排列的次序，在排序前可以在数据库内加上一个空白列然后在此列中将记录按"升序"或"降序"编号，最后按此列排序，就可使数据排序的次序恢复原状。

8.6.4 数据筛选

Excel 中的自动筛选功能可以只显示出符合设定筛选条件的记录，而隐藏不符合条件的记录。使用"数据"→"筛选"命令可实现筛选，"筛选"命令中有两个子命令："自动筛选"和"高级筛选"。一般情况下"自动筛选"能满足大部分的需要。有关"高级筛选"请参考其他相关书籍，这里介绍 "自动筛选"的操作步骤。

（1）在要筛选的数据列表中选定某一单元格。

（2）执行"数据"→"筛选"→"自动筛选"命令，此时，在数据列表的每一字段名的旁边插入下拉箭头，单击想要显示的数据列中的箭头，就可以看到一个下拉列表。

（3）选定要显示的项，在工作表中就可以看到筛选的结果。

这里着重介绍"自定义"选项。选定该项，出现一个"自定义自动筛选方式"对话框，如图 8-21 所示，单击第一个框旁边的箭头，选定要使用的比较运算符；单击第二个框旁边的箭头，选定要使用数值。若须符合两个条件可通过选择"与"和"或"这两个建立复合条件，第二条件输入的方法同第一条件。条件输入完成后，单击"确定"按钮，即可在工作表中看到"自定义"筛选结果。

自动筛选还可以筛选"前 10 个…"。实际操作时筛选前几名是可以调整的。

撤销自动筛选：单击下拉列表的"全部"即恢复按该列筛选前的"全部"（并非真是全部）记录。执行"数据"→"筛选"→"全部显示"命令，即显示全部记录，但下拉按钮并不撤销。执行"数据"→"筛选"→"自动筛选"命令，同时撤销全部筛选结果和下拉按钮，恢复数据清单的原始状态。

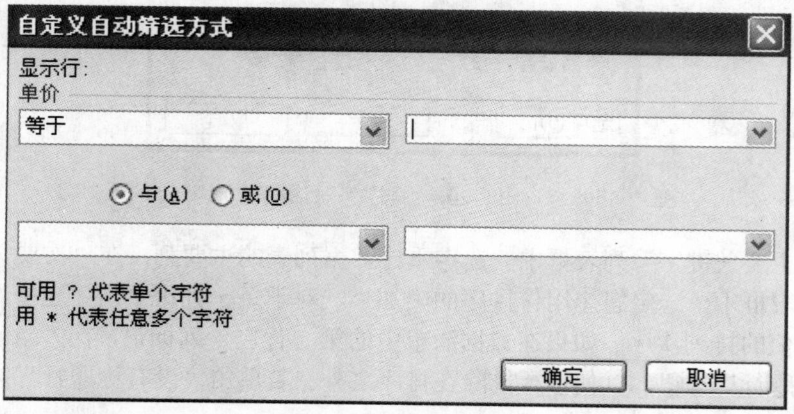

图 8-21 "自定义自动筛选方式"对话框

8.6.5　数据的分类汇总

对数据进行分析的一种方法是分类汇总，在 Excel 中可以方便地利用"数据"菜单中的"分类汇总"命令来实现这项功能。

分类汇总的操作步骤如下：

（1）将数据清单按分类字段排序。

（2）在要进行分类汇总的数据清单中选取一个单元格，执行"数据"→"分类汇总"命令，屏幕上将出现"分类汇总"对话框，如图 8-22 所示。

图 8-22　"分类汇总"对话框

（3）在"分类字段"列表框中，选择分类字段。在"汇总方式"列表框中，选择想用来汇总数据的函数，默认的选择是求和，在"选定汇总项"中，选择包含有要进行汇总的数值的数据列或者接受默认选择（可多于一个），单击"确定"按钮，就可以看到分类汇总结果。

此时在工作表的左边出现了分类的层次，可以单击层次号，本例有三层：明细，分类汇总，总计。还可以单击"－"或"＋"。"－"出现，列出明细记录和汇总值；"＋"出现，只列出汇总值。

对于不再需要的或者错误的分类汇总，可以将之取消，其操作步骤如下：在分类汇总数据清单中选择一个单元格，执行"数据"→"分类汇总"命令，屏幕上将看到"分类汇总"对话框，单击"全部删除"按钮即可。

8.6.6　用数据透视表创建自定义报表

除了用分类汇总的方法分析数据外，经常还需要从不同的角度来分析数据，Excel 中的数据透视表可以有效地提供帮助。数据透视表是依据用户的需要，在清单中提取数据，重新拆装组成的表，尤其适用于分析数据众多并且复杂的工作表。

数据透视表的建立

创建数据透视表，可使用"数据"→"数据透视表"命令，打开"数据透视表向导"对话

框，共有四个窗口，用户在对话框中选择适当的参数，就可产生各种分析数据。下面介绍制作
数据透视表的步骤：

（1）选择数据源。

（2）确定数据源区域后，执行"数据"→"数据透视表和图表报告"命令。弹出如图 8-23
所示对话框。

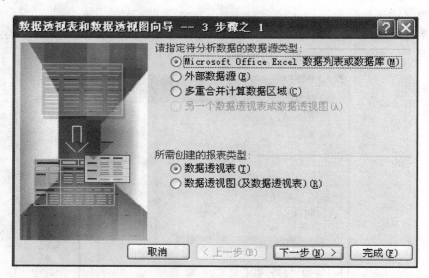

图 8-23　数据透视表和数据透视图向导—3 步骤之 1

（3）在如图 8-23 所示的对话框中单击"下一步"按钮，弹出如图 8-24 所示对话框，选定
数据区域后单击"下一步"按钮，弹出如图 8-25 所示的对话框。

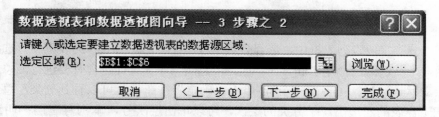

图 8-24　数据透视表和数据透视图向导—3 步骤之 2

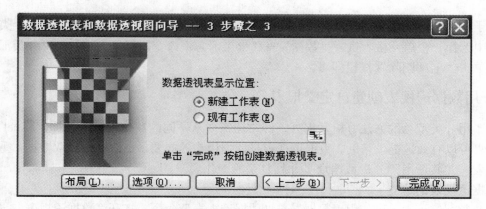

图 8-25　数据透视表和数据透视图向导—3 步骤之 3

（4）在如图 8-25 所示的对话框中，单击"布局"按钮，弹出如图 8-26 所示对话框。

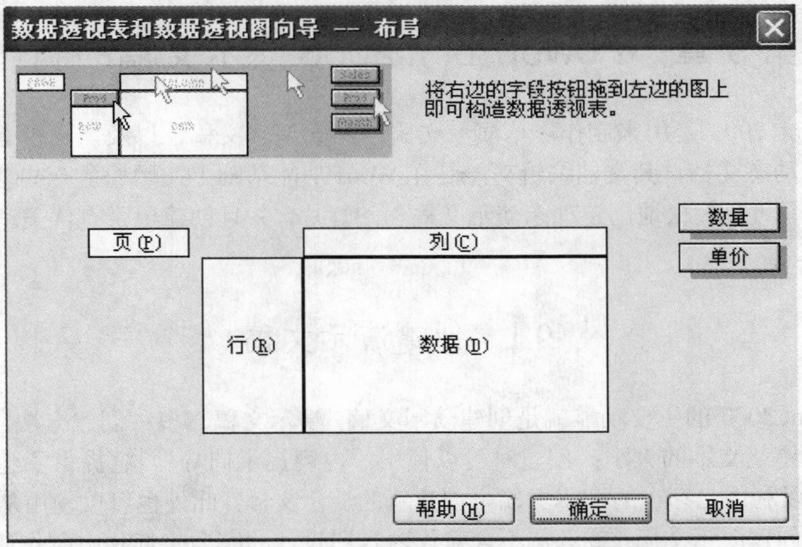

图 8-26　数据透视表和数据透视图向导—布局

（5）在如图 8-26 所示对话框中，右侧列出所有字段名，中间部分是"列"，"行"，"页"和"数据"区域。采用鼠标拖曳方法把主分类字段放入"页"中、次分类字段放入"行"中、第三分类字段放入"列"中，需要统计的字段放入"数据"区域，"数据"区域至少要包含一个数据字段，这些字段将显示在表上的相应位置。

（6）单击"确定"按钮后返回图 8-25，在图 8-25 中完成数据透视表位置的设置。单击"完成"按钮，即完成数据透视表的制作。

练　习　题

1．简述选取单元格、单元格区域、整行、整列、多个不连续单元格区域、整张工作表的操作。

2．如何选取当前工作表？

3．什么是单元格引用？什么是相对引用？什么是绝对引用和混合引用？它们对公式有什么影响？

4．如何在单元格中输入公式？函数向导的作用是什么？

5．清除和删除有什么不同？

6．常用的移动和复制数据的方法有哪几种？

7．打印前需要做哪些准备工作？

第 9 章　PowerPoint 2003 演示文稿的制作

PowerPoint 2003 是用来制作屏幕演示文稿、Web 演示文稿，以及黑白投影机、彩色投影机、幻灯机等动态文档，其文档编辑功能是在 Word 功能基础上，增加了一些动态文档的制作功能，使制作者可以轻松地创建动态演示文稿和幻灯片，并且创建出带有优美动态画面和音效的演示文稿。

9.1　创建演示文稿

PowerPoint 2003 的主要功能就是创建演示文稿，演示文稿有多种创建方法，在创建过程中该程序会自动调整文本的大小；创建时可以使用"内容提示向导"，它提供了建议的内容和设计方案。也可以利用已存在的演示文稿来创建新的演示文稿；此外也可以使用从其他应用程序导入到大纲来创建演示文稿；或者从不含建议内容和设计的空白幻灯片中制作演示文稿；根据建议内容和设计创建演示文稿等。以下是创建过程。

首先运行 PowerPoint 2003 应用程序：执行"开始"→"所有程序"→"Microsoft Office"→"Microsoft Office PowerPoint 2003"命令，屏幕将显示如图 9-1 所示界面。

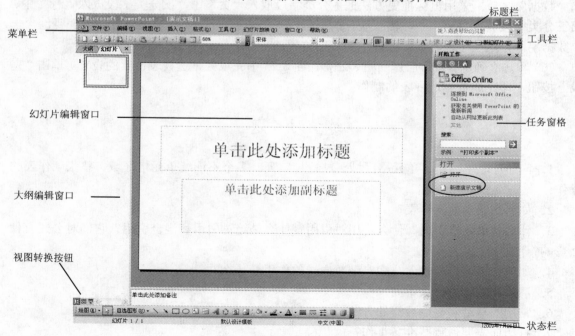

图 9-1　PowerPoint 2003 应用程序界面

当打开 PowerPoint 2003 程序后，我们可以看到界面右侧出现"任务窗格"，单击任务窗格中的"新建演示文稿"命令，从 "空演示文稿"、"根据设计模板"、"根据内容提示向导"以及"根据现有演示文稿相册"四种方案中进行选择即可。

9.1.1　内容提示向导

1. 演示文稿创建过程

当选择"根据内容提示向导"命令，即可出现如图 9-2 所示对话框。单击"下一步"按钮则出现如图 9-3 所示"选择将使用的演示文稿类型"对话框，该对话框中有十类选项，根据需要选择即可，当不满足需要时，还可以适当添加新的项目。

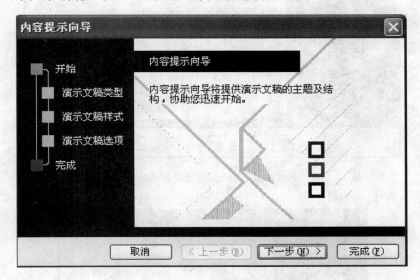

图 9-2　"内容提示向导"对话框

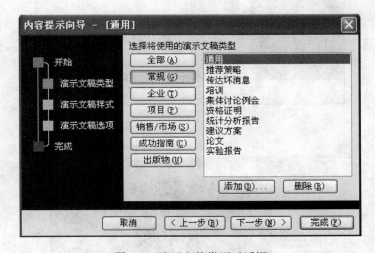

图 9-3　演示文稿类型对话框

提示： 在该对话框中除了单击"下一步"按钮外，也可以单击左边的"■"进行选择。

单击"下一步"按钮，打开"演示文稿样式"输出类型对话框，如图 9-4 所示，其中有五种选择，一般选择"屏幕演示文稿"。

单击"下一步"按钮显示如图 9-5 所示演示文稿选项对话框，将需要的演示文稿标题输入提示栏中即可对相应的文稿进行编辑和修改。当然也可以不输入任何文字，此时的文稿是新建文稿，当出现下一个对话框后，只要单击"完成"按钮，即可显示如图 9-6 所示界面。在此界面下显示的是默认设计模板，左边是标题栏，右边是新建文稿的式样。

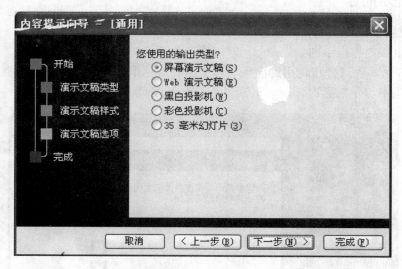

图 9-4　演示文稿样式对话框

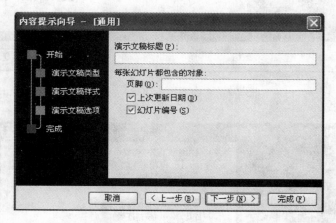

图 9-5　演示文稿选项对话框

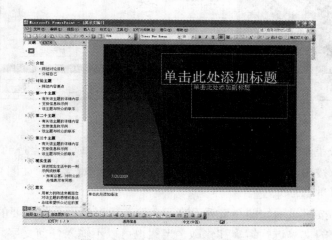

图 9-6　创建幻灯片演示文稿窗口

2．菜单及按钮

在如图 9-6 所示的创建幻灯片演示文稿窗口中，菜单栏出现一些新的菜单，这些菜单的功能与演示文稿密切相关。如图 9-7～图 9-10 所示。

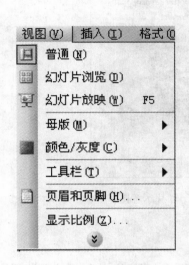

图 9-7　"视图"菜单命令

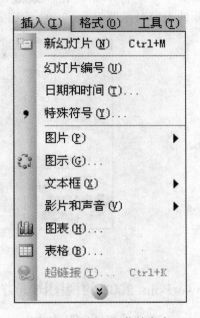

图 9-8　"插入"菜单命令

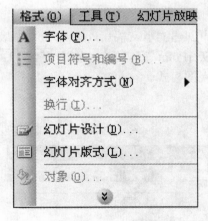

图 9-9　"格式"菜单命令

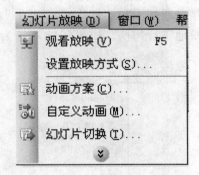

图 9-10　"幻灯片放映"菜单命令

3．演示文稿编辑窗口

以上各步骤中，只要满足我们创建的演示文稿要求，即可单击"完成"按钮，进入规定模板的普通视图窗口，如图 9-6 所示，当然幻灯片界面有所区别，在上机练习中我们可以作相应演示，选择的演示文稿视图窗口中一般可同时打开幻灯片、大纲和备注视图窗格，这些视图所在的窗口大小均可调整，只要将鼠标箭头指向表格边框，即可出现双箭头⇕调节符，此时按住鼠标左键即可调整。

以上操作是演示文稿的创建选择过程，进一步是向新建演示文稿输入文字，此时只要激活相应的文本框。在如图 9-8 所示的右上部分显示了幻灯片式样，只要单击相应文字，即可显示文本框，进行输入文字、修改文字以及插入其他效果等操作。其基本操作方法与 Word 的文本框操作相同；有时在创建幻灯片中选择了空白版式，这种情况要想输入文字，必须另外在空白版式中添加文本框才能实现。当然，新建文稿中的文本框也可以移动和删除，并且可以改变对应属性，此处内容可参照 Word 2003 的相关章节。

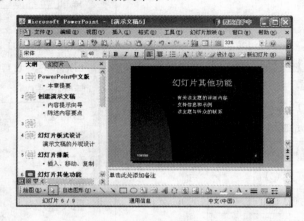

图 9-11　创建默认设计模板幻灯片示意图

9.1.2　PowerPoint 2003 的视图浏览方式

PowerPoint 2003 的视图浏览方式主要有幻灯片视图、大纲视图、幻灯片浏览视图、普通视图、幻灯片放映视图，如图 9-12 所示。

1．幻灯片视图

PowerPoint 具有许多不同的视图，可帮助用户创建演示文稿。PowerPoint 中最常使用的两种视图是普通视图和幻灯片浏览视图。单击 PowerPoint 窗口的 **大纲** 幻灯片 可在视图之间轻松地进行切换。如图 9-13 所示为幻灯片视图模式。

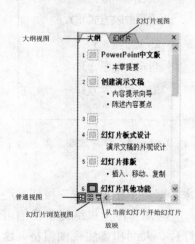

图 9-12　视图方式切换组合按钮

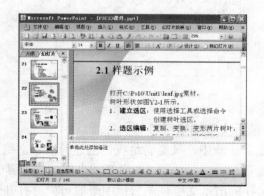

图 9-13　幻灯片视图模式

2．大纲视图

大纲视图窗口（如图 9-11 所示）可组织和开发演示文稿中的内容。可以输入演示文稿中的所有文本，然后重新排列项目符号、段落和幻灯片。

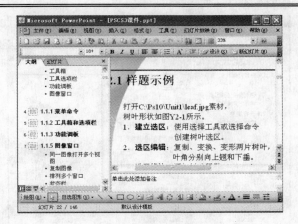

图 9-14　大纲视图

3．幻灯片浏览视图

这种浏览方式可以将创建的幻灯片同时排列出来；单击 品 按钮，如图 9-15 所示。此时可以查看多张幻灯片中的文本外观；在此演示方式下，可以看到整个演示文稿，因此可以轻松地添加、删除和移动幻灯片。还可以使用"幻灯片浏览"工具栏中的按钮来设置幻灯片的放映时间，选择幻灯片的动画切换方式。

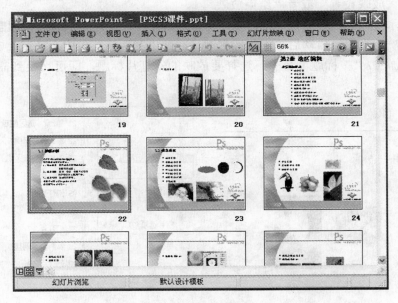

图 9-15　幻灯片浏览视图

4．普通视图

当单击 田 按钮时，显示普通视图，在此窗口中看到 3 个小窗口，如图 9-16 所示：大纲窗口（左）、幻灯片窗口（右上）和备注窗口（右下）。这些窗口使得用户可以在同一位置使用演示文稿的各种特征。拖动窗口边框可调整不同窗口的大小。

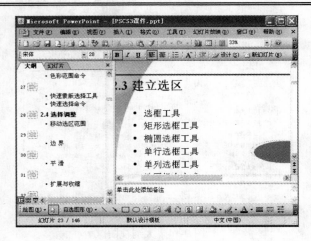

图 9-16　普通视图

5.　幻灯片放映视图

只要单击 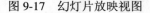按钮即可预览幻灯片，如图 9-17 所示。在幻灯片放映视图中，每单击一次幻灯片，即可以在屏幕上看到演示文稿中的动态效果。这样，可以轻松预览幻灯片。如果需要退出放映，在版面上任一位置单击鼠标右键，即可弹出快捷菜单，如图 9-18 所示，根据弹出的菜单重新选择"放映设置"或者"结束放映"。

在创建演示文稿的任何时候，用户随时可以通过单击"幻灯片放映"按钮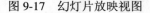，以启动幻灯片放映和预览演示文稿。启动后单击鼠标右键，在弹出的快捷菜单中，通过"定位至幻灯片"→"幻灯片漫游"/"按标题"命令，选择要放映的幻灯片标题，即可切换到需要观看的幻灯片。

图 9-17　幻灯片放映视图

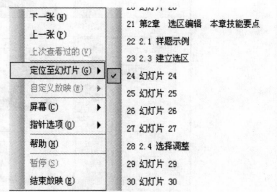

图 9-18　幻灯片放映视图中的快捷菜单

备注窗口使得用户可以添加与观众共享的演说者备注或信息。执行"视图"→"备注页"命令，切换到备注页视图方式，如图 9-19 所示，单击备注页文本框即可对备注页进行编辑。如果需要在备注中含有图形，单击备注页文本框，在菜单栏"插入"的备注页视图中添加备注。一般在新建演示文稿中均有备注页栏，如图 9-20 所示窗口的右侧下部，右侧上部是自动建立的两个"文本框"，如果打开的窗口看不到明显的文本框，此时可以在需要修改的栏目上单击即可看到相应被激活的文本框，这些文本框是 PowerPoint 2003 自动生成的，并且具有相应的提示，我们只要根据提示输入相关内容即可。

练习：备注页的添加。这几种视图演示方式有所区别，此处可以分别单击五个视图演示按钮进行操作，观察备注页的形式。

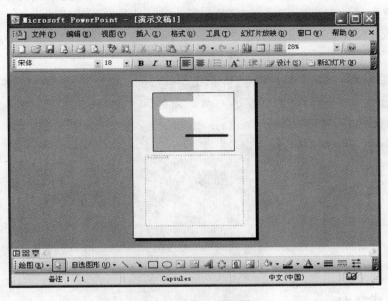

图 9-19　备注页视图

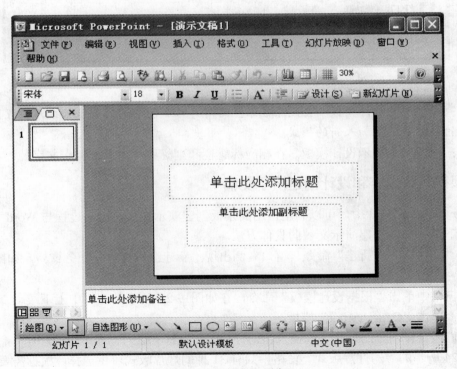

图 9-20　添加备注页窗口

在创建和编辑的演示文稿均自动生成 3 个编辑区。如图 9-21 所示的普通视图窗口中显示有大纲目录编辑区、幻灯片编辑区，以及备注栏编辑区。左边的大纲栏编辑区显示创建的演示文稿的数量以及名称，同时显示副标题内容；右边的上部显示幻灯片的样式和效果，主要包括

"标题栏"和"副标题栏",若对这两个文本框的位置不满意,还可以重新编辑,当然也可以插入文本框、动画、图片以及艺术字等;备注栏是用来说明幻灯片创建和编辑相关内容的;每个设计模板均有它自己的幻灯片母版。幻灯片母版上的元素控制了模板的设计。许多模板还带有单独的标题母版。对演示文稿应用了设计模板后,PowerPoint 会自动更新幻灯片母版上的文本样式和图形,并按新设计模板的配色方案改变颜色。

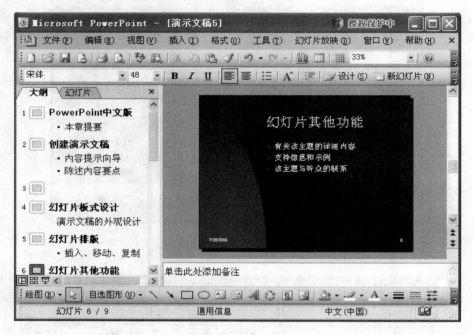

图 9-21　普通视图

提示: 应用新的设计模板不会删除已添至幻灯片母版的任何对象(如文本框或图片)。而是在原有的母版基础上加入新的模式。

练习: 根据以上提示设计模板。在相应标题栏和副标题栏内录入相应文字。

9.1.3　根据建议内容和设计创建演示文稿

在 PowerPoint 2003 中,可以利用常用的模板创建演示文稿。创建过程与 Word 2003 基本相同。以下是用模板创建演示文稿的具体方法。

执行"文件"→"新建"命令,窗口右侧出现"新建演示文稿"任务窗格,如图 9-22 所示。

在此窗格中单击"根据设计模板"命令,在如图 9-23 所示的窗格中上下滚动查看所有的设计模板,单击"Capsules.pot"模板。

当我们需要在两个幻灯片之间插入新幻灯片时,执行"插入"→"新幻灯片"命令,会出现如图 9-24 所示的"幻灯片版式"窗格,共有 31 种幻灯片版式可供选择。根据需要选择相应一种,如"标题和文本"版式,就可以将版式"标题和文本"应用到新插入的幻灯片。

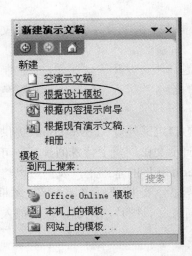　　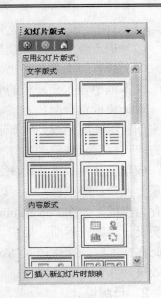

图 9-22　"新建演示文稿"窗格　　图 9-23　"幻灯片设计"窗格　　图 9-24　"幻灯片版式"窗格

练习：新建"公司主页"演示文稿，插入相应文字，并且在两张幻灯片之间插入新的幻灯片，新幻灯片自选设计。

9.2　幻灯片的版式设计

9.2.1　演示文稿的外观设计方法

　　PowerPoint 的一大特色就是，可以使演示文稿中的所有幻灯片具有一致的外观。控制幻灯片外观的方法有四种：设计模板、母版、配色方案和幻灯片版式。在设计过程中除去程序中已有的模板外，完全可以按照自己的想象来设计具有个人特色的演示文稿。其中包括文字的选择、布局的设计、背景的色彩以及插入各种图片，还可以插入音乐效果，动画设计，以及各种艺术处理等。

- 模板的概念与 Word 中介绍的相同，这里不再赘述。
- 幻灯片母版是指控制了某些文本特征的（如字体、字号和颜色）版面文本，称之为"母版文本"。另外，它还控制了背景色和某些特殊效果（如阴影和项目符号样式）。

1．设计模板

　　PowerPoint 提供两种模板：设计模板和内容模板。设计模板包含预定义的格式和配色方案，可以应用到任意演示文稿中创建独特的外观。内容模板包含与设计模板类似的格式和配色方案，加上带有文本的幻灯片，文本中包含针对特定主题提供的建议。

　　可以修改任意模板以适应需要，或在已创建的演示文稿基础上建立新模板。还可以将新模板添加到内容提示向导中，以备下次使用。

　　设计模板的具体操作步骤如下：

　　（1）执行"文件"→"新建"→"根据设计模板"命令。

　　（2）上下滚动查看所有的设计模板，单击需要的模板，再单击"确定"按钮。

　　创建内容模板的具体操作如下：

（1）打开已有的演示文稿或模板，作为新模板的基础。

（2）更改演示文稿或模板以符合需要。

（3）执行"文件"→"另存为"命令。在"保存类型"框中单击"设计模板"，在"文件名"文本框中输入新模板的名称，然后单击"保存"按钮。

设计模板包含配色方案、具有自定义格式的幻灯片和标题母版，以及字体样式，它们都可用来创建特殊的外观。当演示文稿应用设计模板时，新模板的幻灯片母版、标题母版和配色方案将取代原演示文稿的幻灯片母版、标题母版和配色方案。

应用设计模板之后，添加的每张新幻灯片都会拥有相同的自定义外观。PowerPoint 提供了大量专业设计的模板，也可以创建自己的模板。如果为某份演示文稿创建了特殊的外观，可将它存为模板。如在 PowerPoint 2003 中已经存有的模板"Watermark"的基础上，我们可以将其重新设计标题、界面、插图、动画以及音效等，然后保存为模板。此标题栏实际上是文本框，因此在文本框的操作如同 Word 中的操作，同样可以输入任何文字、图片、动画，以及插入艺术效果。

2. 母版设计

幻灯片母版控制幻灯片上所输入的标题和文本的格式与类型；标题母版控制标题幻灯片的格式，它还能控制指定为标题幻灯片的幻灯片。如图 9-25 所示为修改幻灯片母版界面。

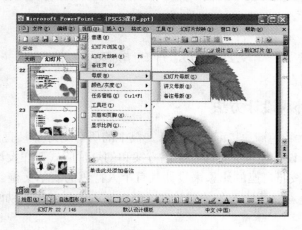

图 9-25　修改幻灯片母版界面

在演示文稿的菜单栏单击"视图"，然后鼠标指向"母版"，再单击"幻灯片母版"即可对幻灯片母版进行修改。幻灯片母版包含文本占位符和页脚（如日期、时间和幻灯片编号）占位符。如果要修改多张幻灯片的外观，不必对一张张幻灯片进行修改，只需在幻灯片母版上进行一次修改即可。PowerPoint 将自动更新已有的幻灯片，并对以后新添加的幻灯片应用这些更改。如果要更改文本格式，可选择占位符中的文本并做更改。例如，将占位符文本的颜色改为蓝色，使已有幻灯片和新添幻灯片的文本自动变为蓝色，还包含背景项目。例如，放在每张幻灯片上的图形颜色将发生改变。

幻灯片母版上的修改会反映在每张幻灯片上，如图 9-26 所示就是在已有的模板下重新设计自己的母版。若要修改图片，只要单击界面中的图片即可看到激活的图片工具栏。在此窗口中可以进行标题母版设计、副标题母版设计，以及图片设计等一系列设计方式。

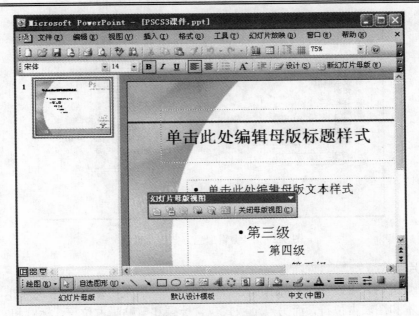

图 9-26　母版设计窗口

3. 配色方案

配色方案由 8 种颜色组成，用于演示文稿的主要颜色，例如文本、背景、填充、强调文字所用的颜色。方案中的每种颜色都会自动用于幻灯片上的不同组件；可以挑选一种配色方案用于个别幻灯片或整份演示文稿中。在演示文稿中应用设计模板时，可以从一组设计模板预定义的配色方案中选择。通过这种方式，可以很容易地更改幻灯片的配色方案，并确保新的配色方案和演示文稿中的其他幻灯片相互调和。

执行"格式"→"幻灯片设计"命令，打开如图 9-27 所示的任务窗格，选择"配色方案"命令，在随后出现的如图 9-28 所示窗格中的"应用配色方案"列表框中选择一种配色方案。若"应用配色方案"列表框中没有合适的选项，则可以自己来定义配色方案。选择"编辑配色方案"命令，打开如图 9-29 所示的"编辑配色方案"对话框，单击"更改颜色"按钮进行选择颜色。

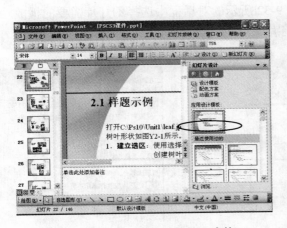

图 9-27　"幻灯片设计"窗格

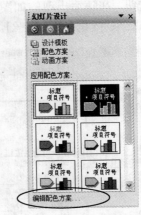

图 9-28　"配色方案"窗格

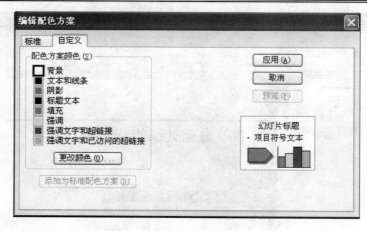

图 9-29   "编辑配色方案"对话框

4．幻灯片版式

创建新幻灯片时，可以从 31 张预先设计好的幻灯片版式中进行选择。例如，有一个版式包含标题、文本和图表占位符，而另一个版式包含标题和剪贴画占位符。标题和文本占位符依照演示文稿中的幻灯片母版的格式，可以移动或重置其大小和格式，可与幻灯片母版不同，也可以在创建幻灯片之后修改其版式。应用一个新的版式时，所有的文本和对象都保留在幻灯片中，但是可能需要重新排列它们以适应新版式。PowerPoint 会打开一份示例演示文稿，可以在其中添加自己的文本或图片。

提示：占位符是指新建幻灯片时出现的虚线方框。这些方框是一些对象（幻灯片标题、文本、图表、表格、组织结构图和剪贴画）的所在位置指示。单击占位符可以添加文字，双击可以添加指定对象。

9.2.2   音乐、图片、声音、视频和动画剪辑

1．插入音乐

Windows 提供了一些额外的声音和音乐（如图 9-30 所示）可用于演示文稿内，只要执行"插入"→"影片和声音"命令，再单击"播放 CD 音乐"即可弹出如图 9-31 所示对话框，单击"确定"按钮，在随后出现的如图 9-32 所示的对话框中选择幻灯片需要的播放功能——"自动"或"单击时"按钮，即可在幻灯片上看到光盘标志。

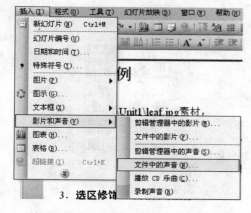

图 9-30   在演示文稿中插入"影片和声音"

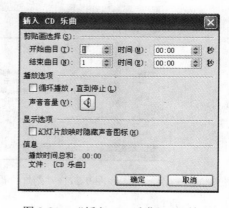

图 9-31   "插入 CD 乐曲"对话框

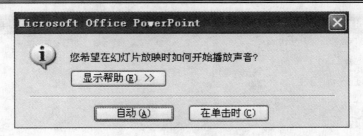

图 9-32 声音播放方式对话框

将 CD 光盘放入光驱，可以在观看演示文稿的同时听 CD 音乐。当幻灯片上出现小喇叭标志，表明已经自动建立连接，在应用时只要单击即可启动相应的声音文件。

2. 插入图片

在 PowerPoint 中可以找到所需的模板或图片、音乐、声音、视频或动画剪辑，也可从其他位置上查找导入。

插入图片的操作步骤如下：

（1）单击要添加图片的幻灯片。执行"插入"→"图片"→"剪贴画"命令，如图 9-33 所示。在打开的如图 9-34 所示的任务窗格中单击相应图片即可将该剪贴画插入选择的插入位置。操作过程与 Word 相同。选择相应的剪贴画导入到母版或（模板）后，单击剪贴画，出现位图标志时即可进行拖动到相应位置。在被激活的文本框也会出现位图标志，就是所谓的"占位符"。

（2）执行"插入"→"图片"命令，单击 来自文件(F)...。在如图 9-35 所示的"插入图片"对话框中找出包含要插入图片的文件夹，指定图片名称后单击"插入"按钮即可。

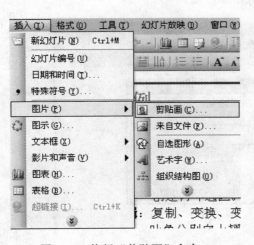

图 9-33 执行"剪贴画"命令

图 9-34 "剪贴画"任务窗格

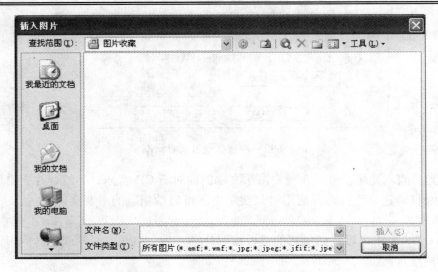

图 9-35 "插入图片"对话框

提示：如果要将图片添加到演示文稿中的每张幻灯片，将图片添加到幻灯片母版。向备注页中添加图片，只有单击"视图"菜单上的"备注页"选项，然后添加所需的图片。

3. 添加绘图和图形

（1）在幻灯片上，使用"绘图"工具栏上的按钮根据需要绘制对象。选择已创建的图形对象。执行"编辑"→"复制"命令。单击"绘图"工具栏上的"插入剪贴图" 按钮。

（2）在"剪贴画"中选择要向其中添加图形对象的类别。如果在"剪贴画"中找不到满意的图片，可以在图 9-34 中单击 管理剪辑... 按钮，另外组合图片库，以供插入。

通过使用如图 9-36 所示的"剪辑管理器"，可将图片组织到自定义的类别中，为图片指定关键词、将图像拖到演示文稿中。新的"剪辑库"还能保存声音和影片。可将常用的图片、声音或影片添加到"剪辑库"中，以便于访问和编辑插入。

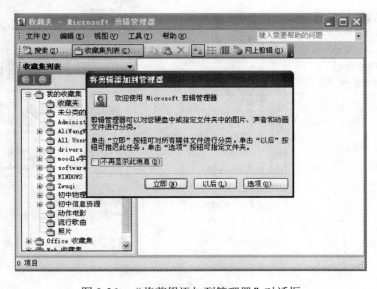

图 9-36 "将剪辑添加到管理器"对话框

练 习 题

1. 幻灯片版式、背景、母版有什么不同？
2. 保存演示文稿有几种格式？
3. 如何将图片作为幻灯片的背景？
4. 如何设置动画功能？试一试各种动画效果。
5. 幻灯片配色方案有什么用处？如何设置？

第 10 章　FrontPage 2003 网页制作

FrontPage 2003 是一个功能强大的网页编辑和站点管理的应用程序，使用它可以快速高效地创建出具有专业水准的网页。由于 FrontPage 已加入 Office 家族，所以网页编辑者可以使用 Office 的丰富资源，并以 Office 的使用习惯来操作 FrontPage。但 FrontPage 2003 为零售版，必须另外安装。

10.1　用 FrontPage 制作主页

10.1.1　FrontPage 主窗口

FrontPage 主窗口由标题栏、菜单栏、工具栏、网页编辑区、状态栏和任务窗格等组成，如图 10-1 所示。

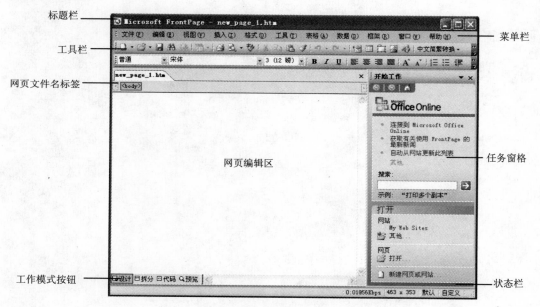

图 10-1　FrontPage 主窗口

- 标题栏：显示当前编辑网页的名称。
- 菜单栏：FrontPage 所有功能的菜单，选择功能名称后可以弹出该功能的菜单。
- 工具栏：提供了常用的工具按钮。
- 状态栏：显示编辑状态及网页下载所需时间等。
- 网页编辑区：编辑网页内容的地方。
- 工作模式按钮：切换不同的网页工作模式。
- 任务窗格：随时汇集与目前编辑工作相关的各项功能列表。
- 网页文件名标签：同时打开多个网页编辑，并从文件名标签中快速切换工作文件。

10.1.2　创建和编辑主页

主页是 Web 站点的一个主要内容，进行主页的编辑和设计时应考虑以下三个方面问题：主页应说明整个 Web 站点的用途和目的；主页应提供足够的信息使浏览者对该站点有一个基本的了解；主页应是整个站点的起点，从主页出发应使浏览者直接或间接地到达 Web 站点中的所有网页。

1．创建主页

单击任务栏上的"开始"按钮，鼠标指向"所有程序"选项，执行"Microsoft Office"命令，打开 Microsoft Office FrontPage 2003 应用程序，进入 FrontPage 主窗口。

2．利用表格设置网页的版式

在编辑网页时，调整文字和图片的摆放位置常常耗费我们大量的时间，为了控制图片和文字在网页中的位置，可以将文字和图片都放置在表格单元格中来控制网页的排版。

（1）插入表格。执行"表格"→"插入"→"表格"命令，弹出"插入表格"对话框，如图 10-2 所示。

图 10-2　"插入表格"对话框

在"插入表格"对话框中的"大小"中设置表格的行数和列数，在"布局"中设置表格的对齐方式、表格的单元格中文字或图像与边框的距离，以及表格单元格之间的距离。在"边框"中设置表格边框的粗细和颜色。

（2）格式化表格。格式化表格对表格的大小、格式及背景颜色等进行设置。将光标置于表格中，执行"表格"→"表格属性"→"表格"命令，弹出"表格属性"对话框，在"布局"中指定表格的宽度和高度，在"背景"中指定背景图像或选择背景颜色。

（3）合并和拆分单元格。在表格中用到不规则的单元格时，可以对单元格进行合并和拆分。选中需要合并的单元格，执行"表格"→"合并单元格"菜单命令，将对选中的单元格进行合并。将光标置于需要拆分的单元格中，执行"菜单"→"拆分单元格"命令，在弹出的对话框中设置拆分单元格的数值。

（4）表格套用。如果对表格合并或拆分后不能达到网页的版式要求，使用表格套用的功能设计版式。如图 10-3 所示，在 2*2 的表格中又加入了一个 2*2 的新表格。在不同的单元格中输入不同的信息，从而实现网页版式的要求。

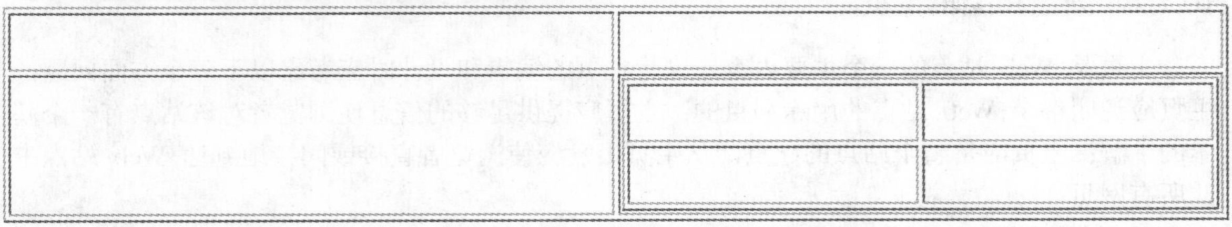

图 10-3　表格套用

3．格式化文本

设置好网页页面的格式后，在选定的单元格中输入文字及插入图片。可以改变选中文字的字体、字号、字符间距、缩进、对齐方式和颜色等，可以使用动画效果，还可以对选中的文本应用特殊的字符样式。

（1）改变字体。拖动鼠标，选中要修改的文本内容，单击格式工具栏字体框中的下三角按钮，从列表中选择一种字体，单击增大字号、减小字号按钮，可改变文字的大小，单击颜色按钮，设置文本的颜色。执行"格式"→"段落"命令，对文本进行左对齐、居中对齐和右对齐等格式的编排。

（2）插入符号。使用 FrontPage 可以直接插入各种特殊符号，执行"插入"→"符号"菜单命令，在弹出的窗口中选择一种特殊符号。

（3）插入编号。为了增强页面的可阅读性，可对页面中的段落添加编号列表和项目符号。拖动鼠标，选中需要增加编号的文本段落，单击工具栏上的编号按钮，或执行"格式"→"项目符号和编号"命令，添加编号。

（4）插入项目符号。拖动鼠标，选中需要添加项目符号的文本段落，单击工具栏上的项目符号按钮，或执行"格式"→"项目符号和编号"命令，添加项目符号。

4．插入图片

网页中的图片应当与网页的内容紧密相关，使之既能吸引浏览者关注网页，又不分散浏览者的注意力。同时还要考虑到，插入的图片太多会降低浏览速度。

（1）图形文件格式。WWW 浏览器常用的图形文件有 GIF 和 JPEG 两种格式。GIF 格式是包含 256 色或 256 色以下的图片，由于颜色种类较少，GIF 格式的文件下载速度较快。JPEG格式是包含 256 色以上的图片，丰富的色彩使 JPEG 格式特别适合保存照片并且该格式具有极高的压缩率，可以显著减少图形文件的大小。除以上两种图形文件格式外，FrontPage 还允许引入 BMP、TIFF、TGA、RAS、EPS、PCX 和 WMF 格式图形文件，当将这些格式的图形文件插入到网页中时，FrontPage 自动将包含 256 色以上的图形文件转换成 JPEG 格式，256 色或 256 色以下的图形文件转换成 GIF 格式。

（2）插入图片。网页中的图片只是在网页中放置了一个指向该图形文件的指针。将光标置于需要插入图片的位置，执行"插入"→"图片"→"来自文件"命令，或单击工具栏中的"插入文件中的图片"按钮，弹出插入图片对话框。在查找范围中选择图片文件所在的路径，选择插入图片的文件名，然后单击"插入"按钮。也可以执行"图片"→"剪贴画"命令，从 Windows自带的图片库中寻找合适的图片。

（3）设置图片属性。插入到页面中的图片，可以调整图片的对齐方式，设置图片与文字的水平和垂直距离，是否给图片加边框等图片属性的设置。在 FrontPage 中单击图片将其选中，单击工具栏上的对齐按钮，或者执行"格式"→"属性"命令，弹出"图片属性"对话框，单击"外观"选项卡，单击"对齐方式"栏中的下三角按钮，在弹出的菜单中选择一种对齐方式。调整"水平间距"的值，设置图片同周围文字的水平距离，调整"垂直间距"的值，设置图片同周围文字的垂直距离，调整"边框粗细"的值，设置图片边框的宽度。

当在网页中插入一幅图片时，有的图片会带一个背景框，FrontPage 的透明工具可以去掉图片的单色背景框。选中图片，单击绘图工具栏中的"设置透明色"按钮，将鼠标移动到图片背景框中，单击鼠标左键，图片的背景变成透明。

（4）指定图片的替代文本。有些网页浏览者为了加快浏览速度，关掉了浏览器的图形显示功能，这样网页的制作者就应该在显示图片的地方插入一些替代文本，对图片进行说明。选中图片，执行"格式"→"属性"命令，打开"图片属性"对话框，在"常规"选项卡的"可选外观"的"文本"框中输入文本内容，单击"确定"按钮。在进行浏览时，将鼠标移动到图片的位置，替代文本中的内容就会显示出来。

5. 设置超级链接

Web 页最重要的特点之一就是可以通过网页上的各种超级链接进入其他网页或者转到另一个网站。在 FrontPage 中可以通过单击鼠标，就可以实现超级链接的设置。

（1）创建文字超级链接。选中网页中需要设置超级链接的文本，单击工具栏中的"插入超级链接"按钮，或执行"插入"→"超链接"命令，弹出"插入超链接"对话框，如图 10-4所示。

选择链接的文件名及其路径，单击"确定"按钮，页面中的文本与选择的文件建立了超级链接，页面中的文本变成了蓝色，并被加上了下画线。需要注意的是，以后上传制作好的网页到服务器时，必须将链接的文件也放在相应的路径中，否则就会出现"找不到链接"的现象。所以尽量将地址设置为绝对路径，即以"http:"开头的完整路径。

建立好的文本链接系统默认为带篮色下画线，要更改超级链接的系统默认颜色，可执行"文件"→"属性"命令，在弹出的"网页属性"对话框中单击"格式"选项卡。然后单击"超链接"中的下三角按钮，从下拉列表中选择一种颜色，设置为已经访问过的超级链接的颜色。若单击"当前超链接"的下三角按钮，列表中选择一种颜色，设置为当前正在访问的超级链接的颜色。

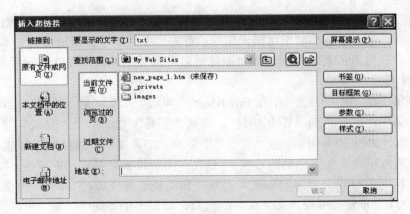

图 10-4　"插入超链接"对话框

（2）创建书签超级链接。一般情况下网页的长度不超过三个满屏，为了便于管理超过三屏的网页，在页面中插入书签进行定位，实现同一个页面之间的跳转。首先在页面中创建书签，然后创建超级链接，这样可方便访问者浏览用户的网页。

　　书签的创建方法为：把光标移动到要插入书签的位置，执行"插入"→"书签"命令。在弹出的书签对话框中，命名书签，单击"确定"按钮。在光标位置上会出现一个![]图案，标示这里有一个书签。

　　只有书签当然没什么作用，还要设置超级链接到书签，才能让所设置的书签发生效果。链接到网页中书签的操作方法：选定想要设置成书签超级链接的文字，单击工具栏上的![]"插入超链接"按钮，在弹出的对话框中选择"书签"按钮，选择要链接的书签名称，然后单击"确定"按钮即可。

　　（3）创建邮件超链接。主页制作完成并在 Internet 上发布后，如果希望得到浏览者对主页的反馈信息，可以通过创建 E-mail 的超级链接，将反馈信息发送到你的 E-mail 中。选中网页中你的 E-mail 地址，单击标准工具栏中的"插入超链接"按钮，弹出"插入超链接"对话框，在链接到区域单击"电子邮件地址"选项，输入电子邮件地址后，单击"确定"按钮，如图 10-5 所示。

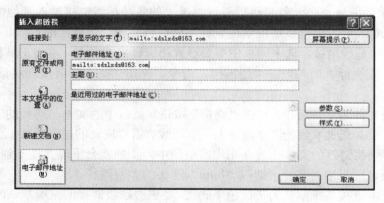

图 10-5　创建电子邮件超链接

　　（4）创建图片超级链接。也可以设置图片的超级链接。选中图片，单击工具栏中的"插入超链接"按钮，在"地址"文本框中输入所链接的文件名及其路径，或者选择所链接的文件，然后单击"确定"按钮。

　　（5）删除超级链接。删除网页时，与该网页的超级链接并没有被删除，应当删除这些超级链接，以免删除正在进行链接时出现错误信息。首先选中建立了超级链接的文本，单击"插入超链接"按钮，在打开的对话框中选择"删除链接"选项，则超级链接被删除。

　　6．创建字幕

　　字幕是屏幕上滚动的一行文本，在 FrontPage 中叫做"字幕"，是一种突出强调文本的方法。单击"插入"菜单，鼠标指向"Web 组件"，选择"字幕"项并单击"完成"按钮，弹出"字幕属性"对话框，如图 10-6 所示。在"文本"框中输入字幕文字。选择"方向"区域中的"左"或者"右"单选按钮设置文字移动的方向。"速度"用于设置字幕移动的速度。"表现方式"中可以选择文字移动的模式，分为滚动条、幻灯片和交替三种模式。"大小"用于指定移动文字框长和宽的尺寸。"重复"可设置文字移动的次数，如果选中"连续"复选框，文字循环移动。"背景色"用于设置移动文字框的背景色。

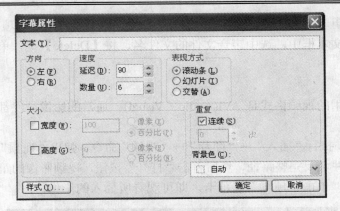

图 10-6 "字幕属性"对话框

10.2 在主页上插入多媒体信息

随着近几年多媒体技术的迅猛发展,Web 页上使用的图形、声音、动画及影像也越来越多,使用 FrontPage 可以很轻松地在网页中插入图片、声音、动画和影像,只需简单地单击鼠标就可以创建出一个生动有趣的 Web 页面。

1. 插入声音

FrontPage 支持多种格式的声音文件,如 MIDI、AU 和 WAV。在网页中插入背景声音,当浏览者浏览该网页时,背景声音自动播放。

(1)插入声音。执行"文件"→"属性"命令,弹出"网页属性"对话框,如图 10-7 所示。单击"常规"选项卡,在"背景音乐"中的"位置"文本框中输入声音文件所在的路径和文件名。也可以单击右边的"浏览"按钮,在弹出的对话框中选择文件所在的路径和文件名。

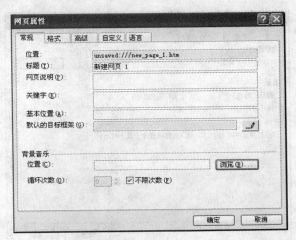

图 10-7 "网页属性"对话框

(2)设置声音播放模式。播放声音时可以任意设置声音的播放方式。在图 10-7 中的"循环次数"项中,单击上、下箭头可以设置背景声音文件循环播放的次数,设置值的范围为 0~9999。如果选中"不限次数"复选框,所设定的背景声音将一直循环播放,直到跳转到其他的网页或网站为止。

（3）删除背景声音。执行"文件"→"属性"命令，打开"常规"选项卡，在"背景音乐"区域中的"位置"文本框中，选中声音文件的文件名，按【Delete】键，单击"确定"按钮，即可删除背景声音。

2. 插入影像

互联网上最常用的视频格式是 AVl(Audio／Visual)。通常的影像文件都很大，所以会降低浏览速度。

（1）插入影像。执行"插入"→"图片"→"视频"命令，弹出"视频"对话框（图 10-8），选择影像文件的文件名及完整路径，然后单击"打开"按钮，视频影像的第一帧画面被插入到正在编辑的网页中。单击"预览"选项卡，即可观看所插入的影像。

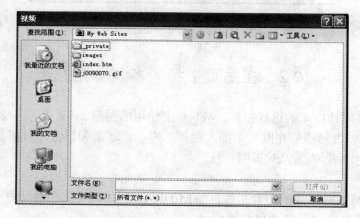

图 10-8　"视频"对话框

（2）设置影像属性。设置影像属性可以控制影像的播放方式。选中影像文件，单击鼠标右键，在弹出的快捷菜单中选择"图片属性"项，弹出"图片属性"对话框，如图 10-9 所示。

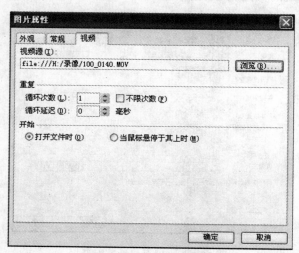

图 10-9　"图片属性"对话框

单击"视频"选项卡，在"重复"中单击上、下箭头，设置影像文件循环播放的次数，设置值的范围为 0～9999。若选中"不限次数"复选框，设定的影像文件将一直循环播放，直到跳转到其他的网页或网站为止。

3．插入动态 G1F 文件

为了使网页上的图片"动"起来，吸引浏览者的注意力，可以在网页中插入动态 GIF 格式的文件。动态 GIF 文件是在一个图形文件中存入多张图片，通过不断装载不同的图片，产生动画的效果。单击工具栏中的"插入"项，弹出"图片"对话框，选择动态 GIF 文件的路径及文件名，然后单击"确定"按钮。在 FrontPage 主窗口中单击"预览"选项查看动画图片。

10.3　创建反馈表单

反馈表单或交互式表单是 Internet 进行信息交换和信息收集的主要方法。表单为收集并输入大量信息提供了一种有序的结构，适用于申请工作、申请免费邮箱和网上购物等。使用 FrontPage 可以在网页上创建反馈表单，浏览者可以对网页提出意见和建议。

在 FrontPage 中，我们既可以使用 FrontPage 提供的模板表单，也可以创建一个符合自己意愿的表单。

1．使用 FrontPage 提供的模板表单

FrontPage 2003 提供了几个常用表单的模板，可以直接使用所提供的表单模板来收集信息。

（1）选择模板。打开 FrontPage 2003，执行"文件"→"新建"菜单命令，在窗口右侧的任务窗格的"新建网页"区域中，选择"其他网页模板"，在这里选择"意见反馈表单"模板，如图 10-10 所示，单击"确定"按钮。

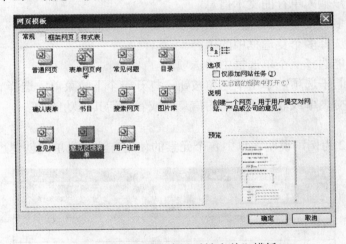

图 10-10　选择"意见反馈表单"模板

（2）向模块中添加文本。FrontPage 提供了大部分模块，只要稍作修改，就可以直接使用。如图 10-11 所示，只要将图中部分文本替换成所要求的文字，就制作成了一张非常专业的反馈表单。

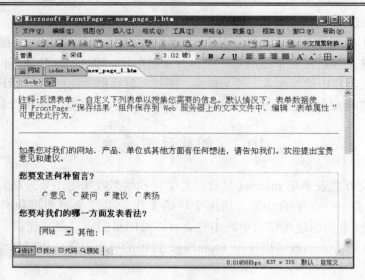

图 10-11　反馈表单

2．反馈表单中的字段

反馈表单中的字段通过 "表单"菜单添加到页面中，执行"插入"→"表单"子菜单下的各项命令，"表单"子菜单中包含了表单中的各个字段。

文本框：让用户输入单行的文本信息。

文本区：输入多行文本，可以使用滚动条浏览看不到的内容。

复选框：同时选择多个复选框中的内容。

选项按钮：只能选择一个单选框中的选项。

下拉框：包含若干选项，单击下三角按钮，打开一个下拉菜单，选择一个合适的选项。

高级按钮：提交表单或取消所输入的信息，或者激活其他功能。

3．创建表单

我们以图 10-12 为例，说明表单中各个元素的使用方法及表单的创建过程。

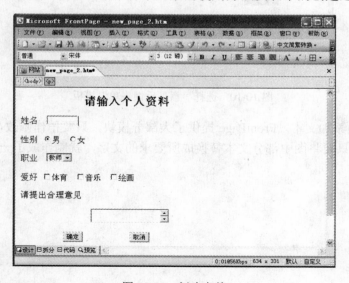

图 10-12　创建表单

（1）插入单选按钮

单选按钮是从一组选项中选择一个选项。每个单选按钮要分别添加到网页中，在单选按钮旁加入该选项的说明。

① 插入单选框。在图 10-12 中，"性别"项使用的是单选按钮。选择"选项按钮"命令，单选项按钮被添加到网页中，在添加的按钮旁输入"男"，再一次单击"选项按钮"命令，在添加的按钮旁输入"女"。

② 设置选项按钮的属性。对于每一个添加的选项按钮都要设置属性。双击"男"单选按钮，弹出"选项按钮属性"对话框，设置"组名称"和"值"。在这里输入"xingbie"和"nan"，因为是在同一个选项组，所以在"女"单选框的属性中组名也要输入"xingbie"，而"值"中应输入"nu"。

（2）插入复选框

① 插入复选框。如图 10-12 所示的"爱好"项中包括多个选项，需要使用复选框来实现。执行"表单"→"复选框"命令，在插入的复选框旁输入"体育"，依次将其他复选框加入。

② 设置复选框属性。双击"体育"复选框，弹出"复选框属性"对话框，如图 10-13 所示，在"名称"文本框中输入"aihao"，在"值"文本框中输入"tiyu"。依次输入其他复选框的值，"Name"中的值都为"aihao"。

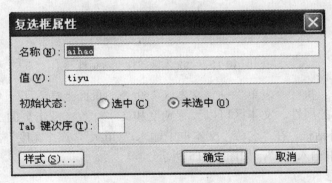

图 10-13　"复选框属性"对话框

（3）插入文本框

文本框一般用来输入或显示短信息，如姓名、地址、邮编和电话号码等。每个文本框都有单独的名称，以便服务器将信息分类。

① 插入文本框。为了在页面中对齐文本框，先插入一个表格，在表格中插入文本框。执行"表单"→"文本框"命令，页面上出现了一个文本框，在文本框的左边输入"姓名"。

② 设置文本框属性。双击文本框，弹出"文本框属性"对话框，如图 10-14 所示，在"名称"文本框中输入"xingming"，在"宽度"文本框中输入"8"。"Tab 键次序"用于设定键盘输入时，用【Tab】键转换输入域时的顺序。如果"密码域"设置为"Yes"，文字框中输入的内容被看做是在输入验证用户身份的密码，文字框中输入的内容以"*"显示，其他人看不到用户输入的内容。

（4）插入文本区

当输入的信息较多时，一般使用文本区。如图 10-15 所示中"请提出合理意见"设置的是文本区，通过拖动滚动条来查看更多的信息。

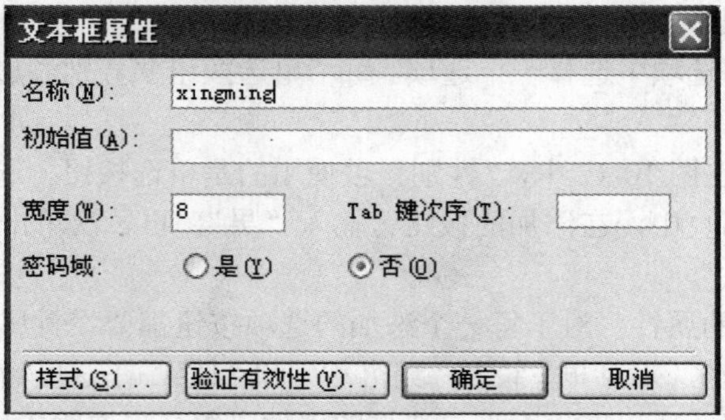

图 10-14　"文本框属性"对话框

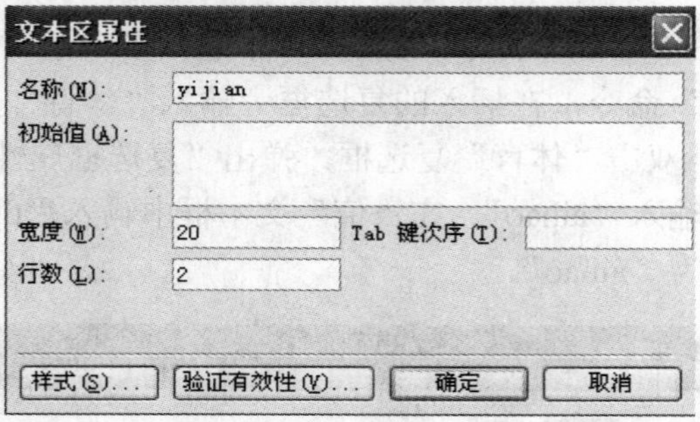

图 10-15　"文本区属性"对话框

① 插入文本区。执行"表单"→"文本区"命令，页面上插入了一个文本区。

② 设置文本区的属性。文本区可以设置宽度和文字行数。双击页面上插入的文本区，弹出"文本区属性"对话框，在"名称"文本框中输入"yijian"，在"宽度"文本框中输入"20"，在"行数"文本框中输入"2"，如图 10-15 所示。

（5）插入下拉框

下拉框提供了一组选项，每次选择一个或多个值，如职业、年龄和所在地区等，要使用下拉菜单。

① 插入下拉框。执行"表单"→"下拉框"命令，网页上插入了一个下拉框。

② 设置下拉框属性。双击下拉框，弹出"下拉框属性"对话框，输入有关属性。

（6）插入高级按钮

插入表单字段时会自动加入"提交"和"重置"两个按钮，单击"提交"按钮，将用户在表单中输入的信息发送给服务器，单击"重置"按钮，将表单中的内容清空并回到默认状态下。

① 插入高级按钮。单击"表单"菜单中的"高级按钮"命令，在网页中插入高级按钮。

② 设置按钮属性。双击已插入的高级按钮，弹出"按钮属性"对话框，在"值/标签"文本框中输入"登记"。在"按钮类型"中有"普通"、"提交"和"重置"三个选项，按照按钮的作用选择其中一个即可。

4．设置整个表单的属性

表单创建完成后需要设置表单属性，将用户的反馈信息发送到指定位置。在表单中单击鼠标右键，在弹出的快捷菜单中执行"表单属性"菜单命令，弹出"表单属性"对话框，如图 10-16 所示。该对话框用于编辑表单的各项属性。"将结果保存到"区域中用于处理用户填写的表单内容，选择"发送到"单选按钮，用户填写的内容存放到默认文件名为_Private 目录下的 form_results.csvt 文件中。若指定"电子邮件地址"，用户填写的内容将被发送到指定的邮箱。选择"发送到其他对象"单选按钮，用户填写的内容被发送到服务器端相应的后台处理程序进行处理，其他可根据需要进行设定。

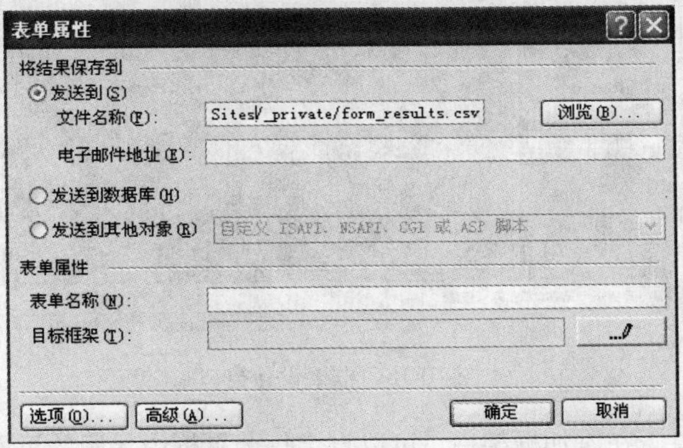

图 10-16　"表单属性"对话框

10.4　设置页面布局及插入组件

在浏览网页时经常会看到，网页中的一部分内容始终保持不变，而另一部分内容则在不断地变化，这就是对页面进行了分割，将分割后的页面进行不同的链接和设置，以便显示不同的信息。FrontPage 提供了多种模板来实现页面的分割，这些模板允许选择不同的页面布局。

1．建立页面布局

（1）使用框架建立页面布局。执行"文件"→"新建"命令，在窗口右侧的任务窗格的"新建网页"区域，选择"其他网页模板"，在弹出的对话框中选择"框架网页"选项卡，窗口中有多种框架模板，在窗口的右边可以看到模板的预览效果。选中"横幅和目录"模板，单击"确定"按钮即完成框架的建立。同时，出现如图 10-18 所示的框架设计窗口。

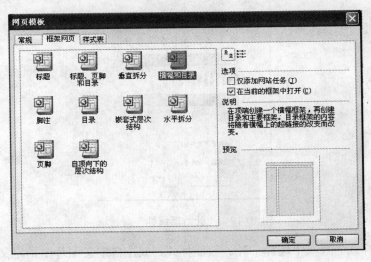

图 10-17　"网页模板"对话框

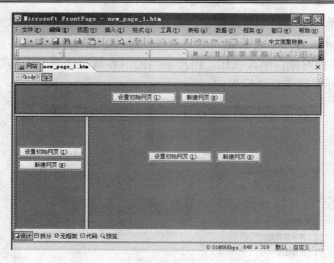

图 10-18　框架设计窗口

（2）设置框架属性。在添加框架后，可以设定每个页框中显示的页面、页框之间的边界大小，以及页框窗口大小的调整，所有这些可以通过设置框架属性来实现。执行"框架"→"框架框属性"命令，或单击鼠标右键，在弹出的快捷菜单中选择"框架属性"选项，弹出"框架属性"对话框，选中的是哪个页框，设置的就是该页框的属性。

2．插入计数器

在进行 Internet 浏览时，我们经常会看到很多网页上都有一个计数器，用来统计该网页的访问次数，通常 Web 服务器都保存着每天访问本站点的用户的记录。而计数器则是检查自己的网页被访问情况的一个简单有效的方法。FrontPage 提供了添加计数器的功能，使你轻松地为自己的网页加入计数器。

执行"插入"→"Web 组件"命令，弹出"插入 Web 组件"对话框，选中"计数器"选项，在选择计数器样式区域选择一种样式，单击"完成"按钮，弹出如图 10-19 所示的"计数器属性"对话框。

图 10-19　"计数器属性"对话框

从"计数器样式"区域中选择一种计数器样式，或在自定义图片中指定某一图像作为计数器图案。"计数器重置为"用于设置计数器的初始值，"设定数字位数"用于设置计数器的位数。

FrontPage 中不能立即显示出计数器的显示效果，需要将制作好的网页放在浏览器中检查计数器的显示效果。

10.5　将网页发布到 Internet

1．申请主页空间

每一个网页制作者都希望与他人共享自己的制作成果，目前，将自己的个人主页发布到 Internet 网上已变得非常简单，只需在 ISP 处申请一个个人主页空间，就可以发布自己的个人主页。目前许多网络服务商不再免费提供主页空间，须交纳一定的空间租赁费。

如果用户的网页中应用了许多 FrontPage 提供的特有功能，那么所找的服务器最好能够支持 FrontPage Server Extensions 的服务，否则网页特色就无法显现。而目前大多数的服务器是不支持 FrontPage Server Extensions 功能的，所以发布网页时就必须使用 FTP 的方式。

下面我们以搜狐网站所提供的个人主页空间为例，说明整个申请过程。

在浏览器的地址栏中输入搜狐网站的主页地址 Http://host.sohu.net，如图 10-20 所示。

用鼠标单击虚拟主机类型，单击"注册"按钮，进入下一级窗口，单击"确定"按钮，此时要求输入有关个人或单位信息，单击"提交"按钮，完成订购申请。搜狐网站收到你的订购申请及款项后，返回注册信息（包括搜狐 FTP 主机名、登录名和密码）。一般在 2 个工作日即可完成。当搜狐网站开通你的个人空间后，就可以将自己制作的主页发布到搜狐网站的服务器上了。

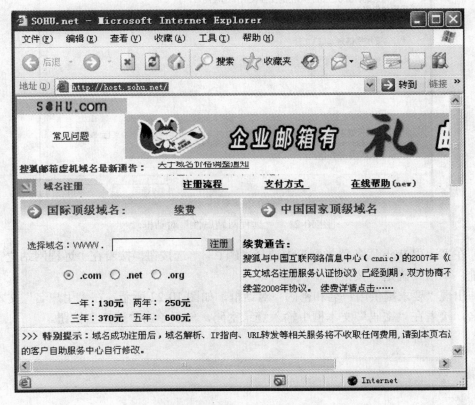

图 10-20　搜狐域名及虚拟主机申请界面

2. 将网页上传到 Internet Web 服务器

当你申请的主页空间注册成功后，会收到一封搜狐网站发出的电子邮件，主要内容有东方网景网站提供给你的下列信息：

● 您的域名
● PTP 主机名
● FTP 登录名
● FTP 密码

在今后上传主页时，按照名字和密码分别回答所提问题，就可以顺利完成主页的上传工作了。

（1）在菜单栏中执行"文件"→"发布网站"命令，弹出"远程网站属性"对话框，如图 10-21 所示。

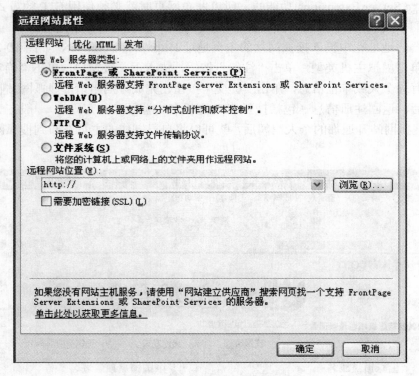

图 10-21　　"远程网站属性"对话框

（2）在"远程 Web 服务器类型"中选择"FTP"单选按钮，接着在"远程网站位置"栏中输入网址，单击"确定"按钮。

（3）出现"要求提供用户名和密码"对话框，如图 10-22 所示。在"用户名"文本框中输入用户名，接着在"密码"文本框中输入登录密码，然后单击"确定"按钮。

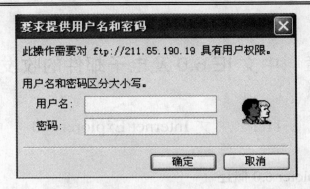

图 10-22　"要求提供用户名和密码"对话框

（4）连接成功后，窗口的左半部会出现本地网站的文件列表，窗口右半部则是远程网站上的文件列表，移动光标在发布所有更改过的网页区选择本地到远程，然后单击"发布网站"按钮。

（5）接下来 FrontPage 就会开始把所有文件传送到服务器上，界面上会随时显示传送进度，发布完成后，在"状态"区会显示发布成功的信息。

发布成功后，打开浏览器并在网址栏输入用户的网址，就可以看到所发布的网站了。

练 习 题

1．除 FrontPage 之外，还有哪些网页编辑工具？

2．在 FrontPage 中创建新网页和新站点有哪些方法，各有什么特点？

3．在 FrontPage 中如何在浏览器中预览网页？浏览器如何设置？

4．在 FrontPage 中如何导入和导出网页？导入和导出的含义是什么？

5．在超链接视图中如何显示网页标题、图片超链接、重复超链接，以及网页内部超链接？

6．动态 HTML 效果有几种，如何设置？

7．在 FrontPage 中共有几种创建新表格的方法？分别是什么？

8．向单元格添加图片要注意哪些问题？

9．框架与表格的区别是什么？使用框架前应注意什么？

10．Java 小程序、插件、ActiveX 控件各有什么特点？它们之间有哪些差别？

第 11 章　中文 IE 6.0 及电子邮件的收发与管理

11.1　中文 Internet Explorer 6.0

11.1.1　Internet Explorer 6.0 概述

WWW 浏览器分为两大类：字符界面浏览器和图形界面浏览器。随着计算机硬件和软件技术的发展，图形界面的浏览器产品盛行天下，现在大家使用的均为图形界面的浏览器。目前有两种流行的浏览器：Netscape 公司的 Navigator 和 Microsoft 公司的 Internet Explorer（简称 IE）。由于后者与 Windows XP 捆绑销售，在 Windows 用户中更加常用。

Internet Explorer 6.0 提供了更多的漫游万维网的功能，它具有以下的特色：

1. 方便的浏览功能

Internet Explorer 6.0 采用了先进的技术，能够对动态 HTML 和 Web 文档进行快捷的页面翻译，显示网页的速度大大提高，具有更快的访问速度。

2. 完备的输入方式

Internet Explorer 6.0 中的"记忆式键入"功能，可以帮助用户查找相关的网站或网页，如果输入的 Web 页的地址有误，IE 6.0 会自动进行搜索。当用户单击工具栏上的"搜索"按钮，系统可显示出搜索窗框，在搜索栏中输入搜索内容，搜索结果就会出现在该窗框内。

3. 方便的收藏、存档和脱机浏览方式

Internet Explorer 6.0 对于使用最频繁的 Web 网址可利用自定义功能为其创建快捷按钮。经常访问的网址可添加到收藏夹，使用新的"整理收藏夹"对话框可创建目录，组织整理网站中的列表。

如果用户想收藏网页的内容，并把网页内容保存在硬盘上，只需选择"另存为"命令，并选择"Web 页"及"全部"选项，就可以完整地保存整个网页（包括文字、图片和背景）。

如果用户要进行脱机浏览，只需在将某个网页添加到收藏夹时，把该网页标记为脱机方式，单击"自定义"按钮就可以快速、轻松地设置脱机 Web 页的更新计划。

4. 便捷的网页回访方式

如果用户再次访问一个已经访问过的网页，请单击工具栏上的"历史"按钮，"历史记录"框中显示出用户最近访问的 Web 页的列表。默认情况下，历史记录栏将 Web 页按周、日、站点依次排序。Windows 中的智能排序技术可以按照网站名"WWW."后面的站名首字母顺序对 Web 页进行排序，从而使列表更容易管理。如果不能迅速找到所需的内容，还可以使用搜索功能在历史记录列表中查找 Web 页。

11.1.2　安装、添加和设置 Internet Explorer 6.0

1. 安装 Internet Explorer 6.0

利用 Internet Explorer 6.0 安装盘进行安装时，在插入 CD 盘之后，出现光盘安装的对话框，单击"安装 Internet Explorer 6.0"按钮。

（1）如果是在 Internet Explorer 5.0 基础上安装 Internet Explorer 6.0，则进入安装文件所在的文件夹后，单击"IE6SETUP.EXE"，即可启动"Internet Explorer 6.0 安装程序"对话框。

（2）单击"下一步"按钮，打开"许可协议"对话框，在"许可协议"对话框中选择"接受协议"单选按钮。

（3）单击"下一步"按钮，打开"目标文件夹"对话框，在"目标文件夹"对话框中选择 Internet Explorer 6.0 所要安装到的文件夹路径，一般接受系统提供的默认文件夹"C：\Program Files\Internet Explorer"，如果要更改目标文件夹路径，单击"浏览"按钮，然后选择一个合适的目标文件夹。

（4）单击"下一步"按钮，打开设置"安装选项"对话框，在"安装选项"对话框中，选择需要的安装方式：最小安装、标准安装或者完全安装。

（5）单击"下一步"按钮，显示"正在安装以下各项"对话框后，安装向导程序开始复制程序文件到指定的 Windows 系统文件夹中，整个过程完全自动完成。

（6）文件复制完成后，向导程序开始进行系统的优化，优化完成后，系统提示重新启动计算机，这时才真正完成了 Internet Explorer 6.0 的安装。

2．添加 Internet Explorer 6.0 组件

由于在安装 Internet Explorer 6.0 过程中，有不少的 Internet Explorer 6.0 组件没有安装，用户可以针对自己的需要有选择地进行组件安装。

在组件列表中，除了浏览器本身外，还包括如下组件：

● 通信组件

● 多媒体组件

● 附加组件

● 多语言支持

添加组件的操作如下：

（1）执行"开始"→"设置"→"控制面板"→"添加/删除程序"命令，打开"添加/删除程序属性"对话框，再单击"Windows 安装程序"选项。

（2）单击"配置"按钮，在组件列表中选择"信息服务[IIS]"，打开安装组件对话框。

（3）单击"详细信息"按钮，打开安装组件的详细资料组合框，从中选择要安装的 Internet 组件。

（4）单击"确定"按钮，开始安装 Internet Explorer 6.0 组件，并更新用户的系统，安装完成后重新启动计算机。

3．设置 Internet Explorer 6.0

Internet Explorer 6.0 有很强的自定义功能，用户可以根据自己的喜好设置浏览风格。

设置 Internet Explorer 6.0 的方法很简单，用鼠标右键单击桌面上 Internet Explorer 6.0 的图标，在属性菜单中选择"属性"命令就可以进入"Internet 属性"对话框，如图 11-1 所示。

（1）设置"常规"属性。单击"常规"选项卡，在"主页"文本框中的地址是启动 Internet Explorer 6.0 直接访问的站点，默认设置为：http：//www.home.Microsoft.Com 用户可以重新设置为经常访问的站点地址。

在"Internet 临时文件"中，存放 Internet Explorer 6.0 最近访问过的网页、图像及声音等文件。

在"历史记录"中，用户可以设置保存多少天以内的访问记录，系统默认为 20 天。

颜色、字体、语言和访问选项可用来更改主页的外观，用户可以根据自己的喜好进行设置。

（2）设置"安全"属性。单击"安全"选项卡，打开如图 11-2 所示对话框。"安全"选项主要用来解决因特网浏览时的安全问题。

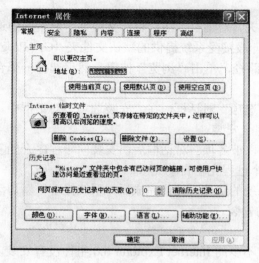

图 11-1　　"Internet 属性"对话框　　　　　图 11-2　　"安全"选项卡

安全等级分为高、中、低和自定义四种，一般设置为"中（比较安全）"比较合适。

（3）设置"内容"属性。单击"内容"选项卡，打开如图 11-3 所示对话框。"内容"选项的作用是对感兴趣的内容进行"分级审查"。

（4）设置"连接"属性。单击"连接"选项卡，打开如图 11-4 所示对话框。

如果选择"使用调制解调器连接到 Internet"单选按钮，可以设置用户需要的拨号选项。

图 11-3　　"内容"选项卡　　　　　　图 11-4　　"连接"选项卡

通过代理服务器可以更安全地访问因特网，并且可以访问到一些通过正常渠道不能访问的站点。

（5）设置"程序"属性。单击"程序"选项卡，打开如图 11-5 所示对话框。通过"程序"属性的设置，可以将接收邮件和阅读新闻的程序与 Internet Explorer 6.0 集成起来。

（6）设置"高级"属性。单击"高级"选项卡，打开如图 11-6 所示对话框。用户可以得到对 Internet Explorer 6.0 最完全的控制。

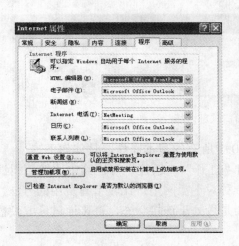

图 11-5　"程序"选项卡

图 11-6　"高级"选项卡

11.1.3　Internet Explorer 6.0 的使用

1. 启动 Internet Explorer 6.0

启动 IE 6.0 常用的方法有三种：①双击桌面上的"Internet Explorer"图标；②在任务栏快速启动区中单击"Internet Explorer"按钮；③执行"开始"→"程序"级→"Internet Explorer"菜单项。启动 IE 6.0 程序后，会弹出浏览器窗口，如图 11-7 所示。

图 11-7　浏览器窗口

2. Internet Explorer 6.0 窗口简介

Internet Explorer 6.0 有一个很友善的用户界面，主窗口由标题栏、菜单栏、工具栏、地址栏、文件浏览区和状态栏等组成，完全符合 Windows XP 的窗口规范。由上到下大致可以分为 3 个部分：

第一部分为窗口顶部的区域，其中包括标题栏、菜单栏、工具栏、地址栏、链接栏、电台栏。链接栏和电台栏一般被隐藏，使用在工具栏空白处单击鼠标右键的方法能够将其添加到窗口中。

菜单栏中共有 6 项：文件、编辑、查看、收藏、工具和帮助，如图 11-8 所示。

图 11-8　浏览器窗口顶部区域

在菜单栏中的这 6 个菜单里几乎包括了 IE 6.0 中所有的基本操作，具体如下。

文件菜单：包括了基本的输入/输出命令，如"打开"、"新建"等，其中比较值得注意的是"脱机工作"命令，它准许用户离线浏览，是一种对于上网用户比较节省费用的方法，只要在"文件"菜单中选择"脱机工作"，IE 不会理会是否处于连接状态，直接通过读取硬盘上的文件离线浏览网页。

编辑菜单："剪切"、"复制"、"全选"等命令与 Windows 的命令操作完全一致，这里不一一介绍。

查看菜单：包含调节屏幕显示的一些命令，如显示工具栏的命令等，可以根据自己的风格制定自己喜欢的 IE 浏览界面。

收藏菜单：用户可以把网上自己喜欢的站点网址加入到收藏夹中，以后就可以方便浏览。

工具菜单：与网络密切相关的操作几乎都包含在此，如图 11-9 所示。

图 11-9　工具菜单

工具栏中放置了几个常用的按钮，为管理浏览器提供了一系列的功能和命令。

"后退"和"前进"按钮：用于查看最近浏览过的网页。

"停止"按钮：在网络拥挤时用于终止任务。当 IE 在很长时间内不能下载网页时，可以单击该按钮停止网页下载。

"刷新"按钮：用于重新加载当前 Web 页。

"主页"按钮：用于打开 Internet Explorer 的主页（即 IE 打开的起始页）。

"搜索"按钮：用于访问 Microsoft 所提供各搜索引擎的首页，在这里可以通过输入关键字等方法查询你所感兴趣的资料。

"收藏"按钮：用于打开个人收藏夹，从中可以打开你所喜爱的网页。

"历史"按钮：用于调用或查看你过去曾经访问过的 Web 页。

"全屏"按钮：用于最大限度地扩大 Web 页显示区，特别适合于较大或增加 Web 页中的图片显示效果。

　　"邮件"按钮：用于打开"邮件"菜单，其中包括"新建邮件"、"阅读邮件"等菜单，用于打开邮件程序。

　　"字体"按钮：用于设置 Web 页中的字体大小。

　　"打印"按钮：用于打印当前 Web 页。

　　地址栏是一个带下拉列表框的编辑框，用户在这里输入或选择要浏览的 WWW 主页的 URL 地址或网络实名。按回车键，就可以到达相应的地址，浏览网页时，地址栏中显示当前 Web 的 URL 地址。

　　内容显示区位于浏览器窗口的中部。当访问某一 Web 页时，Web 页中的内容将显示在此区域中，当浏览区中包含的内容在窗口中不能完全展示时，就会出现滚动条。

　　状态栏位于窗口的底部，用于显示 Internet Explorer 6.0 的当前工作状态，在访问某一 Web 页时，可以从状态栏了解到该 Web 页的位置信息，当前的访问状态。例如，"正在查找：××.××.××.××"，"正在链接：××.××.××.××"等中文提示。当下载某一 Web 页时，状态栏还会显示出当前 Web 页的下载进度。

3．打开 Web 页面

　　（1）使用地址栏

　　启动 IE 6.0，向地址栏中输入要浏览的 Web 地址或网络实名信息，然后按【Enter】键。连接成功后，在浏览器窗口显示此 Web 页面，并将 Web 页面所包含的文件下载到用户机上。

　　向地址栏输入地址时，可以输入标准的 URL 地址，例如：http://www.cernet.edu.cn/（中国教育科研网），也可以略去前面的 http://，直接输入 www.cernet.edu.cn/。

　　如果使用网络实名，需要登录 www.3721.com 站点，查看支持网络实名搜索引擎的网站，并可以在此站点注册网络实名或进行实名查询。

　　如果曾在当前计算机上访问过此站点，可以打开地址栏下拉列表框，从中选择该主页地址或网络实名。

　　（2）使用"打开"对话框

　　执行"文件"→"打开"命令，弹出"打开"对话框，如图 11-10 所示，有两种后续操作。

　　从"打开"下拉列表框中选择 Web 地址或网络实名，或直接输入，然后单击"确定"按钮。

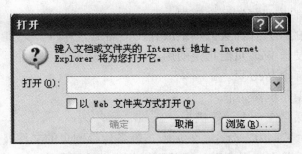

图 11-10　"打开"对话框

　　如随机访问用户机或局域网内其他机器上的 HTML 文件，可单击"浏览"按钮，弹出对话框，从"我的计算机"或"网上邻居"文件夹下，找到需要的文件，将其选中后，单击"打开"按钮。

（3）使用工具栏按钮

单击"主页" 按钮：如果用户在"Internet 选项"的"常规"对话框中，指定了起始主页的 URL，单击"主页"按钮，就可以访问该主页。

单击"收藏" 收藏夹 按钮：在左窗格将列出收藏夹中的各文件夹，单击其一，将列出该文件夹包含的各个链接页面，单击其中的一个链接，右窗格将出现此链接对应的 Web 页。

单击"历史" 按钮：在左窗格将列出近期访问的日期，单击历史记录中的一个日期，便展开该日期的访问记录列表，再单击其中的一个站点，将列出该站点曾访问的页面，单击其中的任何一个页面，右窗格中便显示该页面的内容。

单击"搜索" 搜索 按钮：左窗格显示 Excite 提供的搜索引擎，输入搜索的单词或词组，然后单击"搜索"按钮，便在全球 WWW 范围内搜索相关的站点，并显示在右窗格。

4．浏览 Web 页面

在浏览 Web 页面时，利用 IE 6.0 的工具栏可以方便、快速地查阅自己需要的信息。其中一些按钮是大多数浏览器所共有的，如"后退"、"前进"、"停止"以及"刷新"等。很少有网页单独存在，大多数网页都是网络站点的一部分，所有的网络站点都是独立设计的，所以没有共同的用户界面。大多数网络站点的主页中包含有到该站点的其他网页的链接。

从一个网页到达另一个网页一般有以下几种实现方式：

（1）在地址栏中输入 Internet 地址并按回车键，访问特定的 URL。

（2）在网页的各个元素间移动鼠标指针，以此标明可能的链接。

（3）与其他文本颜色不同的带下画线的单词，如 http://www.mp3.com 。

（4）带有明显方向标志的按钮、图标或图形图像。

（5）当鼠标指针移到链接上时，指针会变成"手"形。

（6）单击链接访问该网页。

（7）如果要返回到前面的网页，可以单击工具栏上的"后退"按钮。

（8）如果发现了感兴趣的新网页链接，可以单击访问网页。

5．Web 页面信息的保存和发送

如果在 Internet 上查找到的网页很有保存价值，可以使用以下方法加以保存：

（1）当前页保存在计算机硬盘上。

（2）不打开网页或图片而直接保存。

（3）将 Web 页中的信息复制到文档中。

（4）将 Web 页中的图片作为桌面墙纸放置在桌面上。

（5）用电子邮件发送 Web 页给指定的用户。

（6）使用打印机打印 Web 页。

保存主页信息的操作步骤如下。

（1）将当前主页保存在个人计算机上

执行"文件"→"另存为"命令，然后双击准备保存网页的文件夹。在"文件名"文本框中，输入主页的名称，单击"保存"按钮就可以将当前主页保存起来。

保存类型为"Web 页，全部"时，按原始格式将页面文件、图形、图像、框架、声音和样式表等所有文件保存到指定的文件夹中，并建立相应的子文件夹。以后，当用户还想查看此页面时，复现效果最好，但所消耗的时间也最多。

保存类型为"Web 电子邮件档案"时，将把该 Web 页的全部信息保存到一个 HTML 文件中（该选项仅在用户安装了 Outlook Express 6.0 或更高版本后才能使用）。

保存类型为"Web 页，仅 HTML"时，只保存 Web 页信息，但不保存图像、声音或其他文件。

保存类型为"文本文件"时，将以纯文本格式保存 Web 页的信息。

（2）保存页面中部分信息

保存部分文本：选中一部分文本后，用剪贴板的"复制→粘贴"命令，将它存入"记事本"或"Word"文档中。

保存图片：使用鼠标右键单击图片，在弹出的快捷菜单中选择"图片另存为"命令，弹出"保存图片"对话框，指定"保存文件夹"、"文件名"、"保存类型"，最后单击"保存"按钮。

（3）保存链接页

每个 Web 页中都有许多指针链接着其他的 Web 页，不打开被链接的这些 Web 页，可使用如下方法保存它们的副本或建立快捷方式。

保存副本：鼠标右击链接页，弹出快捷菜单，从中选择"目标另存为"命令，弹出"另存为"对话框，指定"保存文件夹"、"文件名"、"保存类型"，最后单击"保存"按钮。

建立快捷方式：用鼠标拖动该链接页到目标位置（文件夹或桌面）后，便可出现快捷方式图标。

（4）发送操作

执行"文件"→"发送"级联菜单，在该级联菜单中有 3 种发送方式可供选择，如图 11-11 所示。

选择"电子邮件页面"命令时，弹出"新邮件"窗口，此时邮件内容是当前 Web 页。在"收件人"栏中填写收件人的电子邮件地址，然后执行发送操作。

选择"电子邮件链接"命令时，弹出"新邮件"窗口，此时邮件的正文部分只包含当前 Web 页面的链接地址，而不包含该页面的内容。在"收件人"地址栏中填写收件人的电子邮件地址，然后执行发送操作。

选择"桌面快捷方式"命令时，桌面上便添加一个指向该站点的快捷方式，双击此图标就会启动 IE 6.0 访问该站点。

图 11-11　"发送"级联菜单

（5）打印主页信息

打开准备打印的页面，执行"文件"→"打印" 菜单命令，便可以直接使用工具栏中的"打印"按钮。

如果万维网使用框架，用户可选择框架的打印方式。选择"按屏幕所列布局打印"单选按钮，则打印结果与屏幕显示方法相同。

如果要选择"打印所有链接的文档"复选框，则可以同时打印链接到该页的所有主页。

如果要选择"打印链接列表"复选框，则可以打印出该页左右链接的列表。

若要更改打印主页时的页面外观，可用如下操作：

执行"文件"→"页面设置"菜单命令，打开"页面设置"对话框。在"页边距"文本框中输入页边距。在"方向"区域中，选择"纵向"或"横向"，指定页面打印时的版面方式。在"页眉"和"页脚"框中，指定要打印的信息等。

6．收藏夹的管理与脱机浏览

浏览网页时我们经常会遇到一些非常精彩的网页或地址，很想将其保存起来，以便下次能够轻松进入该网址，Internet Explorer 6.0 的收藏夹能为你解决这个问题。所谓"收藏夹"就是系统中 Windows 文件夹下的"Favorites"子文件夹，用于保存用户经常访问的 Web 页的 URL 地址。如果当前浏览器窗口上还没有显示收藏夹窗口，单击工具栏中"收藏夹"按钮，将会在浏览器窗口左侧出现"收藏夹"工具栏。在收藏夹下面的列表里已经有一些默认的收藏地址，打开链接、媒体等文件夹，还可能看到更多的地址。单击菜单栏中的"收藏"命令，也可以打开同样内容的"收藏夹"工具栏，如图 11-12 所示。

（1）向收藏夹中添加地址

如果想在浏览网页时向收藏夹里添加一个新地址，可以按照下列方法进行。

单击"收藏夹"工具栏中的"添加"按钮，或者单击"收藏"菜单下的"添加到收藏夹"按钮，将会弹出如图 11-13 所示的"添加到收藏夹"对话框。在"名称"栏中可以输入一个便于理解记忆的名称，如果想把该地址直接存入收藏夹的根目录中，单击"确定"按钮即可。

图 11-12　　"收藏夹"工具栏

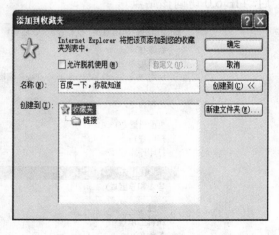

图 11-13　　"添加到收藏夹"对话框

如果想把该地址添加到一个文件夹当中，单击"创建到"按钮，在"创建到"列表中选择一个保存 Web 页的位置，然后单击"确定"按钮。

　　如果想让添加到收藏夹中的网页在脱机状态下能够查看，须要选中"允许脱机使用"复选框，因为在联机状态下能够浏览的网页，脱机之后不一定能够查看，这是由于在这些网页上涉及另外一些独立的文件，而在我们的磁盘中并没有保存这些相关联的文件。当我们选中了"允许脱机使用"复选框之后，窗口上会出现一段简短的文件下载过程，即同步过程，另外，还可以用一种更简单的地址添加办法。具体操作如下：用鼠标选中地址栏中的图标直接将其拖到工具栏中的"收藏夹"按钮，或者拖到"收藏夹"工具栏中的任意位置，然后松开鼠标即可。

　　（2）收藏夹的整理

　　收藏夹确实为我们保存地址带来了方便，但如果存储的地址过多，有时查找起来也不是一件很容易的事，这就需要我们及时对收藏夹进行归类、清理。具体操作如下：

　　① 执行"收藏夹"→"整理收藏夹"菜单命令，打开"整理收藏夹"对话框，如图 11-14 所示。

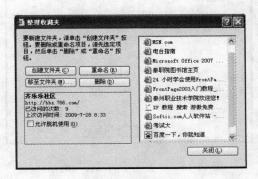

图 11-14　"整理收藏夹"对话框

　　② 单击"创建文件夹"按钮，将会在收藏夹列表中建立一个新文件夹。可以对默认的文件夹名进行修改，使收藏地址按类别存放，更利于查找地址。

　　选中要移动的地址，单击"移至文件夹"按钮，将会弹出"浏览文件夹"对话框，单击目标文件夹，再单击"确定"按钮即可。

　　单击"重命名"或"删除"按钮，即可为选中的地址或文件夹更改名称或将其删除。另外，单击"收藏"菜单，选中任意一个地址或文件夹，然后单击鼠标右键，从弹出的快捷菜单中选择相关命令，也能实现该地址或文件夹的重新命名、删除和排序等操作。

　　（3）脱机浏览

　　所谓脱机工作方式，是指在计算机与因特网断开的情况下，浏览因特网上的 Web 页面。脱机工作方式的本质是：用户通过收藏、频道和临时文件夹等，让计算机自动链接有关站点，浏览已经下载到自己计算机上的文件。

　　若将当前 Web 页设置为可脱机查看，具体操作如下：

　　在"添加到收藏夹"对话框中，选中"允许脱机使用"复选框即可。单击"自定义"按钮，并按照屏幕上的提示操作，可指定此 Web 页的更新计划以及下载链接网页的层数。也可以把 Web 页加入到收藏夹中，而把它们保存在本地计算机的临时文件夹中，并设置为可脱机查看。

　　若将收藏夹中现有的内容设置为可脱机查看，具体操作如下：

　　在"整理收藏夹"对话框中，选中要设置为脱机浏览的 Web 页，并选中"允许脱机使用"复选框即可。

（4）脱机网页的同步管理

为了使收藏的网页与相应网站上的内容保持一致，需要对脱机网页定时进行同步处理，也就是所说的网页更新。具体操作如下：首先连接因特网，执行"工具"→"同步"命令，弹出"要同步的项目"对话框，如图 11-15 所示。从中选定需要同步的网页，在进行有关同步参数设置后，单击"同步"按钮，使选定 Web 页更新为最新版本。

图 11-15　"要同步的项目"对话框

若想查看脱机的 Web 页，执行"文件"→"脱机工作"命令，使该菜单项前冠以符号"√"即可。此时 IE 6.0 状态栏中将出现脱机工作的状态标记。在收藏夹列表中，选择用户要查看的项目。有些链接在收藏时，用户没有指定"允许脱机使用"，在脱机方式下打开这样的网页时会弹出一个提示框，询问用户"是否连接？"只要单击"连接"按钮，便可连接到因特网，并直接下载该 Web 页面。

11.1.4　Internet Explorer 6.0 与网上信息检索

1．搜索引擎

Internet 如同一个信息的海洋，从中寻找所需要的东西，就好像大海捞针。怎样才能快速准确地找到真正所需要的信息呢？从报刊杂志上查阅只能认识其中的一小部分，朋友的推荐也只能是他们自己常去的站点，并且 Internet 上的资源总是在不停地更新变化，如何才能掌握最新、最全面的资料？"搜索引擎（Search Engine）"就是解决这个问题的一个有效途径。

（1）什么是搜索引擎

搜索引擎是一种特殊的 Internet 资源。搜索引擎是指一类运行特殊程序的、专门用于帮助用户查询因特网上信息的特殊站点。它收集了大量的各种类型网上资源的线索，使用专门的搜索软件，依据用户提出的要求进行查找。这些站点有自己的数据库，保存着许多网页的检索信息并不断更新。当用户给出查询的关键字时，搜索引擎便在自己的数据库中进行检索，然后向用户反馈与关键字相关的所有网址，并给出与这些网址的超链接。用搜索引擎搜索网页，会使你在网上寻找自己需要的信息时轻松自如。

（2）搜索引擎的组成

一般来说，搜索引擎都是由信息提取系统、信息管理系统和信息检索系统三部分组成，同时向用户提供一个搜索界面。信息提取系统是一种网页搜索软件，它自动访问 WWW 站点，并提取、更新被访问站点中与检索关键字相关的信息。信息管理系统是对所提取的信息进行分类、归纳和整理。信息检索系统主要完成将用户提交的搜索关键字与系统信息进行比较，多数情况下还需要按内容相关度对检索的结果进行排序。用户访问搜索引擎时所看到的 Web 页是搜索引擎向用户提供的一个搜索界面，用户只需要输入关键字，并单击"搜索"或"Search"按钮，搜索引擎便根据关键字在其数据库中进行检索，并向用户提交检索结果。

（3）搜索引擎的分类

Internet 上的资源种类很多，存放的方式也各不相同，因此，搜索引擎分为很多种类，像 WWW 搜索引擎、Gopher 客户程序、FTP 搜索引擎、新闻组搜索引擎等。用户可以根据所要查找的信息资料的特征，选用一种或者几种搜索引擎来查找所需的信息。

如果按搜索引擎的检索方式来划分，则可以分成两种：分类检索和全文检索。分类检索就是按站点内容划分不同的类型，再将大的类型细分为小的范围，如此一级一级地划分下去，最终形成一种多级目录的层次结构；全文检索则是针对 Internet 上站点中的所有文本文件的内容进行记录，当需要检索时，就在记录中查询相关的内容或主题，以查出所需的资料线索。也可以这样理解：分类检索是对某个站点的整体描述，而全文检索针对的是站点中的每一篇文章。当用户希望得到某一范畴中的背景材料时，可以选择分类检索；而当所要搜寻的主题很小并且很明确时，可以选择全文检索。比如说，用户希望得到有关调制解调器的一些背景知识、型号种类时，可以使用分类检索；但如果想要知道有关调制解调器的 AT 指令集，则直接使用全文检索即可。

搜索引擎按主题的划分层次来分类，它包括目录服务和关键字检索两种服务方式。目录服务可以帮助用户按树形结构搜索直至找到感兴趣的内容。例如，用户可以选择艺术和娱乐类进行查找，进入电影类，再进入中国电影类。这是一种搜索普通主题的好方法。使用关键字检索服务可以查找包含一个或多个特定关键字或词组的 WWW 站点。例如，如果想寻找有关 Michael Jordan 的站点，用户只要输入他的名字就可以了。找到的站点既有专门论述 Michael Jordan 的，也有顺带提及的。关键字查询的方式是根据用户给出的关键字，搜索引擎在其数据库中进行查询，并将结果反馈给用户。一般来说，该方式反馈给用户的内容比前一方式要多，但准确性要差。

搜索引擎还可分为英文搜索引擎和中文搜索引擎。一般常用的英文搜索引擎如下：

① Google。Google 是一家非常强调链接广泛度（Link Popularity）的搜索引擎，它的 URL 地址为：http://www.google.com/，链接广泛度在其搜索结果的排名算法中份量很重。这对于在查询一些很一般的词时（比如"汽车"、"旅游"等）非常好用，可以得到比较有价值的结果。

② AltaVista。根据检索的页面数，AltaVista 一直都是互联网上最大的搜索引擎之一。它的 URL 地址为：http://www.altavista.com/，它全面的覆盖度和提供的各种高级搜索命令使它成为网上搜索者的最爱之一。它也开发了许多针对初级用户的功能，例如"Ask AltaVista"，AltaVista 使用的分类目录主要来自 Open Directory，AltaVista 于 1995 年 12 月开始运行，最初由 Digital 拥有，然后 1998 年 Digital 被 Compaq 收购后，AltaVista 由 Compaq 负责，接着它成为一家独立的公司，现在由 CMGI 集团控制。

③ Ask Jeeves。Ask Jeeves 是一种人工的搜索服务，目标在于指向到回答你所提问题的具

体页面。它的 URL 地址是：http://www.askjeeves.com/ ，如果它在自己的数据库中没有找到相关答案，它会提供从其他各个搜索引擎中找到的页面。该服务于 1997 年 4 月中旬开始其 beta 测试，于 1997 年 6 月 1 日完全开始运作。Ask Jeeves 的结果也出现在 AltaVista 中。

④ Excite。Excite 是互联网上最流行的搜索服务之一，它有一个中等规模的检索页面，而且在合适的情况下，在其搜索结果中会整合一些非网络的资料，比如公司信息和体育比赛结果等。它的 URL 地址为：http://www.excite.com/ ，Excite 于 1995 年下半年开始提供服务，并且成长非常迅速，并吞并了两个竞争者，1996 年 7 月吞并 Magellan，1996 年 11 月收购 WebCrawler，这两家公司目前仍作为独立的服务在运作。

除此之外还有许多常用的西文搜索引擎，例如：FAST Search、MSN Search、Netscape Search、Open Directory 等。

在搜索引擎发展的历史中，以雅虎 http://www.yahoo.com/为首的目录分类，成就了雅虎目前世界第一网的地位。外国以 Google 为首，中国以百度为首的超链分析网页搜索技术，是目前最为流行的一种技术，它是基于内容的智能搜索，目前中国搜索使用的大多是这种技术。此种技术的优点：覆盖面大、搜索结果的相关性好、数据库更新速度快，保证了搜索的准确性和时效性、功能全面，内容丰富，图片、MP3 搜索一应俱全。

2．文件下载

IE 6.0 除了可以浏览丰富的 Internet 信息之外，还有一项重要的功能就是从网上下载文件。这里的文件可以是资料或软件等。目前，因特网上提供下载服务的站点非常多，只要安装了相应的协议，就可以提供下载服务。从站点所使用的协议来看，可分为：Web 站点、FTP 站点和 Gopher 站点，当前使用最多的站点就是 Web 站点。

目前对于文件下载常用的方法有：使用 IE 浏览器的下载功能，使用支持断点续传的下载工具和电子邮件的下载功能。虽然使用的方法有所不同，但对于下载文件的操作步骤基本相似，具体操作如下：

（1）首先连接相应站点，在网页上找到要下载的对象。

（2）右击要下载的对象，弹出快捷菜单，从中选择"复制到文件夹"命令，弹出"浏览文件夹"对话框。

（3）在"浏览文件夹"对话框中，指定存放下载文件的文件夹，单击"确定"按钮，弹出"正在复制"对话框，显示下载进程。

11.2　电子邮件的收发和管理

11.2.1　电子邮件概述

1．什么是电子邮件

电子邮件（E-mail）是计算机网络上最早也是最重要的应用之一，是 Internet 上使用最广泛的一种服务，也是 Windows 2000 中的一种基本服务。世界各地的人们通过电子邮件联系在一起，人们的通信观念因此发生了巨大的转变。

电子邮件通信是一种将电话通信的快速与邮政通信的直观相结合的通信手段，但比起这两者它具备更大的优越性。首先，其速度很快，通常是在几秒钟到数分钟之间就送达至收件人的信箱之中；其次，很便捷，与电话通信不同，不会因"占线"而浪费时间，收件人也无须同时守候在线路的另一旁，从而跨越了时间和空间的限制；最后，低廉的价格，用户可以花费几分钱的代价，发送其他通信方式无法担负的信息，如文字、图像、声音等。

电子邮件的内容大多为文本格式，也可以是图形和二进制文件（程序、数据库、字处理文件）。这些特殊数据在传送之前必须转换成相应的文本信息。电子邮件还可以传送照片、声音和视频动画等。

2．电子邮件的条件

（1）需要一台计算机、一个调制解调器（Modem）和一条电话线。

（2）需要一个电子邮件（E-mail）信箱，现在许多 Internet 服务商提供邮件服务，申请一个电子邮件账号，此账号仅提供接收电子邮件功能，当然可以浏览你的 Internet 服务商指定的信息资源节点。如果你除了接收电子邮件外，还要使用 Internet 的其他功能，那么你可以申请一个 PPP 账号，电子邮件账号比 PPP 账号要便宜得多。

（3）选择一种收发电子邮件的工具。选择用于收发 Internet 电子邮件的软件，无论是 DOS，Windows、还是 UNIX 的平台都有相应的软件。

（4）用户使用的计算机必须连网。

（5）邮件的发信者、接收者都必须有用户电子邮件信箱地址。

（6）为了实现全球范围内的通信，用户所选用的电子邮件系统应能处理不同的邮件格式、不同的邮件地址和不同的邮件功能。

3．Internet 电子邮件的功能

Internet 上的电子邮件为用户提供了进行复杂的通信和交互的服务功能。常见的功能如下：

（1）支持图形界面。基于图形界面的 Internet 电子邮件使 Internet 电子邮件更容易使用。

（2）支持多媒体信息传递。Internet 电子邮件能传送多媒体信息。MIMX 协议是邮件中传送多媒体文件的一组协议，在支持 MIMX 协议的两个邮件软件之间可以很方便地传送多媒体信息。

（3）用户的邮件可以发送给一个或多个接收者，当发给其他人时，只需在列表中加入一个或多个地址即可。

（4）电子邮件系统允许用户使用邮箱存储邮件，邮箱服务功能用来存储用户一时来不及阅读的邮件，从而可以组织大型的邮件。

（5）邮件转发功能可以使用户收到信件后转发给其他的用户。

（6）通讯簿和别名的使用使电子邮件的应用更加简单，电子邮件系统支持从所收到的邮件中使用邮件地址、别名的功能。

（7）对于比较重要的邮件，电子邮件系统可提供加密服务功能。

（8）通过电子邮件还可以访问 Internet 上的其他服务。

4．电子邮件信箱地址

与传统的邮件一样，要发信给某人，必须知道这个人的地址。要接收电子邮件，必须有一个邮箱。电子邮件是否准确发送取决于地址的正确与否。电子邮件信箱地址分为两部分：用户名和域名，它们之间用"@"隔开。格式如下：

用户名@域名

用户名代表收件人的姓名或账户名，某些收件人的账户名可能是他的名字，账户名由用户自己命名并提供给他的 Internet 服务商（ISP）；域名则是接收邮件的计算机的主机名和邮件服务器的域名；其中，分隔符"@"的含义是"在……地方"。在大多数的计算机上，电子邮件

系统使用用户的账户名和登录名作为信箱的地址。例如，用户在 yahoo 网站上申请上网，规定自己的用户名为 mygod，yahoo 网的邮件服务器的域名地址为 yahoo.com.cn，这样用户的 E-mail 地址为：mygod@yahoo.com.cn。

5．电子邮件的运行方式

电子邮件的收发过程类似于普通邮局的收发信件。邮件并不是从发送者的计算机直接发送到收信者的计算机，而是通过收信者的邮件服务器收到该邮件，将其存放在收件人的电子信箱内，并通知收信者有新邮件到来。这如同我们邮寄一封普通的信件，也要先放入信箱，中间经过地区邮局的分拣，最后才到达收件人手中一样，这里的服务器就相当于邮局的作用。对于拨号用户，ISP（网络服务供应商）的主机负责电子邮件的接收和发送工作，此主机就是服务器。

通常收件人的服务器在其主机硬盘上为每人开辟一定容量的磁盘空间作为"电子信箱"，当有新邮件到来时，就将其暂存在电子邮箱中，供用户查收、阅读。由于每人的电子信箱容量有限，所以用户应注意定期对电子信箱中的信件进行处理，以留出空间来接收新的电子邮件。

电子邮件在发送和接收的过程中要遵循一些基本的协议和标准：

SMTP（Simple Mail Transfer Protocol）是 Internet 上基于 TCP/IP 应用层的协议，该协议是负责邮件发送的，SMTP 服务器就是邮件发送服务器。

MIME（Multipurpose Internet Mail Extensions）是一种编码标准，它解决了 SMTP 只能传送 ASCII 文本的限制。MIME 定义了各种类型的数据，如声音、图像、表格、二进制数据等编码格式，通过对这些类型的数据进行编码，并将它们作为邮件中的附件进行处理，以保证这部分内容完整，正确地传输。

POP 3（Post Office Protocol Version 3）协议。把一台服务器设置成存放用户邮件的"邮局"后，用户就可以采用 POP3 协议来访问服务器上的电子信箱接收邮件。POP3 负责接收电子邮件，POP3 服务器就是指电子邮件接收服务器。

6．电子邮件的格式

电子邮件的格式是由信头和正文两部分组成的。

（1）信头

① 在"收件人"栏中输入收件人的 E-mail 地址或名称，当向多个用户同时发送信件时，各个地址间用逗号"，"或分号"；"隔开。

② 在"抄送"栏中输入抄送人的 E-mail 地址（发送副本）或名称。若有多人，各个 E-mail 地址或名称之间用逗号"，"或分号"；"隔开。

③ 在"主题"栏中输入邮件的主题。

（2）正文

在正文框中，输入邮件正文，并利用格式工具栏中的按钮，设置文本的字符、段落格式。纯文本格式的邮件无法设置字体的大小及段落格式。

11.2.2　使用万维网收发电子邮件

1．免费邮箱的申请

目前，许多网站都提供免费邮箱服务，免费邮箱具有灵活、方便的特点，深受广大用户喜欢。这种免费信箱的好处就在于即使你更换了服务商，仍能够使用该免费邮箱收发信件，并且办理注册手续极为简单。如果你是使用公用账号上网或在公共地点上网的用户，通过 Internet Explorer 到网站上申请一个免费的电子邮件账号，从而建立你的个人邮箱，这也是你的最佳选择。如果你已经拥有了一个服务商提供给你的邮箱，仍然可以到网站去申请一个免费邮箱，以用于收发不同的邮件。例如，当登录到网易网站时，在主页上就有一个"免费邮箱"的按钮，单击该按钮，根据提示操作，就可以申请一个新的免费邮箱。

2．免费邮箱的使用

利用 Internet Explorer 到网上申请免费邮箱使用起来很方便，申请成功之后便可启用，只要登录该网站，在"免费邮件"栏内，正确输入"用户名"及"密码"，单击"登录"按钮，即可进入免费电子邮件网页，进行信件的处理。

11.2.3　使用 Outlook Express 收发电子邮件

1．Outlook Express 的主要功能

Outlook Express 是一个功能强大的电子邮件客户程序和新闻阅读器，支持简单邮件传送协议/邮局协议 SMTP/POP3 （Simple Mail Transfer Protoco l/ Post Office Protocol Version 3）和 Internet 邮件访问协议 IMAP4（Internet Mail Access Protocol 4）。当 Outlook Express 与 IMAP4 服务器结合工作时，网络用户可以将几种信息的副本传送到多台计算机上。

Outlook Express 还支持 HTML 格式的电子邮件，它包含了一些处理邮件的实用工具，利用这些工具，可以帮助用户设置文档的默认标准外观。

Windows 2000 中的 Outlook Express 具有以下主要功能：

（1）管理多个邮件和新闻账号。如果你拥有不同的 Internet 服务商（ISP）的多个邮件账号，可以在同一个窗口中使用。如果你的 Usenet 提供商使用多个新闻服务器，可以为每个服务器设置单独的账号和密码，这样无须重新配置新闻阅读程序即可在这些新闻服务器之间轻松切换。

（2）轻松快捷地浏览邮件。邮件列表和预览窗口允许读者在查看邮件列表的同时阅读单个邮件，文件夹列表包括邮件文件夹、新闻服务器和新闻组，可以很方便地相互切换，还可以添加文件夹（以便组织和排序邮件），然后设置"收件箱"规则，这样接收到的邮件中符合规则要求的邮件会自动放在指定的文件夹里。

（3）使用通讯簿存储和检索电子邮件地址。可以通过从其他程序导入、直接输入、从接收的邮件中添加或在流行的 Internet 目录服务中搜索等方式，将名称和邮件地址保存在通讯簿中。通讯簿支持轻量级目录服务访问协议（LDAP），因此可以访问 Internet 目录服务。

（4）在邮件中添加个人签名或信纸。可以将重要的信息（如电话号码）插入到发送的邮件中，作为个人签名的一部分，也可以添加信纸图案和背景使邮件更加美观。

（5）发送和接收安全邮件。可使用数字标识对邮件进行数字签名和加密，对邮件进行数字签名可以使收件人确认邮件确实是用户发送的，而加密邮件则保护只有用户期望的收件人才能阅读邮件。

（6）查找感兴趣的新闻组。要查找感兴趣的新闻组，可以搜索包含某些关键字的新闻组或者浏览 Usenet 供应商提供的所有有效的新闻组，找到想要定期查看的新闻组后，可将其添加到"已预订新闻组"列表中，以便再次阅读。

（7）有效地查看新闻组线索。不必翻阅整个邮件列表，就可以查看新闻组邮件及其所有回复内容。

（8）下载新闻组以便脱机阅读。为有效地利用联机时间，可以下载邮件或整个新闻组，这样不必连接到 ISP，就可以阅读邮件，还可以只下载邮件标题以便联机查看，然后仅标记下次连接时希望阅读的邮件。另外还可以脱机撰写邮件，然后等到再次连接时发送出去。

2．Outlook Express 的启动与常用设置

（1）启动 Outlook Express。启动 Outlook Express 有如下方法：

① 从桌面直接启动，双击桌面上的"Outlook Express"图标，或单击任务栏快速启动区中的"Outlook Express"图标。

② 从 Internet Explorer 6.0 浏览器的菜单上选择"转到"，再选择"邮件"。

③ 执行"开始"→"所有程序"→"Outlook Express"菜单命令。

④ 在"资源管理器"窗口中，双击文件扩展名为.eml 的邮件文件、在其他应用程序中发送电子邮件。

一旦启动了 Outlook，屏幕即显示启动界面，Outlook Express 主窗口符合 Windows XP 的窗口规范，同时用户可根据需要对窗口布局进行设计。Outlook Express 的主窗口除了包括标题栏、菜单栏、工具栏、邮件显示区和状态栏等常见部分外，还有 Outlook Express 栏、文件夹列表、联系人列表等组成部分，如图 11-16 所示。

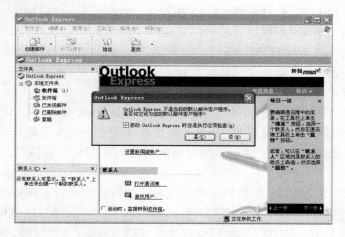

图 11-16　　Outlook Express 主窗口

窗口的布局设置方法是：执行"查看"→"布局"命令，弹出"窗口布局 属性"对话框，如图 11-17 所示。利用该对话框可以对工具栏、状态栏、Outlook Express 栏、文件夹栏、文件夹列表、联系人列表和视图栏的可见性及浏览窗格的布局进行设置。

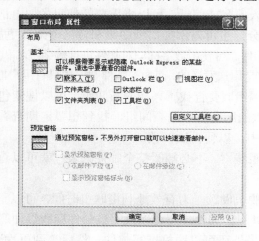

图 11-17　　"窗口布局 属性"对话框

（2）Outlook Express 常用设置。接收和阅读电子邮件是 Outlook Express 的一项最基本的功能操作，使用 Outlook 前，应先对有关邮件进行一些准备性的设置工作。

① 邮箱的账号设置。首次启动 Outlook Express 时，要进行初始化协调。初始化设置完成后，要设置新邮箱的账户，具体操作如下：执行"工具"→"账户"命令，打开如图 11-18 所示的"Internet 账户"对话框，选择"邮件"选项卡。如果需要设置多个 E-mail 地址，可单击"添加"按钮，然后选择"邮件"即可。

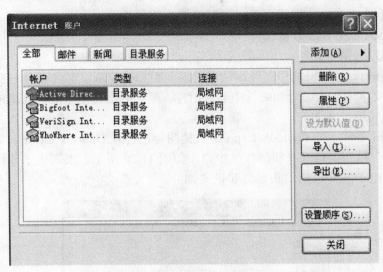

图 11-18　"Internet 账户"对话框

② 邮箱的选项设置。

执行"工具"→"选项"菜单命令，打开"选项"对话框，如图 11-19 所示。

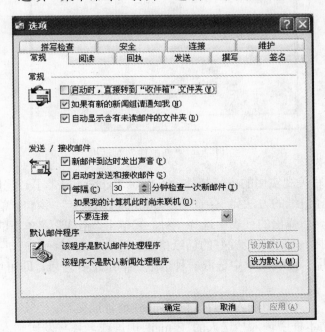

图 11-19　"选项"对话框

将 Outlook Express 设置为默认的新闻、邮件阅读程序的操作如下：

● 在"常规"选项中，选中以下复选框，"将 Outlook Express 设置为默认的电子邮件程序"或"将 Outlook Express 设置为默认的新闻阅读程序"，便可完成设置。

● 单击"常规"选项上的"每隔××分钟检查一次新邮件"，并指定时间。联机时，系统自动执行让 Outlook Express 每隔几分钟检查一次新邮件并发送邮件。

  收发完邮件后，假使系统提示断线，单击"拨号"按钮，当连通网络后，单击"发送和接收"按钮，系统将优先发送"发件箱"的邮件。

3．用 Outlook Express 收发邮件

（1）撰写及发送电子邮件

Outlook Express 的编辑邮件在专用的邮件编辑窗口中完成，具体工作包括输入收件人地址、主题设置、文字输入与编辑和邮件中插入附件。邮件的附件是本地计算机中任意一个或多个文件，如图形或声音文件等。

单击桌面或任务栏上的 Outlook Express 快捷图标，打开 Outlook Express 窗口。双击工具栏的"创建邮件"按钮，打开"新邮件"窗口，如图 11-20 所示。书写电子邮件时在格式上也有一定的规范，电子邮件包括信头部分和正文部分。

图 11-20　"新邮件"对话框

为了方便用户撰写美观实用的电子邮件，Outlook Express 自带了一些样式供用户选用，这些样式称为信纸。选择信纸的方法如下：①在"Outlook Express"窗口：单击工具栏"新邮件"按钮右侧的下拉箭头，从弹出的列表中选择一种。②单击"格式"菜单下的"应用信纸"选项，在弹出的菜单中，选择一种系统设置好的信纸格式。③在"新邮件"窗口：打开"邮件"下拉菜单，从"新邮件使用"级联菜单中选取一种信纸。信纸选好之后，即可填写邮件项目，具体操作如下：

① 在"收件人"文本框中输入收件人的 E-mail 地址或名称。

② 在"抄送"文本框中输入抄送人的 E-mail 地址或名称（发送副本）。如果想把邮件发给某个人但不希望其他收件人知道这个人，可在"密件抄送"文本框中输入此人的电子邮件

名称。

　③ 在"主题"文本框中输入邮件的主题。

　④ 在邮件正文区域，输入邮件的正文。并可以利用格式工具栏中的按钮，设置文本的字符、段落格式。纯文本格式的邮件无法设置字体的大小及段落格式。

　⑤ 在撰写邮件时，可以在正文中插入图片、超级链接和附件等，用以丰富邮件的内容。

● 插入图片：若想在正文中插入图片，首先必须要转换成 HTML 格式。然后，将光标定位到图片插入的位置，执行"插入"→"图片" 菜单命令，或单击工具栏中的"插入图片"按钮，弹出如图 11-21 所示的"图片"对话框，在"图片来源"文本框中输入图片文件的路径和文件名，或单击"浏览"按钮，选择图片文件的路径和文件名，在"替换文字"文本框中输入不显示图片时所显示的文字说明，设置"布局"与"间隔"参数，单击"确定"按钮，完成插入图片操作。另外可以使用"复制"→"粘贴"的方法，把图片粘到所需位置。

图 11-21　 "图片"对话框

● 插入超级链接：要在邮件中插入超级链接，首先必须确认已启动 HTML 格式。将光标定位到要插入超级链接的位置，或选定需要链接到的 Web 页文本，执行"插入"→"超级链接"命令，或单击格式栏中"创建超级链接"按钮，弹出如图 11-22 所示的"超级链接"对话框，在"类型"下拉列表框中选择超级链接类型，在"URL"文本框中输入超级链接的 URL 地址，并单击"确定"按钮。

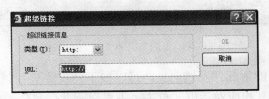

图 11-22　 "超级链接"对话框

● 插入附件：在编辑电子邮件过程中，可以在邮件中"插入"任意的磁盘文件。Outlook Express 可以将磁盘文件作为附件，随邮件一起发给收件人。打开菜单栏中的"插入"下拉菜单，从中选择"文件附件"命令，或单击工具栏中"附件"　按钮，弹出如图 11-23 所示的"插入附件"对话框，从中选择要插入的文件，单击"附件"按钮，完成插入文件附件操作。或单击工具栏上的"附件"按钮，也会出现相同的对话框，完成插入附件工作。

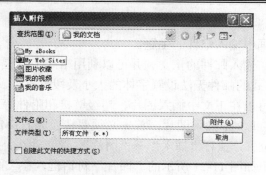

图 11-23　"插入附件"对话框

● 将文本文件中的内容导入邮件：Outlook Express 能够将文本文件的内容导入到邮件中，打开菜单栏中的"插入"下拉菜单，从中选择"文件中的文本"命令，弹出如图 11-24 所示的"插入文本文件"对话框，从中选择需要导入的文本文件，单击"打开"按钮即可。

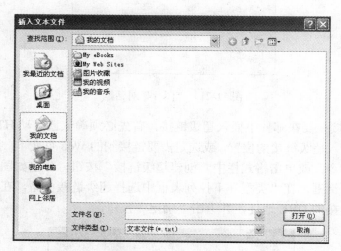

图 11-24　"插入文本文件"对话框

　　一般来说，要将写好的新邮件发送出去，可以按下列步骤进行：单击"新邮件"窗口工具栏中的"发送"按钮，打开相应对话框，单击"不再显示此信息"旁的复选框，以后将不再显示该对话框。如果邮件没有主题，系统还会打开相应的对话框，提示"此信无主题但仍可发送"的信息。单击"确定"按钮，该邮件存放到发件箱中。在 Outlook Express 窗口中，单击工具栏中的"发送/接收"按钮或单击"工具"菜单中的"发送和接收"，将会出现提示你进行联机的信息，按提示操作即可。连接网络之后，Outlook Express 将自动执行该程序内所有邮箱的发送和接收邮件任务，如果该项任务正常通过则在任务旁以"√"标记，否则将在该项任务旁以"×"标记。

　　（2）接收电子邮件

　　在联机状态下，当我们单击 Outlook Express 窗口的工具栏中的"发送/接收"按钮，Outlook Express 会把"发件箱"中的邮件发送出去的同时，连接 POP3 或 IMAP 服务器，检查是否有新的邮件列表，如果检查到新邮件，那么将新邮件接收回本机中。在"收件箱"文件夹中，使用鼠标右击电子邮件列表里的某电子邮件，将打开一个快捷菜单，如图 11-25 所示。通过此菜单可以对该邮件进行打印、移动、删除、回复和转发等操作。

图 11-25 "电子邮件"快捷菜单

双击预览窗口中的附件图标，将弹出"打开附件警告"的对话框，提示打开附件时应注意文件来源，以防止对计算机造成不必要的损害。确定之后，将该附件打开或存盘处理。

（3）查看电子邮件

在 Outlook Express 的新邮件窗口或单击工具栏上的"发送和接收"按钮之后，用户就可以在单独的窗口或预览窗口中阅读邮件了。单击"收件箱"图标，Outlook Express 显示已阅读和未阅读的邮件列表，如图 11-26 所示。

在邮件列表中，如果要在单独的窗口中查看邮件，双击该邮件，这时会打开单独"电子邮件"窗口，如图 11-27 所示。

图 11-26 "收件箱"窗口

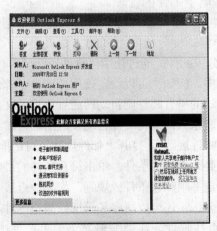

图 11-27 "电子邮件"窗口

在邮件列表中，如果要在预览窗口中阅读邮件，请单击该邮件，预览窗口中就会显示邮件的内容。如果用户希望获得关于邮件更详细的信息，例如发送邮件的时间等，可以执行"文件"→"属性"命令，选择"详细资料"选项，这样，用户就可以看见由 Outlook Express 屏蔽了的邮件路由信息。

（4）回复和转发电子邮件

回复邮件指接收邮件后回复邮件。如果正在使用邮件编辑窗口阅读一封新邮件，在需要回复时，可单击"答复"或"全部答复"按钮，进入回复状态的邮件编辑窗口，如图 11-28 所示。

图 11-28　回复邮件窗口

在回复状态的邮件编辑窗口中，原发信人电子邮件地址变成新收信人，原主题前加有"回复:"词头，原邮件的内容（包括原"收件人"等信息）显示在内容编辑区内供用户修改之用。用户可修改原邮件内容，然后单击"发送"按钮，回复来信。

通过转发电子邮件，可以将他人发送的电子邮件转发给其他人，实现信息共享。在右窗口的信件列表中选择需要转发的信件，单击工具栏中的"转发"按钮，或执行"邮件"→"转发"命令，弹出以"Fw"为标题的窗口。可添加一些内容，然后按照发送电子邮件的方法将此邮件发出即可。

（5）电子邮件的管理

在接收大量的邮件时，为有效地利用用户的联机时间，可以使用 Outlook Express 查找邮件、自动将邮件分拣到不同的文件夹。

① 分拣邮件。通过使用"收件箱助理"，可以将满足某种条件的接收邮件直接发送到你所期望的文件夹中。例如，可以设定使用相同电子邮件账号的个人可以将邮件投递到个人文件夹中，而由某个人发送的所有邮件则自动转送到特定的文件夹中。另外，还可以指定将某些邮件自动转发给通讯簿中的联系人，或将文件自动发送给邮件的收件人。分拣接收邮件的操作如下：单击"工具"菜单上的"邮件规则"，打开"邮件规则"对话框，如图 11-29 所示。单击"新建"按钮，输入转送接收的邮件必须满足的条件。单击符合条件的接收邮件准备发往的文件夹、文件或个人。可以为接收的邮件指定多项筛选条件或规则，如果检查接收的邮件与多项条件匹配，则根据它所匹配的第一项条件进行分拣。还可以排序和筛选新闻组邮件，按列排序或设定要显示的新闻邮件。

② 查找邮件。在"编辑"菜单上，单击"查找邮件"，打开如图 11-30 所示对话框，在搜索范围中输入尽可能多的信息以缩小搜索范围。

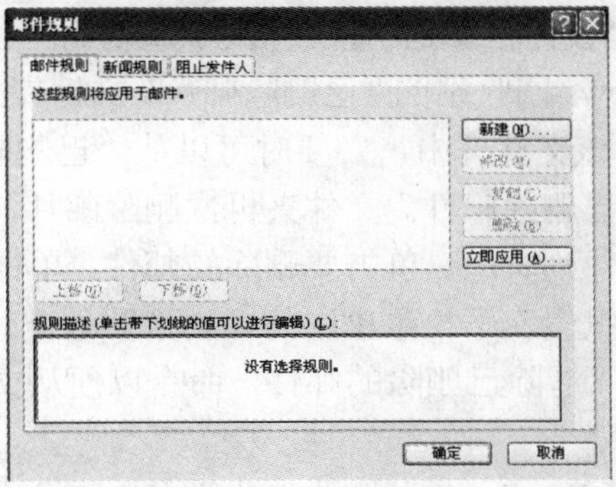

图 11-29 "邮件规则"对话框 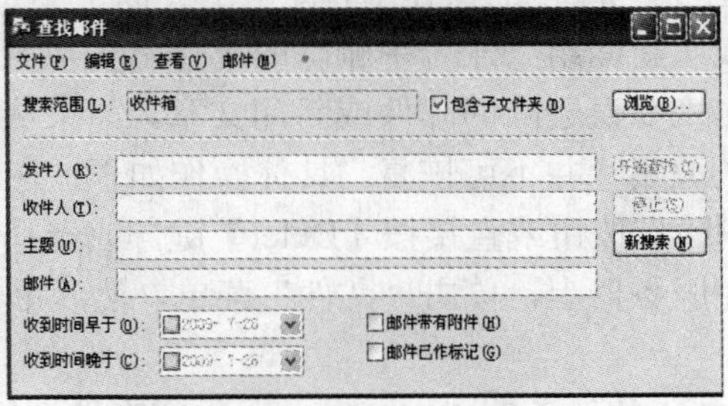　　　　　　图 11-30 "查找邮件"对话框

③ 打开和保存邮件。打开邮件是打开.eml 的文件，保存邮件就是将电子邮件备份到扩展名为.eml 的文件中。

保存电子邮件：在邮件列表窗格中选中要保存的邮件，执行"文件"→"另存为"命令，屏幕上出现"邮件另存为"对话框，指定保存路径、文件名，单击"保存"按钮。在阅读邮件时，执行"文件"→"另存为"命令也可以保存当前邮件。如果需要从多台计算机上阅读邮件，可以将邮件存储在服务器上，从不同的计算机登录到用户的账号时，Outlook Express 将按照用户设置的选项下载邮件。

打开电子邮件：已保存的电子邮件文件（.eml 文件），不能在普通的文本编辑器中阅读，必须通过与其关联的 Outlook Express 程序打开它。通过"我的电脑"或 Windows 中的"资源管理器"找到此邮件文件，双击它的图标可弹出该信件的窗口。

④ 移动和复制邮件。根据需要，电子邮件可以在"收件箱"、"发件箱"、"已发送邮件"等文件夹之间进行移动或复制。常用的有两种操作方法：

选定一封信件，执行"编辑"→"移动到文件夹"或"复制到文件夹"，弹出对应的对话框，如图 11-31 所示。选择将邮件移到选定的文件夹，单击"确定"按钮。

使用鼠标拖动的方法可直接将邮件"移动"到目标文件夹中，用 Ctrl+鼠标拖动的方法可直接将邮件"复制"到目标文件夹中。

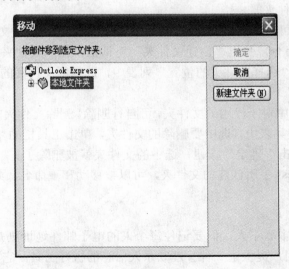

图 11-31 "移动"对话框

⑤ 删除邮件。对一些过时不用的邮件,可以从"收件箱"或其他文件夹中予以删除。Outlook Express 在删除邮件的操作中,提供了类似于 Windows 回收站的"已删除邮件"文件夹,从"收件箱"或"新闻组"账号中删除的邮件首先放置在该文件夹中,必要时可以从"已删除邮件"文件夹中恢复误删除的邮件或新闻文章。如果从"已删除邮件"文件夹再次删除邮件,该邮件则被永久地删除并不可恢复。具体操作如下:在邮件列表中,单击要删除的邮件,单击工具栏上的"删除"按钮或直接按【Delet】键,或选择"编辑"下拉菜单中的"删除"命令。如果邮件存储在服务器上,单击"文件"菜单,然后单击"清除已删除的邮件"命令以便从文件中删除邮件。

⑥ 打印邮件。Outlook Express 程序直接调用了 Windows 中的打印功能来打印输出电子邮件,用户在打印一个电子邮件时,Outlook Express 设置的是该邮件的一个完整的备份。另外,用户还可以选择打印多份备份。打印输出设备,以及是否要打印输出到一个指定的文件等选项。可以在 Outlook Express 主窗口中打印指定电子邮件,也可以在阅读电子邮件时打印当前的电子邮件,操作如下:从邮件列表窗格中选中要打印的电子邮件,打开"文件"下拉菜单,从中选择"打印"命令,屏幕会显示打印对话框,用户可根据需要在该对话框中设置有关打印选项。单击"确定"按钮,即可打印输出指定的电子邮件。

4. 文件夹的管理

文件夹在 Outlook Express 中有着重要的地位,它提供了 5 个系统文件夹,分别是:发件箱、收件箱、已发送邮件、已删除邮件和草稿,这 5 个系统文件夹既不能被删除,也不能被重命名。

发件箱:存放要发送的邮件。Outlook Express 与服务器连接后,所有存放在"发件箱"中的邮件都被立即发送出去。

收件箱:存放收到的所有邮件。

已发送邮件:存放发送出去的邮件副本,以备日后查阅。

已删除邮件:保留被删除的邮件,以备需要时恢复。

草稿:存放用户还没有撰写完毕的邮件。

除了 Outlook Express 自身提供的 5 个系统文件夹外,用户还可以根据需要,自行创建、删除、移动、重命名文件夹。

通过创建文件夹,可以帮助用户对电子邮件进行分类处理。新建文件夹:执行"文件"→"新建"→"文件夹"命令,弹出"创建文件夹"对话框,在"文件夹名称"文本框中,输入新建文件夹的名称。在"选择文件夹的位置"列表中,选择新文件夹的上一级文件夹。最后单击"确定"按钮。

在 Outlook Express 中对于没用的文件夹,可自行删除。删除文件夹的操作如下:在 Outlook Express 的主窗口文件夹列表中,选中要删除的文件夹,单击工具栏的"删除"按钮,弹出"确认删除"的提示框,单击"确定"按钮,选中的文件夹就被删除了。

对于 Outlook Express 中所创建的文件夹,可以被移动和重命名,此操作与在 Windows 资源管理器中的操作一样。

5. 通讯簿的管理

每个用户都会有许多联系人,但要记住每个人的电子邮件地址则是非常困难的。Outlook Express 中的通讯簿为用户提供了一种管理联系人信息的极好工具。它不但可以记录联系人的电子邮件地址,还可以记录联系人的电话号码、家庭住址、业务及主页地址等信息。

（1）创建联系人组

通过创建联系人组，可以将此邮件发送给一批收件人。在发送邮件时，只须在"收件人"文本框中输入该"组名"，就可将此邮件发送给组内的每个成员。具体操作如下：单击"通讯簿"窗口的"新建"按钮，在弹出的菜单中选择"组"命令，则弹出组"属性"对话框，如图 11-32 所示。也可以从"文件"下拉菜单中选择"新建组"命令，弹出相应对话框。在"组名"文本框中，输入组的名称，单击"新联系人"按钮，弹出新联系人"属性"对话框，如图 11-33 所示，按前述方法添加组内联系人。重复此步骤，添加多个组内成员。单击"选择成员"按钮，弹出相应对话框，左框是通讯簿人员的列表，可有选择地双击需要的人员加入到组内（这些人将出现在右框的列表中），然后单击"确定"按钮即可。

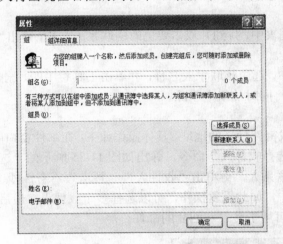 

图 11-32　组"属性"对话框　　　　图 11-33　新联系人"属性"对话框

（2）增加联系人信息

在 Outlook Express 窗口中，单击工具栏的"通讯簿"按钮，或执行"工具"→"通讯簿"命令，弹出"通讯簿"窗口。其中列出了已有联系人的列表，包括联系人名称、电子邮件地址、电话号码等信息。

单击"新建"按钮，在弹出的菜单中选择"联系人"命令，弹出通讯簿"属性"对话框，也可以通过执行"文件"→"新建联系人"命令，弹出此对话框。

单击"姓名"选项卡，在有关文本框中输入相应的内容后，单击"添加"按钮。选择"住宅"、"业务"、"个人"、"其他"等选项卡，输入联系人的住址、电话号码、业务等信息。

从电子邮件中添加联系人。为了减少输入，可以利用接收到的邮件，自动将收件人信息添加到通讯簿中。右击"发件箱"中的电子邮件，在弹出的快捷菜单中选择"将发件人添加到通讯簿中"命令，则发件人的 E-mail 地址便添加到通讯簿中。

（3）维护联系人信息

如果通讯簿中存储了很多联系人的信息，为了查找方便，Outlook Express 提供了多种排序方式，用户可以根据个人需要来组织通讯簿。例如，选择名字、姓氏或电子邮件地址的字母顺序，还可以选择按升序或降序来进行排列。具体操作如下：弹出通讯簿窗口，打开菜单栏"查看"下拉菜单，如图 11-34 所示：从"排序方式"级联菜单中选择一种排序方式和排序方向。

图 11-34 "排序方式"下拉菜单

（4）更改和删除联系人

更改联系人信息的操作如下：在通讯簿列表中，找到并双击要更改的联系人名称，弹出"属性"对话框，然后根据需要修改其信息。

删除联系人的操作如下：在通讯簿列表中，选中该联系人名称，并单击工具栏中的"删除"按钮即可，如果联系人是组中成员，其名称将同时从组中删除。

（5）使用通讯簿

通常用来自动填写邮件的收件人、抄送或密件抄送的地址。具体操作如下：在邮件窗口中，打开菜单栏"工具"下拉菜单，从中选择"选择收件人"命令，弹出如图 11-35 所示的"选择收件人"对话框，先选择左列表框中的一个联系人，再单击"收件人"、"抄送"、"密件抄送"按钮，则此联系人便出现在对应的右列表框中，如此重复操作，可以选择多个收件人，最后单击"确定"按钮。此操作可用于新邮件，也可用于转发和回复的邮件。

图 11-35 "选择收件人"对话框

11.2.4 新闻组的使用

Outlook Express 的另一个强大的功能就是新闻组，新闻组就是个人向新闻服务器所投递邮件的集合。要使用 Outlook Express 阅读新闻，Internet 服务提供商必须为用户建立一条与新闻服务器的连接，以便 Outlook Express 能在该新闻服务器上设置账号。

1．连接到新闻服务器

在 Outlook Express 主窗口中，执行"工具"菜单中的"账户"命令，打开"Internet 账户"

对话框，选择"新闻"选项，再执行"添加"→"新闻"命令，在立即启动的"Internet 连接向导"中输入用户姓名（姓名就是用户向新闻组投递文章或发送电子邮件时显示在"发件人"框中的名称）。单击"下一步"按钮，连接向导要求用户输入一个 Internet 电子邮件地址，用户应该在"电子邮件地址"框中输入 Internet 服务提供商分配给自己的电子邮件地址。单击"下一步"按钮，连接向导要求用户输入 Internet 新闻服务器的名称，如果 Internet 服务提供商要求用户必须登录到新闻服务器，并提供该服务器的账号和密码，选中"我的新闻服务器要求登录"复选框。单击"下一步"按钮，连接向导要求用户确定登录方式，确定登录方式后，单击"下一步"按钮，连接向导要求用户输入一个友好名称。在新闻服务器中，所有 Internet 新闻信息被分别归类到不同的新闻组中，并用友好名称进行标注。单击"下一步"按钮，连接向导要求用户选择一种连接类型。选中"通过本地电话组连接"单选按钮，则向导要求建立拨号连接。选中"通过本地局域网连接"单选按钮，则通过局域网连接到 Internet 上。单击"手工建立 Internet 连接"，则通过手工建立连接。选中"下一步"按钮，在添加新闻服务器后，该服务器名称出现在 Outlook Express 窗口的文件夹列表中。操作完成后，Outlook Express 弹出"询问"对话框，询问是否要下载新闻，单击"是"按钮可以下载新闻组。

2．设置下载新闻组内容

用户可以根据需要设置下载新闻组的内容，具体操作如下：打开 Outlook Express 主窗口，在文件夹列表中选择新闻组，打开对话框，执行"文件"→"属性"命令，打开"属性"对话框，在"下载"选项中，选中"下载该新闻组时检索以下条目"复选框，然后单击所需的选项。

3．防止自动下载新闻组邮件

打开 Outlook Express 主窗口，执行"工具"→"选项"命令，在"阅读"选项中，取消对"在预览窗格中自动显示新闻信息"复选框的选择，如图 11-36 所示，即可防止自动下载新闻组邮件。

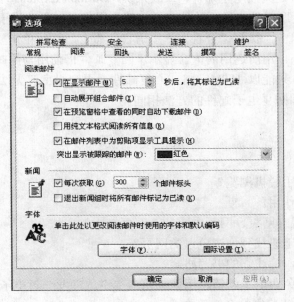

图 11-36　"选项"对话框

4．整理新闻组文件

整理下载的新闻组文件的操作如下：打开 Outlook Express 主窗口，执行"工具"→"选项"命令,单击"维护"选项卡,如图 11-37 所示。单击"立即清除"按钮,打开"清除本地文件"对话框,如图 11-38 所示。在"本地文件来自"列表框中选择要处理的文件,单击"压缩"按钮,可以压缩文件,单击"删除邮件"按钮,可以删除消息内容,单击"删除"按钮,可以删除下载的所有文件。

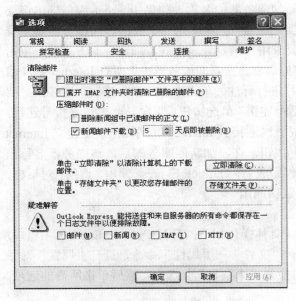

图 11-37　　"维护"选项卡　　　　　　　　　图 11-38　　"清理本地文件"对话框

5. 阅读新闻

阅读新闻实际上就是阅读电子邮件,一般来说,**Outlook Express** 以发送方所用的语言显示新闻邮件,如果出现标题文件中显示的信息不正确,用户可以更改用于显示邮件的字符集。要阅读新闻,在邮件窗口中,执行"查看"→"语言"命令,然后单击要使用的字符集,这时,标题文件包含的所有邮件用所选用的语言显示。回复邮件仍使用与原邮件相同的字符集发送,如果希望更改字符集。只能以 **HTML** 格式回复邮件,否则原字符无法正常显示。阅读新闻的方法与发送电子邮件和回复电子邮件的方法相同。

练　习　题

1. 如何设定和使用脱机浏览?
2. 简述收藏夹的作用。
3. 简述使用 IE 保存网页、网页中图片、网页文本的方法。
4. 用什么方法可迅速找到你浏览过的网页?
5. 观察网页地址,简述它的书写格式。
6. 课后申请一个免费电子邮箱,用此邮箱向主讲教师发一封电子邮件,正文只要求一行问候语,附件为用 Word 建立的个人简介。
7. 什么是电子邮箱地址?简述邮箱地址的结构。